信息技术人才培养系列教材

C Programming
Language

C语言程序设计
基础教程

陈应祖 ◉ 主编　焦晓军 王会婷 何兰 ◉ 副主编

人民邮电出版社

北　京

图书在版编目（ＣＩＰ）数据

C语言程序设计基础教程 / 陈应祖主编. -- 北京：
人民邮电出版社，2023.9
信息技术人才培养系列教材
ISBN 978-7-115-61040-9

Ⅰ. ①C… Ⅱ. ①陈… Ⅲ. ①C语言－程序设计－高等
学校－教材 Ⅳ. ①TP312.8

中国国家版本馆CIP数据核字(2023)第023533号

内 容 提 要

本书是为"C语言程序设计"课程教学编写的以培养学生程序设计基本能力和应试能力为目标的教材。本书主要介绍 C 语言的数据规则和语法规则。数据规则以基本数据类型为基础，介绍构造数据类型的目的、构造方法和构造数据的引用要素。语法规则主要介绍 C 语言的选择结构语句、循环结构语句，并指出使用循环语句的四个要素。

本书可作为高等院校和计算机等级考试的教学用书，也可作为对 C 程序设计感兴趣读者的自学用书。

◆ 主　　编　陈应祖
　副 主 编　焦晓军　王会婷　何 兰
　责任编辑　张　斌
　责任印制　王 郁 陈 犇
◆ 人民邮电出版社出版发行　　北京市丰台区成寿寺路11号
　邮编　100164　电子邮件　315@ptpress.com.cn
　网址　https://www.ptpress.com.cn
　固安县铭成印刷有限公司印刷
◆ 开本：787×1092　1/16
　印张：14　　　　　　　　　　2023 年 9 月第 1 版
　字数：373 千字　　　　　　　2025 年 2 月河北第 3 次印刷

定价：52.00 元

读者服务热线：(010)81055256　印装质量热线：(010)81055316
反盗版热线：(010)81055315

前 言

程序设计语言由数据属性和语法规则的助记标识符组成，是人与计算机交流的工具。程序设计语言已经历了机器语言、汇编语言、高级语言，目前人们正在研究和验证人工智能语言。

按照高等教育人才培养的要求，本科生必须掌握一门计算机程序设计语言，程序设计也是全国计算机等级考试二级考试的科目。很多高校为本科生开设的程序设计课程是"C 语言程序设计"。C 语言是面向程序设计者的独立于计算机硬件系统的高级语言，其最大优点是：形式上接近算术语言和自然语言，概念上接近人们日常的理解。C 语言易学易用，通用性强，应用广泛，用 C 语言开发的程序可读性较强，便于维护。同时，C 语言并不直接与硬件相关，使用其编写的程序移植性和重用性相对较好，因此 C 语言是应用广泛的编程语言之一。

"程序"中"程"是程序设计语言的规程或规则（必须遵守），"序"是处理数据的秩序，即处理数据的先后步骤。观察、体验和掌握程序设计语言规则是基础；针对具体问题（数据）设计问题求解步骤，利用程序设计语言规则表达求解步骤、形成程序是关键。程序设计需要不断认识、不断完善逻辑思维和数学推理、循序渐进的过程。

学习"C 语言程序设计"需要理论与上机编程操作相结合，以编程调试实践促进理论学习。学习 C 语言要分清 C 语言数据与 C 语言数值、C 语言数值与数学数值的区别，对于变量、数组、指针、结构体变量和共用体变量，要重视其内存、内存数据格式和值。本书对 C 语言术语、数据规则、语法规则的介绍简明扼要，实例浅显易懂，习题突出知识点，学习者使用答题器在线或离线答题，可使学习 C 语言的成效事半功倍。

为了配合"C 语言程序设计"课程教学，巩固教学效果，我们基于 Microsoft Visual C++ 2010 Express 学习版（全国计算机等级考试推荐使用），设计开发了 CExStudent.exe 答题工具，自动评阅客观题和编程题。本书中的习题、习题答案（编程题的参考源程序、测试数据、程序运行输出）制作为习题题单文件，供学生在线或离线练习答题。答题成绩达到门槛分，允许调出参考答案。

本书第 1、8 章由陈应祖编写，第 2 章由喻小萍编写，第 3 章由何兰编写，第 4、5 章由王会婷编写，第 6 章由赖军辉编写，第 7、12 章由焦晓军编写，第 9 章由钱晓东编写，第 10 章由徐显秋编写，第 11 章由刘砚编写。全书由陈应祖统稿。葛继科教授对全书进行了审阅并提出了宝贵意见，在此表示感谢！

由于编者水平有限，书中难免存在不足，敬请读者批评指正。

编者

2023 年 3 月

目 录

第 1 章
数据与表达式

关键词

- 标识符、数据类型标识符、常量、变量、表达式、表达式数据类型、表达式值
- 主函数、运算符、运算符优先级
- C 程序、目标程序、可执行程序

难点

- 运算符优先级与结合性、混合运算表达式中自增和自减运算
- 变量与内存、数据类型、内存数据计数格式

  C 语言是一种计算机程序设计语言，基本要素只有数据类型和语句。C 语言主要用于系统程序和工业控制程序的设计开发。

  数据加工处理步骤用 C 语言表达的程序称为 C 程序（C 源程序），C 程序经预编译、编译和链接生成操作系统可以调用运行的可执行程序。

  学习 C 语言程序设计需要从 C 语言约定的数据类型和表达式开始。

1.1　一个简单的 C 语言程序

例如，输入 3 个整型数 a、b、c，输出 a+a/c+b*c+20 的值。用 C 语言编写的程序如下。

程序源代码（SL1-1.c）：

```
1    #include <stdio.h>
2    int main(void)
3    {
4      int a,b,c,d;                    //定义变量
5      scanf("%d%d%d",&a,&b,&c);//变量获得输入
6      d=a+a/c+b*c+20;                 /*数值计算*/
7      printf("%d\n",d);              /*输出变量值*/
8      return 0;                       //返回语句
9    }
```

程序运行，输入：

```
12□32□15↵(注：□表示空格，↵表示回车)
```

输出：

```
512
```

第 1 行，#include <stdio.h>必不可少，#为预编译指令标识符，include 为预编译指令，include（称包含或引入）C 语言标准输入/输出库（standard input /output）。

第 2 行至第 9 行为 main()函数定义。int main(void)为函数原型格式，main()函数的执行代码（功能代码）中由一对花括号括起的部分叫作 main()函数的函数体。

C 程序由一个或多个函数构成，有且只能有一个名为 main 的函数，main()函数又称主函数，是 C 程序为操作系统提供的专用接口（操作系统调用函数），主函数 main()是 C 程序运行的起点，也是 C 程序运行的终点。

在 main()函数内：

第 3 行的{标识一个整体开始。

第 4 行的 int a,b,c,d;为定义变量。

定义整型变量 a、b、c、d 是为存储 4 个整型数申请内存，即 a 内存、b 内存、c 内存、d 内存。int 为整型数据类型标识符，a、b、c、d 为变量标识符，其内存中只能存放 int 型数据，且约定内存计数格式为 int。

;（分号）为 C 程序语句结束标识符，标识一条语句结束。

//（双反斜线）为单行注释，只能出现在语句后面（行末）。注释是编程者对代码的解释说明，不是程序必需的代码，编译器会过滤掉注释。C 语言的注释定界符还有可以跨行的/*注释说明*/注释标识对。

第 5 行的 scanf("%d%d%d",&a,&b,&c);为数据输入语句，scanf()函数来自 stdio.h 文件（标准输入/输出库），"%d%d%d"输入数据格式限定符字符串，scanf()函数从标准输入设备（键盘）读取 3 个十进制整数数字串（如"12"、"32"、"15"），将其分别转换为 3 个整型数，并保存到 a、b、c 内存中，使变量 a、b、c 获得数据输入。

第 6 行的 d=a+a/c+b*c+20;表示将算术表达式 a+a/c+b*c+20 的整数值赋给变量 d（值保存到 d 内存）。其中+（加）、/（除）、*（乘）为算术运算符，20 为整型常量。

第 7 行的 printf("%d\n",d);输出 d 值。函数 printf()也来自 stdio.h，按输出数据格式限定符"%d\n"约定，输出变量 d 的十进制数字串，\n 为输出换行控制符。

第 8 行的 return 0;为返回语句，main()函数返回操作系统（调用者）的整型数 0。

第 9 行的}标识一个整体结束。

程序源代码（SL1-1.c）主要展现程序的三要素：数据输入、数据处理、数据输出。

1.1.1　编译和链接

程序源代码（SL1-1.c）只是一个文本文件，不是操作系统要求的可执行程序文件，必须将 C 程序转换为操作系统要求的可执行程序文件，C 程序才能在计算机上运行。

C 语言应用程序开发工具（如 Visual C++、Dev C++、CodeBlocks 等）将预编译处理器（Preprocessor）、编译器（Compiler）、连接器（Linker）集成在一起，搭建为集成开发环境（Integrated Development Environment，IDE），在集成环境中编辑 C 程序、编译 C 程序、连接生成可执行程序、运行可执行程序。

C 程序预编译处理，主要处理 C 程序中#开头的预编译指令，审查 C 程序代码的语法错误。只有通过预编译处理的 C 程序，才能进行 C 程序文件编译。

编译是将 C 程序文件编译为目标代码 OBJ 文件（OBJ 程序文件或称目标程序，也称机器语言程序）。

链接是将目标代码和必需的其他附加代码（由#include 引入的目标代码）整合在一起，生成操作系统要求的可执行程序文件（EXE 文件）。

一个 C 程序文件必须通过编译、链接、生成可执行程序文件，这一过程将生成目标程序文件（OBJ 文件）、可执行程序文件（EXE 文件），可执行程序文件在操作系统下的运行就是 C 程序的运行。一个 C 程序文件有其对应的目标程序文件和可执行程序文件。

1.1.2　标识符

程序源代码（SL1-1.c）中，#、include、int、a、b、c、d、scanf、printf、return 等英语单词称为标识符，标识符是 C 程序中的实体助记符。例如，include 是预编译指令标识符，int 是数据类型名称标识符，a、b、c、d 为变量名称标识符，scanf 和 printf 是函数标识符，return 是返回语句标识符。

C 语言标识符分为三类：关键字（保留字）、预定义标识符、自定义标识符（编程者定义的标识符）。include、int、return 属于关键字，关键字要保留给 C 语言系统使用，不能将关键字作为编程者的标识符；printf 和 scanf，还有 NULL、SEEK_CUR、SEEK_END、SEEK_SET 等属于预定义标识符，即在 stdio.h 等头文件中预先定义的可直接使用的标识符，也不能作为编程者的标识符；程序源代码（SL1-1.c）中的 a、b、c、d 才是编程者定义的标识符，标识 4 个不同的整型变量（标识 4 个不同的内存块）。

C 语言规定，标识符必须是字母或下画线开头的字符序列，且不能是关键字。例如，a1、a2、_ab、Ab、AB、ab、aB 是合法标识符，1a、2a 是非法标识符。

标识符区分大、小写（大、小写敏感），例如，标识符 Ab、AB、ab、aB 是不同的标识符。

编程者一般采用见名知义法为标识符取名，例如，iSum（整型数之和）、fSum（单精度实型数之和）、dSum（双精度实型数之和）。

1.1.3　数据输入和输出

C 语言没有专门的数据输入和数据输出语句。

C 程序中数据输入和输出，由 stdio.h 头文件提供的数据输入函数（scanf、getchar、gets 等）和数据输出函数（printf、putchar、puts 等）实现。

程序源代码（SL1-1.c）中，scanf("%d%d%d",&a,&b,&c)语句为变量 a、b、c 输入十进制整数值；printf("%d\n",d)语句输出整型变量 d 值的十进制整数数字串。

1.2 数据类型

数据（data）又称信息（information），整数和实数统称为数据。在计算机系统中整数采用补码计数，实数采用阶码计数。C 语言根据计算机系统计数规则，将数据属性分为基本数据类型和构造数据类型，允许由基本数据类型构造出新的数据类型。

C 程序中每个数据的数据类型决定数据占用内存长度（字节数）、计数方式（数据值存储结构或内存数据存储结构）。C 语言数据类型标识符（关键字）及其数据占用内存长度如图 1.1 所示。

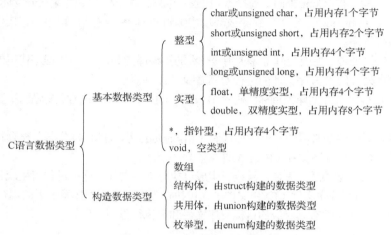

图 1.1 数据类型标识符（关键字）及其数据占用内存长度

1. 内存存储数据原理

内存是存储程序和数据的存储设备。内存内部集成有若干开关，开关状态计数示意图如图 1.2 所示，控制开关的开、闭状态实现二进制数的存储，1 个开关对应 1 个二进制计数位，开关断开为 1，闭合为 0。计算机系统规定，每 8 个开关为 1 个基本存储单元，即 1 个字节；每个基本存储单元有唯一编号，即内存地址。

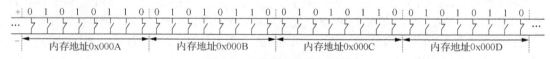

图 1.2 开关状态计数示意图

2. 内存计数规则

计算机系统中的整数采用补码计数，实数采用阶码计数。

（1）整型数

char、short、int、long 为有符号整型数。最高位为符号位，0 表示正数，1 表示负数。

以 char 型整数（单字节整数 8 位）为例。+1 在内存中的二进制数记为 0000 0001，-1 在内存中的二进制数记为 1111 1111（补码）。char 型整数的计数位只有 7 位，是最短的整型数，计数范围为-128～127（二进制数 1000 0000 至 0111 1111）；short 型整数（双字节整数 16 位），最高位为符号位，计数位 15 位；int 型整数（4 字节整数 32 位），最高位为符号位，计数位 31 位。

正整数的补码为数的原码，负整数补码的计算方法：负整数原码除符号位外其余位求反+1。

以 char 型整数（单字节整数）为例。-1 原码为 1000 0001，除符号位外其余位求反，得 1111 1110，再加 1，1111 1110+0000 0001=1111 1111，即得-1 的补码。

利用补码规则实现减法变加法计算，如单字节整数 1–1 的计算：

1–1=1+(–1)=0000 0001+1111 1111=1 0000 0000，进位的 1 溢出（自然丢失），8 个数位全 0，结果与减法计算一致。

已知补码求原码，符号位不变，其余位求反+1。

例如，已知–2 的补码为 1111 1110，符号位不变，其余位按位求反，得 1000 0001，再加 1，1000 0001+0000 0001=1000 0010，即为–2 的原码。

unsigned char、unsigned short、unsigned int、unsigned long 为无符号整型数，最高位不再是符号位，而是计数位。如 unsigned char 的 8 位全是计数位，计数范围为 0～255（0000 0000～1111 1111）。

（2）实型数

float 型单精度实型数和 double 型双精度实型数（浮点数）采用阶码计数，实型数值表达为 $\pm S \times 2^{\pm P}$，S 为尾数，P 为阶码，内存计数格式为 ± (数符) 阶码（含阶符）P 尾数 S。可用 DataMemory.exe 工具观察不同类型数据的内存计数情况。

例如，float 型（短实型数）–8.25 的内存记为 1 1000001 0 0000100 00000000 0000000 。

1 数符为负数（1 位），10000010 为阶码（8 位，小数点移动位数），0000100 00000000 00000000 为尾数（23 位），隐藏位 1.未出现，实际尾数是 1.00001000000000000000000。

由阶码 1 1000001 0 0000100 00000000 0000000 计算实数十进制值。小数点移动位数=阶码–0x7F（float 型的固定偏移量）=10000010–0x7F=10000010+10000001=0000 0011，即正 3，尾数小数点右移 3 位（阶符为负则左移），实型数二进制为 1000.0100 00000000 0000000=$(8.25)_{10}$，结合数符 1 ，则实型数值为–8.25。

实型数不是精确计数，而是非常接近精确值的近似计数，至于精确到什么程度，取决于尾数的有效计数位数，C 语言预置了实型数有效数字位数（预定义于 float.h），单精度为小数点后 6 位，双精度为小数点后 15 位。

1.2.1　常量

程序源代码（SL1-1.c）中，表达式 d=a+a/c+b*c+20 中的“20”为整型常量 20，要将 20 变为其他整型常量，只能在 C 程序中修改并生成可执行程序。C 程序中直接用数值表达的数据称为常量，常量值是程序代码的一部分，程序运行时常量值固定不变。

C 程序中的常量按表达格式分为 char 型、int 型、float 型、double 型、字符串型、符号型。

1．字符型常量

字符型常量（char 型常量）是用一对单引号将 1 个字符引起来的表达格式。例如，'A'、'a'即字符型常量。字符型常量的表达格式，其实是根据字形查 ASCII 表（附录 A），取 ASCII 值。如，字形'A'的值是 65、字形'a'的值是 97，内存记值为整数 65 和整数 97。

有的 char 型常量没有字形，则用字符转义格式表达，例如，'\n'、'\r'、'\123'、'\x0a'，表达格式为用一对单引号引起多个字符，仍然是一个字符型常量。单引号中首先出现的是转义符（前导符），将后面的字符转义为特定的 ASCII 值，如'\n'值为 10、'\r'值为 13、'\123'值为 83、'\xff'值为–1。特定的输出控制符一般采用转义符形式表达，常用转义符如表 1.1 所示。

表 1.1　常用转义符

转义符	意义（输出结果）	ASCII 值	理解
\a	响铃（BEL）	7	字符 a 转义为非普通字符
\b	退格（BS）	8	字符 b 转义为非普通字符
\t	水平制表（HT）[或下一个输出站]	9	字符 t 转义为非普通字符

续表

转义符	意义（输出结果）	ASCII 值	理解
\n	换行（LF）	10	字符 n 转义为非普通字符
\v	垂直制表（VT）	11	字符 v 转义为非普通字符
\f	换页（FF）	12	字符 f 转义为非普通字符
\r	回车（CR）	13	字符 r 转义为非普通字符
\"	双引号字符	34	字符"转义为普通字符
\'	单引号字符	39	字符转义为普通字符
\?	问号字符	63	字符?转义为普通字符
\\	反斜杠	92	字符转义为普通字符
\0	空字符（NUL）[字符串结束标识]	0	字符 0 转义为数值 0
\ooo	八进制数值（3 个八进制数字位）	如：\167=(119)$_{10}$	3 个数字字符为八进制数
\xhh	十六进制数值（2 个十六进制数字位）	如：\x77=(119)$_{10}$	2 个数字字符为十六进制数

2．整型常量

C 语言的整型常量有 4 种表达形式。

（1）十进制整数

形式：±n。n 是由数字 0～9 组成的序列，中间不允许出现逗号，最高位不能为 0。当 n 为正整数时可省略正号"+"，当 n 为负整数时不能省略负号"−"。

例如，123、−1500、−1 是合法的十进制整型常量；1,234（,为会计学中的千分号）、029 为非法的整型常量。

（2）八进制整数

形式：±0n。0（数字零）为八进制引导符，不能省略。n 是由数字 0～7 组成的序列，当 n 为正整数时可省略+号，当 n 为负整数时不能省略−号。

例如，0123、027、−056 是合法的八进制整型常量；018、019 是非法的整型常量。

（3）十六进制整数

形式：±0xn。0x（零 x）为十六进制整数的引导符，不能省略。n 是由 0、1、2、3、4、5、6、7、8、9、A、B、C、D、E、F 字符（或数字字符和 a、b、c、d、e、f 字母）组成的序列，其中 A=10、B=11、C=12、D=13、E=14、F=15。

如 0x78a0、−0x12、0xFFFF 是合法的十六进制整型常量，0x98GF 为非法的十六进制整型常量。

（4）长整型常量

整数常量后加 L（或小写的 l），表示长整型常量。如十进制长整型常量表达形式为 123456L，八进制长整型常量表达形式为 0753124 6l，十六进制长整型常量表达形式为 0xFF0000ABL。

3．实型常量

实型常量即带小数的数。实型常量分为单精度（float）实型常量和双精度（double）实型常量，可以用十进制小数形式或十进制指数形式。常量后面加 f 标识单精度实型常量，双精度实型常量不需标识。

小数形式的实型常量由数字和小数点两部分组成，例如，0.12f、12.、.12 是合法的实型常量。

指数形式的实型常量的一般形式为科学记数法[digit].[digits][E|e[±]power]，e 或 E 后面跟一个整数，表示以 10 为底的幂数，其中 digit 为 1 位十进制整数，digits 为十进制小数，power 为十进制整数。

如 2.71828、2.71828×10^0、0.271828×10^1、27.1828×10^{-1}，可以表达为 2.71828、2.71828e0、0.2718128E+1、27.1828e−1（27.1828e−1f 为单精度）。

4．字符串常量

字符串常量是用一对双引号将 0 个或多个字符序列括起来的表达形式。例如，""、"C Language"、"C\0\x12\nC++"。字符串常量表达格式标明最后字符是'\0'，'\0'称字符串结束标识符。

字符串常量的字符序列，内存记字符的 ASCII 值、控制字符值或字符型常量值。例如，字符串常量"C\0\x12\nC++"，内存记 67、0、18、10、67、43、43、0。字符串中，\0 转义符常量值为 0、\x12 转义符常量值为 18（十六进制数 12 的十进制值为 18），最后的 0 是字符串的结束标识符'\0'（值为 0）。

5．符号常量

符号常量是指使用预定义指令（#define）定义的标识符，在 C 程序预编译时被替换为常量。例如，有#define PI 3.14159f 预定义，又有 12*12*PI 表达式，C 程序预编译处理时将其替换为 12*12*3.14159f。C 语言将这一替换过程称为宏替换。

C 语言符号常量分为预定义符号常量、编程者自定义的符号常量。如前面的 PI 为自定义符号常量，C 语言预定义的符号常量有 NULL(值 0)、EOF(值-1)、SEEK_SET(值 0)等。

1.2.2　变量

程序运行时，内存值可以改变的量称为变量。C 语言规定，变量必须先定义后使用。

例如，定义整型变量 a，定义语句为：

```
int a;
```

a 为变量名，定义变量 a 就是为 a 申请内存，变量名是编程者为内存取的名字，变量有 3 个属性：数据类型、变量名、变量值。变量的数据类型决定变量占用内存的长度（字节数）和内存数据的计数形式，变量名标识变量占用内存的地址，变量值是指内存中的数值，正确定义变量应明确变量的数据类型和变量名（内存地址）。可用以下代码阐述变量的作用和意义：

```
int a=10;        //定义 int 型变量 a 并赋值 10，a 内存值为 10，a 内存长度 4 个字节，地址为&a
double c=2.90;   //定义 double 型变量 c 并赋值 2.9，c 内存值为 2.9，c 内存长度 8 个字节，地址为&c
a=a+12;          //将 10+12 的结果存入 a，a 的内存值变为 22
c=2*c;           //将 2*2.9 的结果存入 c，c 的内存值变为 5.8
```

首先定义变量 a 和 c，变量 a、c 有确定的内存，然后向确定的内存中存入数据（赋初值），再通过计算改变各变量内存中的数值。

编程者一般通过变量名引用内存数据，至于变量 a 和变量 c 需要的内存长度、计数形式，则由各变量的数据类型标识符确定，变量 a 和 c 占用内存的内存地址可通过运算符&获得，如&a 取变量 a 的内存地址，&c 取变量 c 的内存地址。

1.3　表达式

表达式是由 C 语言运算符和操作数（变量或常量的值）组成的计算式。表达式是 C 程序的计算单元，其计算结果为数据类型的数值，或者说表达式就是数值。

表达式按运算符的优先级，由高到低进行同类型数值的计算，运算符的优先级见附录 B，表达式的称谓由最后运算的运算符名称决定。如果运算符的操作数数据类型不一致，将自动进行数据类型的转换，转换规则为占用内存短的向占用内存长的数据类型转换，即计数范围小的向计数范围大的数据类型转换，以确保表达式数值的精确度和准确度。下面对常见的表达式进行详细介绍。

1.3.1　算术表达式

算术表达式是由算术运算符+（加）、-（减）、*（乘）、/（除）、%（求余）组成的算式。

算术运算符乘除的优先级高于加减，即先乘除后加减。

%（求余）只能对整型数求余，对于整型数 a 和 b，a 除以 b 的余数 a%b=a-（a/b）·b。

如算术表达式 1+2+3+3.1415926*15*15 的求值过程。

根据运算符的优先级，用括号表达其先后计算顺序为：1+(2+(3+((3.1415926*15)*15)))，表达式的值为 double 型 712.858335。

上述算术表达式中 3.1415926*15 为不同类型数值计算，int 型数值 15 先自动转换为 double 型常量 15.0，再进行数值计算。算术表达式 1+2+3+3.1415926*15*15 中的 int 型常量在计算时都被转换为 double 型常量，最终表达式的计算值为 double 型。

又如，算术表达式 12.5+29/4%3 用括号表达为 12.5+((29/4)%3)，加括号运算符可提高表达式的运算优先级，计算顺序 12.5+(7%3)→12.5+1，表达式的计算值为 double 型数值 13.5。

需要强调，运算符的运算是相同类型数据的数值计算，如 29/4 为 int 型常量值间的计算，计算结果为 int 型数 7。

1.3.2 自增、自减表达式

自增、自减表达式是由自增运算符++或自减运算符--组成的表达式。自增运算是变量值在当前值基础上自加 1，自减运算是变量值在当前值基础上自减 1。自增和自减运算属于单目运算，只有变量才能进行自增或自减运算，常量不能进行自增或自减运算。

例如，对变量 val 做自增或自减运算，可以表达为 val++、++val、val--、--val，不能对常量做自增或自减运算，++10、10.0--、'A'++是非法运算。

自增和自减有前自增、后自增、前自减、后自减之分。例如，++val、val++、--val、val--。自增和自减出现在混合运算表达式中会影响混合表达式运算值。

例如，假设有双精度实型变量 a=6.5，b=12.5，表达式 a++ - --b 执行后，值为-5.0，a 的值为 7.5，b 的值为 11.5。表达式 a++ - --b 中的++和--是针对减（-）运算符的，在进行减（-）运算前，变量 b 的值自减 1.0，减（-）运算后，变量 a 的值自增 1.0。表达式 a++ - --b 的计算过程其实包括 3 步：第 1 步计算--b，b 的值变为 11.5；第 2 步计算 6.5-11.5，值为-5.0，即表达式的值为-5.0；第 3 步计算 a++，a 的值变为 7.5。

1.3.3 关系表达式

关系表达式是由关系运算符>（大于）、<（小于）、>=（大于等于）、<=（小于等于）、==（等于）、!=（不等于）和操作数构成的计算式。关系运算符优先级低于算术运算符。

关系表达式的运算结果值要么为整型数 0，要么为整型数 1。例如：

1>2 关系运算不成立，结果值为整型数 0；

-1.0<0.0 关系运算成立，结果值为整型数 1；

2!=2 关系运算不成立，结果值为整型数 0；

2==2 关系运算成立，结果值为整型数 1。

1.3.4 逻辑表达式

逻辑表达式是由逻辑运算符!（逻辑非）、&&（逻辑与）、||（逻辑或）与逻辑数构成的计算式。逻辑运算符优先级低于关系运算符（!逻辑非除外）。

逻辑运算是逻辑数的计算，即 0 与非 0 两个逻辑数的计算。C 语言中将 0 值称为逻辑数 0（表示假或不成立），将非 0 值称为逻辑数 1（表示真或成立）。逻辑数被整型化为 0 或 1，逻辑运算就变成了整型数 0 与 1 两个操作数的逻辑运算。

逻辑运算的结果值要么为整型数 1，要么为整型数 0。

对于!（逻辑非运算符），0 的逻辑非（!0）为 1，非 0 的逻辑非为 0。

例如，!1 为 0，! -128 为 0。

&&（逻辑与运算符）表示两逻辑数相乘。||（逻辑或运算符）表示两逻辑数相加（无进位）。

例如，逻辑表达式 1+2&&!0 是 3&&1 的逻辑关系，逻辑表达式值为 1。

又如，表达式 9.8+10>9>6+2!=3+8═8&&2+3 的值为 0。表达式运算顺序按运算符的优先级从高到低进行运算。对运算符编号 9.8+(1)10>(2)9>(3)6+(4)2!=(5)3+(6)8═(7)8&&(8)2+(9)3，括号中的数字即运算符编号。从左至右处理运算符，2 号的优先级低于 1 号，处理 9.8+10 的结果为 19.8，表达式变为 19.8>(2)9>(3)6+(4)2!=(5)3+(6)8═(7)8&&(8)2+(9)3；3 号与 2 号同一优先级，处理 19.8>9 的结果为 1，表达式变为 1>(3)6+(4)2!=(5)3+(6)8═(7)8&&(8)2+(9)3；5 号优先级低于 4 号，处理 6+2 的结果为 8，表达式变为 1>(3)8!=(5)3+(6)8═(7)8&&(8)2+(9)3；5 号优先级低于 3 号，处理 1>8 的结果为 0，表达式变为 0!=(5)3+(6)8═(7)8&&(8)2+(9)3；7 号优先级低于 6 号，处理 3+8 的结果为 11，表达式变为 0!=(5)11═(7)8&&(8)2+(9)3；8 号优先级低于 7 号，处理 11═8 的结果为 0，表达式变为 0!=(5)0&&(8)2+(9)3；8 号优先级低于 5 号，处理 0!=0 的结果为 0，表达式变为 0&&(8)2+(9)3；虽然 8 号运算符&&后的运算符优先级高于 8 号，但是&&左边为 0，已构成 0 乘任何逻辑数关系，8 号运算符&&右边的表达式不处理就能确定逻辑表达式的值为 0。

在 9.8+10>9>6+2!=3+8═8&&2+3 表达式中，逻辑运算符&&的运算优先级最低，最后运算，表达式被&&分为左边表达式 9.8+10>9>6+2!=3+8═8 和右边表达式 2+3，当&&的左边为 0 时，整个表达式的值为 0，不再处理右边表达式。

1.3.5　位运算表达式

由位运算符和二进制数计数位构成的计算式为位运算表达式。位运算符包括<<（逻辑左移）、>>（逻辑右移）、&（按位与）、^（按位异或）、|（按位或）。位运算以二进制数计数位为操作数。

例如，单字节整数 1 左移 1 位，1<<1，即 0000 0001 左移 1 位变为 0000 0010(2)，整数左移 1 位，相当于原数乘 2；单字节整数 3 右移 1 位，3>>1，即 0000 0011 右移 1 位，变为 0000 0001(1)，右移 1 位，相当于原数除以 2。

又如，对单字节整数 9 分别与单字节整数 15 进行按位与（&）、按位异或（^）、按位或（|），9&15、9^15、9/15 运算如下：

```
        0000 1001              0000 1001              0000 1001
   &    0000 1111         ^    0000 1111         |    0000 1111
        0000 1001              0000 0110              0000 1111
```

按位与（&）运算，是按位进行逻辑数相乘。按位异或（^）运算，是按位进行相同为 0、不同为 1 的运算。按位或（|）运算，是按位进行逻辑数相加。

按位异或（^）的特点，是一个数 a 与自身进行按位异或的结果是 0（a^a→0）；一个数 a 与另一个数 b 进行两次异或后即还原（a^b^b→a）。

1.3.6　条件表达式

条件运算符"?:"是 C 语言中唯一的三目运算符，即运算需要 3 个操作数，条件表达式的表达格式为：

表达式 1　?　表达式 2　：　表达式 3

执行过程：当表达式 1 的值为非 0 时，执行表达式 2；当表达式 1 的值为 0 时，执行表达式 3。例如，假设 int a=5，b=6，条件表达式(++a==b--)?++a:--b 的值为 7。

表达式(++a==b--)?++a:--b 的执行过程。

（1）执行(++a==b--)表达式，表达式++a==b--是关系运算符==的计算，执行==运算前，执行++a，a 值为 6，表达式是 6==6 的关系运算，结果值为 1，==运算后还要执行 b--，b 值变为 5。

（2）由于(6==6)关系成立，执行? 后的表达式++a，a 值变为 7，整个表达式的值为 7。表达式(++a==b--)?++a:--b 执行后，表达式的值为 7，a 值为 7，b 值为 5。

1.3.7　赋值表达式

由赋值运算符=或复合赋值运算符+=、-=、*=、/=、%=、&=、^=、|=、>>=、<<=构成的计算式称为赋值表达式。赋值运算要求赋值运算符的左边必须是变量。赋值运算符的运算优先级仅高于逗号运算符。

例如，a=15+a。赋值运算符的功能是将右边表达式的值保存到左边变量占用的内存中。

利用复合赋值运算符可以简化赋值表达式，如 a=a+5 可简化为 a+=5，a=a/b 可简化为 a/=b，c=c%3 可简化为 c%=3，d=d*(a+b)可简化为 d*=a+b。复合赋值运算表达的语义为左边变量的当前值与右边表达式的值进行运算，再将值赋给左边变量。

1.3.8　逗号表达式

由逗号运算符","串联的表达式称为逗号表达式，其值是最后一个表达式的值。逗号运算符的优先级最低。

例如，逗号表达式 2*3,9/4,a=12.8/2。用逗号运算符将表达式 2*3、9/4、a=12.8/2 串联为一个表达式，表达式的值是最后一项 a=12.8/2 的值 6.4。

1.4　表达式算值示例

表达式是数据处理过程的数值计算单元，表达式根据运算符、数值和数值的数据类型进行相同数据类型数值的计算，算出表达式的唯一数值，表达式就是值。

表达式操作数数据类型不相同时，为了算出表达式的准确值会自动进行数据类型的转换（隐含数据类型转换），转换规则为占用内存长度短的数据类型向占用内存长度长的数据类型转换。

【例 1.1】分析常量表达式的值及其数据类型。

（1）1+2+3+4+5　　　　（2）9.8+1/2、9.8f+'a'

（3）0.5f+3.14*5*5　　　（4）1+1/2、1+1/2.0

解题分析：

（1）表达式 1+2+3+4+5，均为 int 型常量，结果值为 int 型 15。

（2）表达式 9.8+1/2，9.8 为 double 型常量，1、2 为 int 型常量。/高于+，先计算 1/2 的结果为 0；再计算 9.8+0，int 型 0 自动转换为 double 型 0.0，结果值为 double 型 9.8。

表达式 9.8f+'a'，9.8f 为 float 型常量，'a'为 char 型常量 97，运算时'a'自动转换为 float 型常量，结果值为 float 型 106.8。

（3）表达式 0.5f+3.14*5*5，0.5f 为 float 型常量，3.14 为 double 型常量，5 为 int 型常量。先计算 3.14*5*5，5 自动转换为 double 型 5.0，即 3.14*5.0*5.0，结果值为 double 型 78.5，再计算 0.5f+78.5，0.5f 转换为 double 型，即计算 0.5+78.5，结果值为 double 型 79.0。

（4）表达式 1+1/2，int 型常量运算，即计算 1+0，结果值为 int 型 1。

表达式 1+1/2.0，1 为 int 型常量，2.0 为 double 型常量，计算 1/2.0 时 1 被转换为 double 型 1，即 1.0/2.0，结果值为 double 型 0.5；再计算 1+0.5，1 被转换为 double 型 1.0，结果值为 double 型 1.5。

【例 1.2】已知整型数 a=3，b=4，c=5，分析以下表达式的计算结果及其数据类型。

（1）2.5+1< 2+0.5　　　　　（2）a+b>c&&b==c

（3）a||b+x&&b−c　　　　　（4）!(a>b)&&!c||1

（5）!(x=a)&&(y=b)&&0　　　（6）!(a+b)+c−1&&b+c/2

解题分析：

（1）表达式 2.5+1< 2+0.5，+运算优先级高于<，表达式为 double 型数值 3.5< 2.5，结果值为整型 0。

（2）表达式 a+b>c && b==c，&&运算优先级最低，表达式被&&分为左边表达式 a+b>c 和右边表达式 b==c。左边表达式 3+4>5 的结果值为整型 1，必须算出右边表达式的值；右边 4==5 的结果值为整型 0；表达式变为 1&&0，结果值为整型数 0。

（3）表达式 a||b+x&&b−c，||运算优先级最低，表达式被||分为左边表达式 a 和右边表达式 b+x&&b−c，左边表达式 a（a 为 3）非 0，右边表达式不计算就能确定表达式的值，即表达式 a||b+x&&b−c 的结果值为整型数 1。

（4）表达式!(a>b)&&!c||1，||运算优先级最低，表达式被||分为左边表达式!(a>b)&&!c 和右边表达式 1。左边表达式!(a>b)&&!c 无论何值与 1 逻辑或，结果都为 1，即!(a>b)&&!c||1 的结果值为整型数 1。

（5）表达式!(x=a)&&(y=b)&&0，括号运算符提高了表达式 x=a 和表达式 y=b 的运算优先级，代入值表达式变为!3&&4&&0，结果值为整数 0，x 的值为 3，y 的值为 4。

（6）表达式!(a+b)+c−1&&b+c/2，&&运算优先级最低，被&&分为左边表达式!(a+b)+c−1 和右边表达式 b+c/2。括号运算符提高了表达式 a+b 的运算优先级，代入值表达式变为!7+4&&4+5/2。逻辑非(!)的运算优先级高，先处理!7，结果值为 0，表达式变为 0+4&&4+5/2；+的优先级高于&&，表达式变为 4&&4+5/2，4+5/2 必须计算，则表达式变为 4&&6，结果值为整型数 1。

【例 1.3】假设整型数 a=10，n=5，分析计算以下赋值表达式执行后 a 的值。

（1）a+=a　　　　　（2）a−=2

（3）a*=2+3　　　　（4）a/=a+a

（5）a=(n%=2)　　　（6）a+=a−=a*=a

解题分析：

（1）a+=a，其等价表达式为 a=a+a，执行后 a 的值为 int 型 20。

（2）a−=2，其等价表达式为 a=a−2，执行后 a 的值为 int 型 8。

（3）a*=2+3，其等价表达式为 a=a*(2+3)，执行后 a 的值为 int 型 50。

（4）a/=a+a，其等价表达式为 a=a/(a+a)，a=10/(10+10)执行后 a 的值为 int 型 0。

（5）a=(n%=2)，分两步执行，先执行表达式(n%=2)，即 n=n%2，n=5%2，n 值为 int 型 1，表达式变为 a=(1)；再将值 1 赋给 a，a 值为 int 型 1。

（6）a+=a−=a*=a，复合赋值运算从右向左执行，执行顺序为 a*=a、a−=a、a+=a。执行 a*=a，结果 a 值为 int 型 100；再执行 a−=a，结果 a 值为 int 型 0；再执行 a+=a，a 值为 int 型 0。

【例 1.4】设 m 为整型数，x=3，y=1，以下表达式执行后 m、x、y 的值是多少？

（1）m=++x−y−−　　　（2）m=++x − −−y

（3）m=++x,x++　　　　（4）m=x++,++x

（5）m=(++x,x++)　　　　（6）m=(x++,++x)

（7）m=++x/++y　　　　（8）m=x++/++y

解题分析：

（1）m=++x–y--，赋值表达式。赋值运算符=的运算优先级最低，先计算右边算术表达式++x - y--。进行减运算前 x 的值自增 1，减运算后 y 自减 1。减运算前，x 值由 3 变为 4，y 值为 1；执行表达式 x–y，即 4-1 值为 3；y 自减 1，y 值变为 0；x–y 的值 3 赋给 m。即 m=3，x=4，y=0。

（2）m=++x - --y，赋值表达式。表达式++x - --y 的值赋给 m。执行减运算前，x 的值由 3 变为 4，y 的值由 1 变为 0；执行 x–y，即 4-0 值为 4，赋给 m。即 m=4，x=4，y=0。

（3）m=++x,x++，逗号表达式。第 1 个表达式为 m=++x，第 2 个表达式为 x++。从左至右执行，先执行 m=++x 赋值表达式，在赋值前 x 的值由 3 变为 4，再执行 m=x，将 4 赋给 m；再执行第 2 个表达式 x++，x 的值由 4 变为 5。即 m=4，x=5，y=1。

（4）m=x++,++x，逗号表达式。第 1 个表达式为 m=x++，第 2 个表达式为++x，逗号表达式的值为最后一个表达式。首先执行第 1 个表达式 m=x++，x 为后自增，赋值运算完成后 x 自增 1，m 的值为 3，x 的值为 4；再执行第 2 个表达式++x，执行前 x 的值自增 1，变为 5，逗号表达式的值为 5。表达式 m=x++,++x 执行后，m=3，x=5，y=1。

（5）m=(++x,x++)，赋值表达式，括号表达式的值赋给变量 m。括号表达式是一个逗号表达式，最后一个表达式的值即为括号表达式的值。执行第 1 个表达式++x 时，x 自增 1，x 的值由 3 变为 4；执行第 2 个表达式 x++后，x 才自增 1，第 2 个表达式的值为 4，之后 x 的值变为 5。m=(++x,x++) 执行后，m=4，x=5，y=1。

（6）m=(x++,++x)，赋值表达式。括号表达式的值赋给变量 m。括号表达式是一个逗号表达式，最后一个表达式的值为括号表达式的值。执行第 1 个表达式 x++后，x 的值由 3 变为 4；执行第 2 个表达式++x，执行前 x 的值由 4 变为 5，逗号表达式的值为 5，括号表达式的值为 5 并赋给 m。即 m=5，x=5，y=1。

（7）m=++x/++y，赋值表达式。在除运算前，变量 x 的值由 3 变为 4，变量 y 值由 1 变为 2；x/y 的结果赋给 m。即 m=2，x=4，y=2。

（8）m=x++/++y，赋值表达式。在除运算前，y 值由 1 变为 2；表达式 x/y，即 3/2 值为 1；除运算后，x 值由 3 变为 4；将值 1 赋给 m。即 m=1，x=4，y=2。

1.5　本章小结

C 语言程序是基于虚拟理想机的程序，必须在具体的 C 程序开发环境（IDE）中，将 C 程序转换为符合操作系统要求的、真实可执行的程序。C 程序转换为可执行程序的过程，包括预编译、编译和链接。每一个 C 程序必须向操作系统提供唯一的 main()函数，main()函数是 C 程序的执行起点，也是执行终点。

C 语言规定（约定），数据类型是同类型数据的属性，数据类型约定了常量和变量占用内存的长度和内存计数方式（内存数据存储结构）。常量存在于 C 程序中，变量在程序执行时产生并存在，执行结束自动消失（释放）。常量根据表达形式分为字符型常量、字符串常量、整型常量、单精度常量、双精度常量，常量在 C 程序执行过程中值不会改变。变量用于存储计算过程中间值。

表达式是同类型数据值的计算单元，其最终结果是数值。根据运算符的不同表达式可分为：

算术表达式、关系表达式、逻辑表达式、赋值表达式、逗号表达式等。算术运算符的优先级高于关系运算符，关系运算符的优先级高于逻辑运算符，逗号运算符的优先级最低，其次是赋值运算符。

关系表达式和逻辑表达式的计算结果为整型数 0 或 1。

自增和自减运算符出现在混合运算表达式中时，前自增、前自减、后自增、后自减将影响表达式的值，前自增或前自减，在表达式计算前变量值发生改变；后自增或后自减，在表达式计算后变量值发生改变。

习题 1

一、综合题

1. 写出下列赋值表达式运算后 a 的值，设原来的 a=10，n=5。

（1）a+=a   （2）a-=2   （3）a*=2+3

（4）a/=a+a   （5）a=(n%=2)   （6）a+=a-=a*=a

2. 设 x=3，y=1，下列语句执行后，m、x、y 的值是多少？（各小题相互独立）

（1）m=++x - y++;   （2）m=++x - ++y;   （3）m=++x, x++;

（4）m=x++,++x;   （5）m=(++x,x++);   （6）m=(x++,++x);

（7）m=++x/++y;   （8）m=x++/y++;   （9）m=x++/++y;

3. 计算下列各逻辑表达式的值，设 int a=3,b=4,c=5,x,y;。

（1）a+b>c&&b==c   （2）a||b+x&&b-c   （3）!(a>b)&&(y=b)&&0

（4）!(x=a)&&(y=b)&&0   （5）!(a+b)+c-1&&b+c/2

4. 若定义 int a=10,b=9,c=8;，顺序执行下列两条语句后，变量 c 的值为多少？

```
c=(a-=(b-5));
c=(a%11)+(b=3);
```

5. 设 x 和 y 均为 int 型变量，且 x=1，y=2，则表达式 1.0+x/y 的值为多少？

6. 设 y 为 int 型变量，请写出判断 y 为偶数的关系表达式。

7. 表示整型变量 a 的绝对值大于 5 的 C 语言表达式是（   ）。

8. 表示整型变量 a 不能被 5 或 7 整除的 C 语言表达式是（   ）。

9. 表示整型变量 a 能同时被 5 和 7 整除的 C 语言表达式是（   ）。

10. 表示条件 10<x<100 或者 x<0 的 C 语言表达式是（   ）。

11. 已知 a=7.5，b=2，c=3.6，则表达式 a>b && c>a || a<b && !c>b 的值为（   ）。

12. 逻辑表达式 x&&1 等价于关系表达式（   ）。

13. 设 int i, j, k;，则表达式(i=1,j=2,k=3, i && j && k)的值为（   ）。

14. 设 c='w'，a=1，b=2，d=-5，则表达式'x'+1>c、'y'!=c+2、-a-5*b<=d+1、b==(a=2)的值分别为（   ）、（   ）、（   ）、（   ）。

15. 执行下面程序段后，c3 的值为（   ）。

```
int c1=1 , c2=2 , c3;
c3=c1/c2;
```

16. 设 a 是整型变量，则执行表达式 a=25/3%3 后，a 的值为（   ）。

17. 设 int m=5,y=2;，则表达式 y+=y-=m*=y 的值为（   ）。

18. 已有定义 float f=13.8;，则表达式 (int)f%3 的值为（   ）。

19. 设 x=2，y=3，z=4，则表达式(x+y>z)&&(y==z)&&x||y+z&&y+z 的值为（   ）。

20. 设 int m=1,n=2;，则表达式 m ++ == n 的值为（   ）。

21. 执行语句 int a=12;a+=a*a;后 a 的值为（　　　　）。

22. 设 x 为 int 型变量，则执行语句 x=10; x = x + --x;后，x 的值为（　　　　）。

23. 执行表达式 a=3*5,a+15 后，变量 a 的值为（　　　　）。

24. 执行表达式 a =(a=3*5,a+15)后，变量 a 的值为（　　　　）。

25. 若有程序段 int a=1,b=2,c; c=a/b*b;，则执行后 c 的值为（　　　　）。

26. 设 x、y、z 都是 int 型变量，且 x=3，y=4，z=5，求下面表达式的值。

(1) 'x'&&'y'　　　　　　(2) x<=y

(3) x||y+z　　　　　　　(4) !(x)

27. 设 int a=3，b=4，c=5，d=6，则表达式 a > b ? c : d 的值为（　　　　）。

28. 假定有变量定义 int k=7,x=12;，求下列表达式的值。

(1) x%=(k%=5)　　　　　　(2) x%=(k-k%5)

(3) x%=k-k%5　　　　　　(4) (x%=k)-(k%=5)

二、编程题

1. 编写程序，将"China"译成密码。加密方法为：将原字母用其字典顺序后的第 4 个字母替换。例如，'a'用'e'替换，'A'用'E'替换。故"China"译成密码应为"Glmre"。试编写一个程序，用赋值的方法为变量 c1、c2、c3、c4、c5 分别赋值为'C'、'h'、'i'、'n'、'a'，经过运算，使 c1、c2、c3、c4、c5 的值分别为'G'、'l'、'm'、'r'、'e'，并在屏幕上显示。

2. 编写程序，输出字符常量'\n'、'\r'、'\t'、'\0'、'\177'、'\xFF'的十进制值。输出格式要求对齐。

\n	\r	\t	\0	\177	\xFF
10	13	9	0	127	-1

第 2 章
数据格式化输入和输出

关键词

- 输入函数 scanf()、输出函数 printf()、变量内存地址
- 数据格式限定符%d、%o、%x、%c，char 型变量、int 型变量
- 数据格式限定符%f、%e、%lf、%le、%g，float 型变量、double 型变量
- 数据分隔符、默认分隔符、空格、数据格式
- 实型数精度、输出精度、有效数字位

难点

- 标准输入设备、标准输入字符流文件、标准输出设备、标准输出字符流文件
- 数据格式、二进制数、八进制数、十进制数、十六进制数、字符串
- 调用 printf()函数、scanf()函数指定数据格式的限定符和数据

数据输入是指从输入设备向变量内存传输数据；数据输出是指将变量内存数据传输到输出设备。

C 语言没有数据输入、输出语句。其提供了一套数据格式限定符、输入函数和输出函数，即调用函数可实现数据的输入和输出。scanf()函数等用于实现数据输入，printf()函数等用于实现数据输出。

2.1　数据输入/输出概述

C 语言将键盘预置为标准输入设备，键盘是字符发生器，标准输入设备的文件流标识符为 stdin，标准输入设备的数据格式只能是字符序列。

例如，向内存输入整数 123，内存数据格式应为 00000000 00000000 00000000 01111011；通过键盘输入 123，键盘缓冲内存存的是"123"字符串，内存数据格式为 00110001 00110010 00110011，内存数据"源"格式和"目标"格式不一致，需要输入函数将数据格式"123"转换为整型数 123。向内存输入整型数 123 的过程如图 2.1 所示。

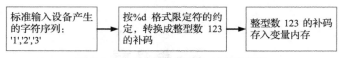

图 2.1　向内存输入整型数 123 的过程

又如，向内存输入短实数 123，内存数据格式应为阶码 01000010 11110110 00000000 00000000；通过键盘输入 123，键盘缓冲内存存的是"123"字符串，内存数据格式为 00110001 00110010 00110011，内存数据"源"格式和"目标"格式不一致，需要输入函数将数据格式"123"转换为短实数 123.0。

输入函数通过格式限定符完成数据格式的转换，如格式限定符%d，可将数据格式"123"转换为整数 123；格式限定符%f，可将数据格式"123"转换为短实数 123.0。

C 语言把计算机显卡预置为标准输出设备，显卡有两种工作模式：图形模式和字符模式。标准输出设备的文件流标识符为 stdout。标准输出设备的数据格式只能是字符序列（字符串或字符流）。

例如，内存整型数 123 输出显示时，输出函数通过格式限定符%d 将数据格式 00000000 00000000 00000000 01111011 转换为"123"，数据格式 00110001 00110010 00110011 被传至输出设备显示。内存整型数 123 输出的过程如图 2.2 所示。

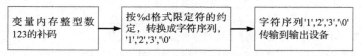

图 2.2　内存整型数 123 输出的过程

又如，内存短实数 123.0 输出显示时，输出函数通过格式限定符%f 将数据格式阶码 01000010 11110110 00000000 00000000 转换为"123.000000"，数据格式 00110001 00110010 00110011 00101110 00110000 00110000 00110000 00110000 00110000 00110000 被传至输出设备显示。

2.2　scanf()函数与数据格式限定符

scanf()函数功能是从标准输入字符序列（字符流）中提取一个或多个字符序列，按照数据格式限定符的约定格式，将字符序列转换为变量数据类型指定的二进制数，并传入变量内存。

scanf()函数原型格式如下：

```
int scanf(const char * _Format,...);
```

其中：第 1 个形式参数 const char * _Format 为数据格式限定字符串，要求输入字符序列格式。第 2 个形式参数…为变量内存地址列表（项数不限）。

数据格式限定符与变量内存地址列表必须按顺序一一对应。

scanf()函数返回获得输入的数据个数。

调用 scanf()函数为变量输入值，一般格式为：

```
整型变量 n=scanf("数据格式限定符字符串"，变量内存地址列表);
```

例如，设有 int 型变量 n,ic, double 型变量 dc, 为 ic 和 dc 输入值，表达为：

```
scanf("%d%lf",&ic,&dc); 或 n=scanf("%d%lf",&ic,&dc);
```

"%d%lf"为数据格式限定符字符串，&ic，&dc 为变量内存地址列表。数据格式限定符%d 对应变量 ic 的数据类型，数据格式限定符%lf 对应变量 dc 的数据类型。%d 匹配&ic, 提取十进制整数数字字符序列，将其转换为 int 型二进制数，并传入&ic 内存；%lf 匹配&dc, 提取十进制小数数字字符序列，将其转换为 double 型二进制数，并传入&dc 内存。scanf()函数的数据格式限定符如表 2.1 所示。

表 2.1　scanf()函数的数据格式限定符

格式限定符	说明
%d 或%i	需要的字符序列为有符号的十进制整数格式
%u	需要的字符序列为无符号的十进制整数格式
%x 或%X	需要的字符序列为无符号的十六进制整数格式
%o	需要的字符序列为无符号的八进制整数格式
%c	需要的字符序列为单个字符格式
%s	需要的连续序列字符为一个字符串格式
%f	需要的字符序列为单精度十进制小数格式
%lf	需要的字符序列为双精度十进制小数格式
%e 或%E	需要的字符序列为单精度十进制小数的指数格式
%le 或%lE	需要的字符序列为双精度十进制小数的指数格式
%g 或%G	需要的字符序列为单精度十进制小数的指数格式或小数格式
%lg 或%lG	需要的字符序列为双精度十进制小数的指数格式或小数格式

数据格式限定符字符串中有多个格式限定符时，注意数据分隔符，包括默认分隔符（空格）和显式分隔符（非格式限定符和数字字符）。

如果数据格式限定符间没有分隔符，如"%d%lf"，则数据间分隔符为默认分隔符（空格）。

如果有格式限定符以外的字符，如"%dSpace%lf"，则 Space 为显式分隔符，输入时必须连同显式分隔符一起输入。

回车键（Enter 键）为输入结束通知，也叫输入数据提交。scanf()函数收到回车消息，开始按照数据格式限定符约定的格式提取字符序列，再将字符流转换为指定数据类型的二进制数，分别传入指定内存。如果输入字符序列的个数不够，需继续输入字符序列；如果提取的字符流格式与数据格式限定符不匹配，则结束数据输入过程，根据 scanf()函数的返回值判定数据输入是否完整。

下面对几种常见的数据格式限定符进行详细介绍。

2.2.1　数据格式限定符%d

数据格式限定符%d，表示十进制整数数字字符序列，%d 适用的数据类型包括 char、short、int、long、unsigned char、unsigned short、unsigned int、unsigned long。

例如，为整型变量 a、c 输入数据：

```
int a,c;
scanf("%d%d",&a,&c);
```

其输入的十进制整数数字字符序列格式应为：

```
234□97↵（回车——输入提交通知，234 与 97 之间用默认数据分隔符空格隔开）
```

键盘是字符设备，使用键盘输入英文字符，键盘缓冲内存（缓存）保存按键字符的 ASCII 值（单字节）；输入汉字，保存汉字的机内码（双字节）。

scanf()函数从键盘缓存提取字符序列"234□97↙"。按%d 的约定，非数字字符"□"之前的字符序列"234"作为十进制整数数字字符序列，将数据格式转换为整数 234 的补码 00000000 00000000 00000000 11101010，传入变量 a 内存；再将"□"后的数字字符序列"97"，转换为整数 97 的补码 00000000 00000000 00000000 01100001，传入变量 c 的内存。

在 scanf("%d%d",&a,&c）中，数据格式限定符字符串"%d%d"中有两个数据格式限定符，对应变量内存地址列表必须提供两个变量内存地址&a 和&c，数据格式限定符与变量内存地址按顺序一一对应。&运算符用于变量名前，称为取地址运算符，&a 取变量 a 的内存起始地址，&c 取变量 c 的内存起始地址。"%d%d"无显式数据分隔符，数据分隔符为默认分隔符（空格）。

又如：

```
int a ,c;
scanf("a=%d/c=%d",&a,&c);
```

输入的字符序列格式应为：

```
a=234/c=97↙(回车)
```

变量 a 获得整数 234，变量 c 获得整数 97。

数据格式限定符字符串"a=%d/c=%d"中有显式数据分隔符（非格式限定符和数字字符），必须照原样输入显式数据分隔符，变量才能分别获得正确输入。

再如，从数字字符流（串）中限宽提取数字字符：

```
int a ,b,c,d,e;
scanf("%1d%2d%3d%4d%5d",&a,&b,&c,&d,&e);
```

若输入字符流：

```
0123456789123456789
```

则变量获得输入值：变量 a 获得整数 0，变量 b 获得整数 12，变量 c 获得整数 345，变量 d 获得整数 6789，变量 e 获得整数 12345。

scanf()函数的数据输入格式限定符"%1d%2d%3d%4d%5d"有提取字符个数（字符宽度）限定，%1d 提取 1 个数字字符，转换为 1 个整型数；%2d 提取 2 个数字字符，转换为 1 个整型数；%3d 提取 3 个数字字符，转换为 1 个整型数；%4d 提取 4 个数字字符，转换为 1 个整型数；%5d 提取 5 个数字字符，转换为 1 个整型数。

2.2.2 数据格式限定符%c

数据格式限定符%c，表示从输入字符序列中提取一个字符，直接传入 char 型变量内存。

char 型数据要分清字形和 ASCII 值，char 型变量内存中存的是 ASCII 值，不是字形。字形是根据 ASCII 值在字形库中找出字形数据，再由字形数据"画出"的。

例如，用 scanf()函数为 char 型变量输入值，可以使用%d 或%c。

```
char zfa,zfb;
scanf("%d,%c",&zfa,&zfb);
```

若输入字符序列：

```
97,A
```

则变量 zfa 获得的输入值为整数 97，变量 zfb 获得的输入值为整数 65。

格式限定符"%d,%c"中的逗号为显式数据分隔符，将分隔符前的字符序列转换为一个整型数 97，传入变量 zfa 的内存（&zfa），将分隔符后的一个字符的 ASCII 值直接传入变量 zfb 的内存（&zfb）。

scanf()函数"格式限定符字符串"中有%c，输入时使用数据分隔符要慎重。如：

```
    char b;
    int a,c;
    scanf("%d%c%d",&a,&b,&c);
```
输入字符序列：
```
    123D456
```
或输入字符序列：
```
    123D□456
```
变量 a、b、c 才能获得正确的输入。

格式限定符字符串"%d%c%d"中没有显式的数据分隔符，但有格式限定符%c，输入时第 1 个字符序列与第 2 个字符序列间不能有数据分隔符。若输入字符序列：
```
    123□D□456
```
将空格前的连续字符序列"123"转换为整数 123，传入变量 a 的内存。将空格的 ASCII 值传入变量 b 的内存，字符序列"D□456"不是数字字符序列，不能转换为整型数，于是 scanf()函数停止数据输入过程，变量 c 就无法获得输入。

2.2.3　数据格式限定符%f 和%lf

数据格式限定符%f，表示十进制小数形式数字字符序列（包括小数点字符），对应 float 型变量。

数据格式限定符%lf，表示十进制小数形式数字字符序列，对应 double 型变量。

例如，为 float 型变量 a、double 型变量 b 输入值，scanf()函数使用数据格式限定符：
```
    float a;
    double b;
    scanf("%f%lf",&a,&b);
```
输入字符序列为：
```
    3.1415□2.718281828
```
将十进制小数数字字符序列"3.1415"转换为float型3.1415的阶码01000000 01001001 00001110 01010110，传入变量 a 的内存。将分隔符后十进制小数数字字符序列"2.718281828"转换为 double 型 2.718281828 的阶码 01000000 00000101 10111111 00001010 10001011 00000100 10010001 10011011，存入变量 b 的内存。

如果表达为 scanf("%f%f",&a,&b)，%f 与变量 b 的数据类型不匹配，则变量 b 无法获得输入，对应变量 b 的格式限定符必须用%lf。

2.2.4　数据格式限定符%e 和%le

数据格式限定符%e，表示十进制指数形式的数字字符序列，对应 float 型变量。

数据格式限定符%le，表示十进制指数形式的数字字符，对应 double 型变量。

例如，scanf()函数为 float 型变量 a、double 型变量 c 输入数据，可表达为：
```
    scanf("%e%le",&a,&c);
```
输入字符序列：
```
    1.23e1□8.900e2
```
a 获得输入值 12.3，b 获得输入值 890.0。

也可以输入字符序列：
```
    12.3□890
```
a 获得输入值 12.3，b 获得输入值 890.0。

如果 scanf()函数表达为 scanf("%e%e",&a,&c)，%e 与变量 c 数据类型不匹配，则会导致 scanf()函数停止数据输入过程，变量 c 无法获得输入。

2.2.5　数据输入格式限定符应用示例

scanf()函数是数据输入通用函数，一般调用 scanf()函数为 char、int、long、float、double 型变量输入值。scanf()函数为变量输入数值存在缺陷，特别是同时为 int、char、long、float、double 型变量输入数据时，数据分隔符可能导致数据输入失败。

【例 2.1】 scanf()函数同时为不同数据类型变量输入数据。

程序源代码（SL2-1.c）：

```
#include <stdio.h>
int main()
{
 float a=0.0f;
 char b=0;
 double c=0.0;
 scanf("%e%c%le",&a,&b,&c);
 printf("a=%f,c=%f,b=%d(%c)\n",a,c,b,b);
 return 0;
}
```

程序运行，输入 1（正确输入字符序列）：

```
12.3a89.76543
```

输出 1：

```
a=12.300000,c=89.765430,b=97(a)
```

程序运行，输入 2（错误输入字符序列）：

```
12.3□a□89.76543
```

输出 2：

```
a=12.300000,c=0.000000,b=32( )
```

导致变量 c 不能获得输入的原因，输入字符序列"12.3□a□89.76543"，第 1 个空格前的连续数字符序列"12.3"被提出，转换为 float 型 12.3，传入变量 a 的内存，输入字符序列变为"□a□89.76543"；第 2 个格式限定符为%c，直接将空格提取给变量 b，输入字符序列变为"a□89.76543"，与第 3 个格式限定符%le 的数字字符序列不匹配，scanf()函数停止数据输入过程，导致变量 c 无法获得输入。

汉字是双字节字符（一个汉字有两个字节编码），ASCII 字符是单字节编码（ASCII）。ASCII 字符的最高位为 0，汉字的两个字节编码的最高位都是 1，可根据字符码的最高位区分汉字和 ASCII 字符。接收一个汉字码需要两个字节。

【例 2.2】 汉字字符的输入和输出。

程序源代码（SL2-2.c）：

```
#include <stdio.h>
int main()
{
 char hig8,low8;
 scanf("%c%c",&hig8,&low8);      //获得汉字机内码
 printf("\n%c%c,",hig8,low8);     //输出一个汉字字形
 printf("%c%c\n",low8,hig8);      //高 8 位与低 8 位换位输出另一个汉字
 return 0;
}
```

程序运行，输入：

```
的
```

输出：

```
的,牡
```

根据 ANSI（American National Standards Institute，美国国家标准学会）字符码编码规则，汉字是双字节编码，分高 8 位（前 1 字节）和低 8 位（后 1 字节），每个字节的最高位为 1，ASCII

字符的最高位为 0。输入一个汉字时需要两个 char 型变量接收 1 个汉字的两个字节码，输出一个汉字时需要使用%c%c 格式输出两个字节码。

2.3　printf()函数与数据格式限定符

printf()函数功能是按照数据格式限定符产生字符串（字符序列），传至标准输出设备，输出设备自动根据字符码在字库中找出字形数据，"画"出字形。

printf()函数原型格式为：

```
int printf(const char * _Format, ...);
```

第 1 个形式参数 const char * _Format 为数据格式限定符字符串，约定数据转换为字符串的格式。

第 2 个形式参数…为内存数据列表（项数不限）。

第 1 个形式参数中数据格式限定符与内存数据列表中的变量（或常量）按顺序一一对应。

printf()函数返回输出字符的个数。

调用 printf()函数输出字符串的格式为：

```
整型变量=printf("数据输出格式限定符", 数据列表);
```

例如：

```
printf("a=%d,b=%f,%c\n",10,3.14159f,'A');
```

此句产生"a=10,b=3.141590,A"字符串并传至标准输出设备显示。

格式限定字符串"a=%d,b=%f,%c\n"指明字符串的格式要求，%d 对应 10，%f 对应 3.14159f，%c 对应'A'，其他非数据格式限定符不变。

数据格式限定符需要与数据类型匹配，printf()函数适用的数据格式限定符如表 2.2 所示。

表 2.2　printf()函数适用的数据格式限定符

格式限定符	说明
%d 或%i	整型数以十进制形式输出，正数不输出符号
%o	整型数以无符号八进制形式输出，不输出前导符 0
%x 或%X	整型数以无符号十六进制形式输出，不输出前导符 0x。若用 x，则以小写字符输出十六进制数字的 a~f；若用 X，则以大写字符输出
%u	整数以无符号十进制形式输出
%f	实型数以十进制小数形式输出（float 型和 double 型数据都适用，默认输出 7 个有效数字）
%c	字符型数据以字符（字形）形式输出
%s	输出一个字符串
%e 或%E	实型数以十进制标准指数形式输出（float 型和 double 型数据都适用，底数默认输出 7 个有效数字）
%g 或%G	实型数在%f 或%e 形式中选择宽度较短的输出，不输出无意义的 0
% p 或%P	指针型数据以十六进制形式输出

2.3.1　输出数据格式限定符的一般用法

printf()函数按数据格式限定符产生字符串，并将字符串传至输出设备。数据格式限定符字符串中，一个格式限定符按顺序对应一个输出数据，格式限定符与输出数据的数据类型要匹配。

例如，将内存数据，整型数-10、单精度实型数 3.1415926、双精度实型数 2.718281828、字符'A'，调用 printf()函数输出显示，其格式限制符可表达为：

```
printf("%d,%f,%f,%c",-10,3.1415926f,2.718281828,'A');
```

产生"-10,3.141593,2.718282,A"字符串，并传至输出设备显示。%d 产生十进制整数实际数字字符串；%f 产生十进制小数数字字符串，整数部分按实际数字输出，小数部分 6 个数字；%c 产生一个字符。

```
printf("%d,%f,%e,%c",-10,3.1415926f,2.718281828,'A');
```

产生"-10,3.141593,2.718282e+000,A"字符串，并传至输出设备。%e 产生十进制指数形式数字字符串，整数部分 1 个数字字符，小数部分输出 6 个数字字符。指数部分：指数符号 1 个数字字符，指数部分 3 个数字字符。

```
printf("%u,%e,%g,%c\n",-10,3.1415926,2.718281828,65);
```

产生"4294967286,3.141593e+000,2.71828,A"字符串，并传至输出设备。%u 产生无符号十进制整型数数字字符串，-10 整型数作为无符号整型数（最高位也是计数位），其值为 4294967286。%g 在%f 与%e 格式限定符中自动选择数字位少（短）的形式输出。

2.3.2　限宽输出

数据格式限定符可以限定字符宽度（字符数）。

1．%±mc 格式，指定字符型数据输出字符数

%±mc 格式中的 m 表示实际输出字符个数，+（可省略）表示前面补占位字符空格，-表示后面补占位字符空格，控制输出对齐。例如：

printf("%6c",'A');或 printf("%+6c",65);产生 6 个字符的字符串"□□□□□A"输出。

printf("%-6c",65);产生 6 个字符的字符串"A□□□□□"输出。（注：□表示空格字符）

2．%±0md 格式，指定整型数据输出字符数

%±0md 格式中的 m 表示输出字符个数，+（可省略）表示前补占位字符空格（有 0，以'0'字符为前占位字符），-表示后面补占位字符空格，控制输出对齐。如果产生的十进制整数数字符串字符数大于指定数，则以实际数字字符串输出。例如：

printf("%5d",65);产生字符串"□□□65"并输出。数字字符不够，前面补占位字符空格。

printf("%-5d",65);产生字符串"65□□□"并输出。数字字符不够，后面补占位字符空格。

printf("%05d",65);产生字符串"00065"并输出。数字字符不够，前面补'0'字符，整型数后面不能补'0'字符。

printf("%-05d",65);产生字符串"65□□□"并输出。后面补的占位字符始终为空格字符。

printf("%04d",12345);产生字符串"12345"并输出。指定输出 4 个数字字符，但整型数 12345 有 5 个数字字符，产生实际数字字符并输出。

3．%±m.ns、%±ms 格式，指定字符串输出字符数

数据格式限定符%±m.ns 中的 m 表示输出总字符个数，n 表示取字符串前 n 个字符。+（可省略）表示前面补占位字符空格，-表示后面补占位字符空格，控制输出对齐。例如：

printf("%+6.5s","Chongqing");或 printf("%6.5s","Chongqing");产生字符串"□Chong"并输出。

printf("%-6.5s","Chongqing");产生字符串"Chong□"并输出。

%±ms 格式中的 m 表示输出字符个数，如果指定的 m 小于字符串实际字符数，则输出实际字符。+m 或 m，m 大于字符串实际字符数，前面补占位字符空格；-m 后面补占位字符空格，控制输出对齐。例如：

printf("%+6s\n","Chongqing");产生字符串"Chongqing"并输出。字符串"Chongqing"实际字符个数为 9，而输出限定的 6 小于实际数，则按实际字符输出。

printf("%9s\n","Chong");产生字符串"□□□□Chong"并输出。

printf("%-9s\n","Chong");产生字符串"Chong□□□□"并输出。

4．%±0m.nf 格式，指定实型数输出字符数

%±0m.nf 格式中的 m 表示输出总的数字字符个数（包括小数点）；n 表示小数位数字字符个数；+（可省略）表示前面补占位字符空格或'0'，–表示后面补占位字符空格，控制输出对齐。如果实际整数位数字字符数大于指定整数位数字字符数，则按实际整数位数字字符输出。例如：

printf("%6.2f",12.1234567);产生字符串"□12.12"并输出，总字符数为 6。

printf("%06.2f",12.1254367);产生符串"012.13"并输出（存在四舍五入），总字符数为 6。

printf("%-06.2f",12.1234567);产生字符串"12.12□"并输出，右边补空格字符，总字符数为 6。

printf("%0.2f",12.1234567);或 printf("%.2f",12.1234567);产生字符串"12.12"并输出，整数位数字字符不限，仅限制小数位数字字符个数。

5．%±0m.ne 格式，指定实型数输出指数格式字符数

%±0m.ne 格式表示产生十进制指数格式的数字字符串，m 字符串总字符数（包括指数数字字符'e'和小数点字符'.'）；n 表示底数部分小数数字字符个数；+（可省略）表示字符串前面补占位字符空格或'0'，–表示字符串后面补占位字符空格。实型数实际数字字符数大于 m，以实际数字字符输出。例如：

printf("%010.2e\n",12.12345678);产生字符串"01.21e+001"并输出。

printf("%-010.2e",12.12345678);产生数字字符串"1.21e+001□"并输出。

printf("%06.2e\n",12.12345678);产生字符串"1.21e+001"并输出，实际字符数大于限定数，按实际输出。

2.4　数据输入和输出编程示例

针对变量实施数据输入和输出时，每个变量都有自己的内存，变量数据输入是指将字符串转换为变量类型数据，并传入变量内存；变量数据输出是指将变量内存数据转换为字符串，并传至输出设备。

【例 2.3】　求函数 $f(x) = x^3 + 2x^2 - 3x + 10$ 在输入值 x 处的函数值和导数值。

解题分析：

对函数 $f(x) = x^3 + 2x^2 - 3x + 10$ 求导数函数为 $f'(x) = 3x^2 + 4x - 3$。

算法描述：

Step1：定义变量，double x=0,fx=0,fxs=0;（x 为输入值，fx 为函数值，fxs 为导数值）。

Step2：输入 x 值，scanf("%lf",&x)。

Step3：计算 x 处的函数值，fx=x*(x*(x+2)–3)+10。

Step4：计算 x 处的导数值，fxs=x*(3*x+4)–3。

Step5：输出 x 处的函数值和导数值。

Step6：程序结束。

程序源代码（SL2-3.c）：

```
#include <stdio.h>
void main(void)
{
 double x=0,fx=0,fxs=0;
 printf("Input x value: ");
 scanf("%lf",&x);
 fx=x*(x*(x+2)-3)+10;    //可以表达为 x*x*x+2*x*x-3*x+10
```

```
fxs=x*(3*x+4)-3;        //可以表达为 3*x*x+4*x-3
printf("%10s%12s%12s\n","x","fx","fx'");
printf("%10.3f%12.4f%12.4f\n",x,fx,fxs);
}
```

程序运行，输入：

```
Input x value: 0.5
```

输出：

```
        x          fx          fx'
    0.500      9.1250      -0.2500
```

【例 2.4】 编写 C 程序，将输入类似 12Ch3.5k3.14159 的数字间夹有 2 个非数字字符和 1
个非数字字符的字符串中的数字提取出来，分别赋给整型变量、单精度实型变量和双精度实型
变量。如将数字字符 12 提取出来，作为整型数赋给整型变量，将数字字符 3.5 提取出来作为单
精度实型数赋给单精度实型变量，将数字字符 3.14159 提取出来，作为双精度实型数赋给双精
度实型变量。

解题分析：

给出源代码，体验格式限定符%*的控制作用。

程序源代码（SL2-4.c）：

```
#include <stdio.h>
int  main( )
{
 int a=0;
 float b=0;
 double c=0;
 scanf("%d%*2c%f%*c%lf",&a,&b,&c);
 printf("a=%d\tb=%f\tc=%f\n",a,b,c);
 return -1;
}
```

程序运行，输入：

```
12C3.5k3.14159
```

输出：

```
a=12       b=0.500000      c=3.141590
```

针对 12C3.5k3.14159 字符序列，变量 b 获得的输入值的确是 0.5，因为输入的字符序列
"12C3.5k3.14159"中，'C'不是十进制数字字符，字符序列"12"被提取转换为整数 12 并赋给变量 a；
字符序列"C3"被丢掉，输入字符序列变为".5k3.14159"，"0.5"被提取转换为单精度数据 0.5 并赋
给变量 b；'k'被丢掉，输入字符序列变为"3.14159"，被转换为双精度实型数 3.141590 并赋给变
量 c。

2.5 本章小结

本章介绍的数据输入和输出是针对变量内存进行数据输入和输出，涉及变量内存、标准输入
设备、标准输出设备、数据格式转换。标准输入设备和标准输出设备是字符设备（文本设备），
变量内存数据格式是数据类型的二进制数。输出变量内存数据时，其数据格式由数据类型二进制
数转换为具有可读的字符串（字符流），传至输出设备显示；变量内存输入数据是将输入设备中
的字符串转换为数据类型二进制数并传入内存。

scanf()函数从标准输入设备提取字符序列，按格式限定符转换为类型数据。printf()函数将类型
数据按格式限定符转换为字符串，并传至输出设备显示。

格式限定符%c 不需要数据分隔符，double 型变量输入数据时一定要用%lf 或%le 格式限定符。

习题 2

一、选择题

1. 若 a 是基本整型变量，c 是单精度实型变量，则输入语句（　　）是错误的。

    A.　scanf("%d,%f", &a, &c)；
    B.　scanf("d=%d, c=%f", &a, &c)；
    C.　scanf("%d%f", &a, &c)；
    D.　scanf("%d%f", a, c)；

2. 以下选项中，不正确的整型常量是（　　）。

    A.　12L　　　　　　B.　-10　　　　　　C.　012　　　　　　D.　2,900

3. 以下标识符中，不合法的是（　　）。

    A.　4d　　　　　　B.　_8_d　　　　　　C.　Int　　　　　　D.　Key

4. 在 C 语言中，数字 029 是一个（　　）。

    A.　八进制数　　　B.　十进制数　　　C.　十六进制数　　　D.　非法数

5. 已知字符 'a' 的 ASCII 值为 97，下列语句的输出结果是（　　）。

```
printf ("%d, %c", 'b', 'b'+1) ;
```

    A.　98, b　　　　　B.　语法不合法　　　C.　98, 99　　　　　D.　98, c

6. 若变量已正确定义，表达式(j=3, j++)的值是（　　）。

    A.　3　　　　　　B.　4　　　　　　C.　5　　　　　　D.　6

7. 下列运算符中，优先级最低的是（　　）。

    A.　*　　　　　　B.　!=　　　　　　C.　+　　　　　　D.　=

8. 若变量已正确定义并赋值，符合 C 语言语法的表达式是（　　）。

    A.　a=2++　　　　B.　a=3,5　　　　C.　a=a+1=3　　　　D.　12.3%4

9. 表达式 8>6>3 的值是（　　）。

    A.　0　　　　　　B.　1　　　　　　C.　3　　　　　　D.　表达式语法错

10. 若变量已正确定义并赋值，表达式（　　）不符合 C 语言语法。

    A.　5&&3　　　　B.　int(5.5)　　　C.　+a　　　　　　D.　a=b=c=3

二、综合题（在/*BLANK*/处填写适当的代码）

1. 完善代码，使程序输出以下结果。

```
1. 57
2. 5 7
3. 67.856400, -789.124023
4. 67.856400 ,-789.124023
5.  67.86, -789.12,67.8564,-789.1240,67.856400,-789.124023
6. 6.785640e+001,-7.89e+002
7. A,65,101,41
8. 1234567,4553207,12d687
9. 4294967295,37777777777,ffffffff,-1
10. COMPUTER, COM
```

代码如下：

```
#include <stdio.h>
int main()
{
 int a =5, b= 7; float x=67.8564f,y=-789.124f; char c='A'; long n=1234567;
 unsigned u= 4294967295;
 printf(/*BLANK*/, a,b);
 printf(/*BLANK*/, a, b);
 printf(/*BLANK*/, x, y);
 printf(/*BLANK*/,x,y);
 printf(/*BLANK*/,x,y,x,y,x,y);
 printf(/*BLANK*/,x, y);
```

```
printf(/*BLANK*/,c, c, c, c);
printf(/*BLANK*/,n,n,n);
printf(/*BLANK*/, u, u, u, u);
printf(/*BLANK*/, "COMPUTER" ,"COMPUTER");
return 0;
}
```

2. 输入数据 a=5，b=9，x=4.5，y=95.7，c1='B'，c2='d'，scanf()函数的格式限定符该如何指定？

```
#include <stdio.h>
int main()
{
 int a, b; float x,y; char c1, c2;
 scanf(/*BLANK*/,&a,&b);
 scanf(/*BLANK*/,&x, &y);
 scanf(/*BLANK*/,&c1,&c2);
 printf("\na=%d,b=%d\n",a,b);
 printf("x=%f,y=%e\n",x,y);
 printf("c1=%c,c2=%c\n",c1,c2);
 return 0;
}
```

3. 用 scanf()函数输入数据，使 a=10，b=20，c1='A'，c2='a'，x=1.5，y=-3.75，z=67.8，通过键盘如何实现 scanf("%5d%5d%c%c%f%f%*f,%f",&a,&b,&c1,&c2,&x,&y,&z)的输入？（%*f 处可输入任意浮点数，跳过不读取数据）

```
#include <stdio.h>
int main()
{
 int a,b; char c1,c2; float x,y,z;
 scanf("%5d%5d%c%c%f%f%*f,%f",&a,&b,&c1,&c2,&x,&y,&z);
 printf("\n%5d%5d %c %c %f %f %f\n",/*BLANK*/);
 return 0;
}
```

4. 输入一行字符，分别统计其中英文字母、空格、数字和其他字符的个数。

三、编程题

1. 若 a=3，b=4，c=5，x=1.2，y=2.4，z=-3.6，u=51274，n=4294967295，c1='a'，c2='b'。想要得到以下输出，请写出程序（包括定义变量和设计输出）。

```
a=3  b=4  c=5
x+y=3.60 y+z=-1.20 z+x=-2.40
x=1.200000,y=2.400000,z=-3.600000
u=51274 n=4294967295
c1='a' or 97(ASCII)
c2='b' or 98(ASCII)
```

2. 输入一个华氏温度，要求输出相应的摄氏温度。两者间的转换公式为 C=5/9×(F-32)，其中，F 代表华氏温度，C 代表摄氏温度。输出时要求有文字说明，取小数点后两位数字。

3. 假设我国国内生产总值的年增长率为 6.7%，计算 10 年后我国国内生产总值与现在相比增长的百分比。计算公式为 $p=(1+r)^n$，其中 r 为年增长率，n 为年数，p 为与现在相比的倍数。输出格式为 printf("p=%lf\n", p)。

4. 用 scanf()函数输入圆柱体的高度和底面半径，计算底面圆周长、圆面积、圆柱体积，计算输出时要求有文字说明，取小数点后两位数字。程序输入输出格式要求如下。

输入样式：

```
h=10
r=20
```

输出样式：

```
c=125.66  s=1256.64  v=12566.37
```

第 3 章
选择结构

关键词

- 选择结构语句 if...else、条件表达式
- 复合语句
- 开关语句 switch、整型表达式、确定整型常量、case、break、default
- 条件运算（？：）

难点

- if...else 语句嵌套中 if 与 else 配对
- case 与 break

    程序开发包括三个阶段：程序算法设计、程序编码与调试、程序使用。在程序使用阶段，程序就是计算机加工处理数据的步骤；在程序编码与调试阶段，程序=数据对象+算法；在程序算法设计阶段，程序就是算法。

    针对具体问题，为求解问题所设计的且有限的求解步骤叫作程序算法。问题用数据描述，任何复杂算法都可以用顺序结构、选择结构和循环结构三种基本结构表达。C 语言为表达算法提供了选择结构语句、循环结构语句。

    C 语言表达选择结构的语句有 if 和 switch，还提供了条件运算符。

3.1 if 语句

if 与其子句 else 搭配能够实现以下功能：满足条件执行一条语句；满足条件执行一条语句，不满足条件执行另一条语句；满足条件执行一条语句，不满足条件执行另一条选择语句。选择语句嵌套，筛选条件构成递进式级联，在众多条件中筛选执行一条复合语句。

如果满足条件（或不满足条件），要执行多条语句，需要用花括号把要执行的多条语句括起来，构成复合语句，复合语句在语法上属于一条语句。

3.1.1 单选结构

C 语言中仅用 if，即称为单选结构。单选结构的格式如下：

```
if (表达式)
    复合语句
```

语义：只有表达式值为非 0（条件成立）时，才能执行复合语句。单选控制流程如图 3.1 所示。

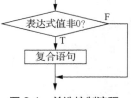

图 3.1   单选控制流程

例如，如果 a>5，则把 a 值反号，用 if 语句表达：

```
if(a>5)  a=-a;
```

if 为语句标识符，括号内 a>5 为一个表达式，任何表达式都要进行值计算，结果为确定数值，表达式的值为非 0，表示判断条件成立，才能执行 if 标识符后面的 a=-a 语句。

标识符 if 与后面的一条语句构成一条 if 语句，如果满足条件，需要执行多条语句，必须用花括号把多条语句括起来构成复合语句。下面讲解 if 单选格式的使用，见例 3.1。

【例 3.1】对输入的 3 个数实现降序输出。

解题分析：

对输入的 3 个数 a、b、c 降序输出，需要满足 a>b>c。

算法描述：

Step1：如果 a<b 成立，则 a 与 b 变量交换值。结果 a>=b 关系成立。

Step2：如果 a<c 成立，则 a 与 c 变量交换值。结果 a>=b，同时 a>=c 关系成立。

Step3：如果 b<c 成立，则 b 与 c 变量交换值。结果 a>=b，同时 a>=c、b>=c 关系成立。

Step4：按 a、b、c 顺序输出变量值。

Step5：程序结束。

程序源代码（SL3-1.c）：

```
#include <stdio.h>
int main()
{
  float a, b, c, temp; //定义 4 个 float 变量
  scanf("%f%f%f", &a, &b, &c);
  if(a<b)              //如果 a<b 成立,则两变量进行值交换
  {   //复合语句开始//
    temp=a;
    a=b;
    b=temp;
  }   //复合语句结束//
  if(a<c)              //如果 a<c 成立,则两变量进行值交换
    a=a+c,c=a-c,a=a-c;        //不需要三方变量的两变量值交换
  if(b<c)                     //如果 score2<score3 成立,则两变量进行值交换
```

```
        temp=b,b=c,c=temp;        //逗号表达式语句
    printf("%7.2f,%7.2f,%7.2f\n", a, b, c);
    return 0;
}
```

运行程序，输入：

```
65.8  98.6  85.9
```

输出：

```
98.60, 85.90, 65.80
```

程序源代码（SL3-1.c）中有复合语句，有逗号表达式语句，还有不需要三方变量的两变量值交换算法。

C 程序编写格式非常自由，初学编程录入代码时，结构要清晰规范且有可读性。

3.1.2　二选一结构

if 与 else 配对构成二选一结构，格式如下：

```
if（表达式）
    复合语句 1
else
    复合语句 2
```

语义：如果表达式的值非 0，执行复合语句 1；否则执行
复合语句 2。二选一结构控制流程如图 3.2 所示。

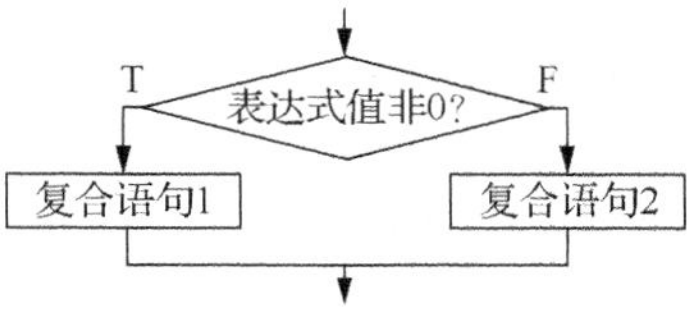

图 3.2　二选一结构控制流程

这种结构是一条 if 语句，if 内部有条件表达式、复合语句 1、else、复合语句 2。

例如，如果 a>=0，输出 1，否则输出-1，用 if 与 else 配对表达如下：

```
if (a>=0) printf("1\n");
else  printf("-1\n");
```

【例 3.2】输入两个整型数，若前数大于后数，执行加运算，否则执行乘运算。

解题分析：

假设前数为 a，后数为 b。a、b 获得输入后，若 a>b，执行 a+b，否则执行 a*b。

算法描述：

Step1：输入变量 a、b 的值。

Step2：如果 a>b 成立，输出 a+b 的值，转 Step4。

Step3：输出 a*b 值。

Step4：程序结束。

程序源代码（SL3-2.c）：

```
#include <stdio.h>
void main()
{
 int a,b;
 scanf("%d%d",&a,&b);
 if(a>b)
  printf("%d\n",a+b);
 else
  printf("%d\n",a*b);
}
```

程序运行，输入 1：

```
5 3
```

输出 1：

```
8
```

程序运行，输入 2：

```
3 5
```

输出 2:

```
15
```

3.1.3　多选一结构

if 与 else 搭配，筛选条件构成递进式级联，在多个条件中筛选执行一条复合语句，格式如下：

```
if (表达式1)
    复合语句1
else if (表达式2)
    复合语句2
...
else if (表达式n)
    复合语句n
else
    复合语句 n+1
```

语义：如果表达式 1 的值非 0，执行复合语句 1，结束整个 if 语句；否则，如果表达式 2 的值非 0，执行复合语句 2，结束整个 if 语句；否则，如果表达式 n 的值非 0，执行复合语句 n，结束整个 if 语句；……，向后递进，如果表达式的值非 0，执行对应的语句，结束整个 if 语句。多选一控制流程如图 3.3 所示。

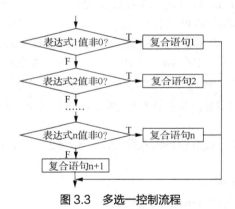

图 3.3　多选一控制流程

这种结构仍然是一条 if 语句，第 1 个 if 的内部嵌入了表达式、if 语句和 else 子句。

例如，用 if 与 else 搭配表达符号函数 $sgn(x) = \begin{cases} 1, x > 0 \\ 0, x = 0 \\ -1, x < 0 \end{cases}$。

```
if(x>0)  x=1;
else if(x<0)  x=-1;
else x=0;
```

为什么不用 x==0 判定 x 为 0？如果 x 是实型数，不是精确计数，关系表达式 x==0 很难成立，如 −0.00000123 与 0.000000，数学上可以近似相等，而 −0.00000123==0.000000 关系运算的结果为 0。判断实型数是否相等，一般不用等于(==)关系表达式，而用差的绝对值和给定精度。如判断实型变量 x、a 是否相等，采用数学关系式 $|x-a| < 1.0e-6$ 的 C 语言关系表达式 fabs(x-a)<1.0e-6。

在多选一结构中，if 与 else 不总是配对的，例如下面的例子：

```
if(x>0)
  if(y>0)
    x=1;
  else
    y=1;
```

else 属哪个 if? 规则是 else 与最近且未配对的 if 配对，例中的 else 与 if(y>0)配对。

【例 3.3】将输入的数值成绩转换为优、良、中、合格、不合格等级。大于等于 90 为优；大于等于 80 为良；大于等于 70 为中；大于等于 60 为合格，低于 60 为不合格。

解题分析：

假设输入的成绩 score 为实数，对 score 实施四舍五入，按递减顺序采用多选一结构编程。

算法描述：

Step1：输入成绩 score。

Step2：如果 score>100 或者 score<0，输出"输入成绩错误"，转 Step9。

Step3：Score+=0.5。

Step4：如果 score>=90，输出"优"，转 Step9。

Step5：如果 score>=80，输出"良"，转 Step9。

Step6：如果 score>=70，输出"中"，转 Step9。

Step7：如果 score>=60，输出"合格"，转 Step9。

Step8：输出"不合格"。

Step9：程序结束。

用 if…else 语句表达如下。

程序源代码（SL3-3.c）：

```c
#include <stdio.h>
void main()
{
 double Score;
 scanf("%lf",&Score);
 if(Score>100.||Score<0.0)
 {
  printf("输入成绩错误.\n");
  return;
 }
 Score+=0.5;
 if(Score>=90) printf("优\n");
 else if(Score>=80)    printf("良\n");
 else if(Score>=70)    printf("中\n");
 else if(Score>=60)    printf("合格\n");
 else printf("不合格\n");
}
```

程序运行，输入：

```
79.6
```

输出：

```
良
```

if 与 else 构成的多选一结构，语法并不复杂，在多个条件下筛选执行符合条件的一条语句，条件表达的先后顺序是关键，一般根据求解问题以递增或递减为序表达判断条件。

3.2　switch 语句

switch 语句又称开关语句，语句格式如下：

```
switch (整型表达式)
{
 case 整型常量1:
```

```
        复合语句1
        break;
case 整型常量2:
        复合语句2
        break;
    …
case 整型常量n:
        复合语句n
        break;
    default:
        复合语句d
    }
```

整型表达式可以是任意表达式，但表达式的值必须转换为整型数。

语义：整型表达式的值与某个 case 指定的整型常量匹配（一致），执行该 case 下的复合语句，直到遇上 break，结束 switch 语句，没有遇上 break，则继续向下执行；如果整型表达式的值没有匹配的 case，又存在 default，则执行 default 下的语句。switch 语句控制流程如图 3.4 所示。

switch 语句内是否使用 break 和 default，编程者要根据求解问题确定。

switch 是语句标识符，整型表达式和后面花括号内的语句属于 switch 内部语句。

例如，根据字符变量 charCode 的值'L'、'R'、'U'、'D'，输出 Left、Right、Up、Down。

```
switch(charCode)
  {
  case 'L': case 'l': printf("Left\n");
  break;
  case 'R': case 'r':
  printf("Right\n");break;
  case 'U': case 'u': printf("Up\n");break;
  case 'D': case 'd': printf("Down\n");break;
  }
```

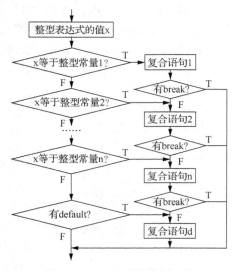

图 3.4　switch 语句控制流程

switch 结构简单，需要熟悉 switch 语句执行过程。提供例 3.4 验证 switch 语句内没有 break 时，switch 语句的执行结果；例 3.5 验证 switch 语句内有 break 时，switch 语句的执行结果。

【例 3.4】阅读 C 程序，写出分别输入 1、2、3 和其他值时，程序的输出结果。

程序源代码（SL3-4.c）：

```
#include <stdio.h>
void main()
{
 int k;
 scanf("%d",&k);
 switch(k)    //switch 语句开始
 {
 case 1:
  printf("I'm in the case 1\n");
 case 2: printf("I'm in the case 2\n");
 case 3: printf("I'm in the case 3\n");
 default: printf("I'm in the default\n");
 }          //switch 语句结束，整体作为一条 switch 语句
}
```

程序运行，输入和输出如下。

（1）输入 1 时输出：

```
I'm in the case 1
I'm in the case 2
I'm in the case 3
I'm in the default
```

（2）输入 2 时输出：

```
I'm in the case 2
I'm in the case 3
I'm in the default
```

（3）输入 3 时输出：

```
I'm in the case 3
I'm in the default
```

（4）输入 4 或其他值时输出：

```
I'm in the default
```

从 switch 语句的哪个 case 开始执行由 switch 整型表达式的值确定，case 相当于入口，从入口开始执行 switch 内部语句，遇上 break 跳出，没有 break 则继续向下执行语句（引发连锁语句执行）。

【例 3.5】续例 3.4，C 程序加入 break 语句后，写出分别输入 1、2、3 和其他值时的输出结果。

程序源代码（SL3-5.c）：

```
#include <stdio.h>
void main()
{
 int k;
 scanf("%d",&k);
 switch(k)
 {
 case 1: printf("I'm in the case 1\n");  break;
 case 2: printf("I'm in the case 2\n");  break;
 case 3: printf("I'm in the case 3\n");  break;
 default: printf("I'm in the default\n");
 }
}
```

程序运行，分别输入 1，2，3，4 时的输出结果如下。

（1）输入 1 时输出：

```
I'm in the case 1
```

（2）输入 2 时输出：

```
I'm in the case 2
```

（3）输入 3 时输出：

```
I'm in the case 3
```

（4）输入 4 时输出：

```
I'm in the default
```

例 3.4 与例 3.5 输入相同，输出不同。switch 语句内有无 break 结果差异明显。

switch 语句内部可以嵌入 switch 语句示例。

【例 3.6】阅读分析 C 程序并写出程序的输出结果。

程序源代码（SL3-6.c）：

```
#include <stdio.h>
void main()
{
 int x=1,y=0,a=0,b=0;
 switch(x)
 {
 case 1:
  switch(y)//内嵌 switch 语句
```

```
    {
    case 0: a++;      break;
    case 1: b++;      break;
    }
  case 2: a++;b++; break;
  case 3: a++;b++;
  }
  printf("a=%d,b=%d\n",a,b);
}
```

程序运行，输出：

```
a=2,b=1
```

例中 switch 语句内嵌有 switch 语句，当 x 的值为 1 时，还要执行内嵌的 switch 语句。

3.3　条件运算符

条件运算符 ?：也是选择结构，条件运算属于三目运算，其表达式的格式如下：

```
(表达式 1) ? (表达式 2) : (表达式 3)
```

当（表达式 1）的值非 0 时，执行表达式 2；（表达式 1）值为 0 时，执行表达式 3。

条件运算也可以组成级联选择结构，实现多选一。例如，在 3 个数据 a、b、c 中找出最大数值并赋给 max，可以这样表达：

```
max=a>b?a>c?a:c:b>c?b:c
```

这种表达形式的可读性差，加上括号，级联选择关系更清晰，并具有可读性。

```
max=(a>b)?(a>c?a:c):(b>c?b:c)
```

在确定数据判断顺序后，使用条件运算符选择处理数据，使代码表达更简洁。

【例 3.7】 使用条件运算符在 4 个数中找出最小数。

解题分析：

假设 4 个数分别为 a、b、c、d；先在 a、b、c 中找出伪最小数 dmin=a<b?(a<c?a:c):(b<c?b:c);，再在 dmin 和 d 中确定最小数。

算法描述：

Step1：输入 a、b、c、d 数据。

Step2：使用条件运算符在 a、b、c 中找出最小数 dmin。

Step3：使用条件运算符在 d、dmin 中找出最小数并赋给 dmin。

Step4：输出 dmin。

算法的 C 语言表达如下。

程序源代码（SL3-7.c）：

```
#include <stdio.h>
int main(void)
{
  double a=0,b=0,dmin;
  float c=0,d=0;
  scanf("%lf%lf%f%f",&a,&b,&c,&d);
  dmin=a<b?(a<c?a:c):(b<c?b:c);
  dmin=dmin<d?dmin:d;
  printf("%f\n",dmin);
  return 0;
}
```

程序运行，输入：

```
5 3 0.5 0.25
```

输出：

```
0.250000
```

在 4 个数中找最小数可由 dmin=(dmin=a<b?(a<c?a:c):(b<c?b:c))<d?dmin:d 一个表达式完成。

3.4 选择结构编程示例

【例 3.8】运输公司对用户收取运费，距离（s）越远，每千米运费越低，具体标准如下：
s<250 km 没有折扣；250≤s<500，2%折扣；500≤s<1000，5%折扣；1000≤s<2000，8%折扣；2000≤s<3000，10%折扣；3000≤s，15%折扣。

解题分析：

设每千米每吨货物的基本运费为 p，货物重为 w，距离为 s，折扣率为 d，则总运费 f 计算公式为：$f=p \cdot w \cdot s \cdot (1-d)$，其中 d 根据 s 的范围查询获得。

算法描述：

Step1：定义变量 double f,p,w,s,d;，并输入基本运价 p、货物重 w、距离 s。

Step2：如果 s<250，折扣率 d=0.0，转 Step8。

Step3：如果 s<500，折扣率 d=0.02，转 Step8。

Step4：如果 s<1000，折扣率 d=0.05，转 Step8。

Step5：如果 s<2000，折扣率 d=0.08，转 Step8。

Step6：如果 s<3000，折扣率 d=0.1，转 Step8。

Step7：折扣率 d=0.15。

Step8：按公式 f=p*w*s*(1-d)计算运费。

Step9：输出数据。

Step10：程序结束。

算法的 C 语言表达如下。

程序源代码（SL3-8.c）：

```c
#include <stdio.h>
void main()
{
 double f,p,w,s,d;
 printf("输入基本运价 p、货物重 w、距离 s:\n");
 scanf("%lf%lf%lf",&p,&w,&s);
 if(s<250)          d=0.0;
 else if(s<500)     d=0.02;
 else if(s<1000)    d=0.05;
 else if(s<2000)    d=0.08;
 else if(s<3000)    d=0.1;
 else               d=0.15;
 f=p*w*s*(1-d);
 printf("基本运价:%.2f\t 货物重:%.2f\t 距离:%.2f\t 折扣率:%.2f\n"
   "运费:%.2f\n",p,w,s,d,f);
}
```

程序运行，输入：

```
基本运价 p、货物重 w、距离 s:
15  20  365
```

输出：

```
基本运价:15.00  货物重:20.00    距离:365.00    折扣率:0.02
运费:107310.00
```

if 语句嵌套构造多选一结构时，注意筛选条件先后顺序，不然即使程序没有语法错误，但筛选条件逻辑链存在缺陷，也将导致程序运行结果错误。

　　程序源代码（SL3-8.c）中出现了字符串的续写，即一个字符串写在两行里，前一行尾部在形式上为一个字符串，后一行头部也要构成一个形式上的字符串，编译器会将两个形式的字符串连接为一个字符串。

　　算法是程序设计的灵魂，算法的优劣决定着程序的可靠性、准确性和执行效率。如例 3.3 中数值成绩向等级成绩的转换，通过计算表达式(Score+0.5)/10 的值就能准确判定成绩等级，避免了低效率地逐条件筛选判断。

　　【例 3.9】 将例 3.3 改为 switch 语句编程。

　　解题分析：

　　假设成绩为 Score，输入 Score 的值，对合法成绩进行四舍五入，除 10 取整归类，其表达式为(int)((Score+0.5)/10)。

　　算法描述：

　　Step1：输入成绩 Score 的值。

　　Step2：如果 Score<0 或者 Score>100，输出"输入成绩错误。"，转向 Step5。

　　Step3：计算出表达式(Score+0.5)/10 的整型值 x。

　　Step4：用 switch 语句解释执行 x，输出等级字符串。

　　Step5：程序结束。

　　算法的 C 语言表达如下。

　　程序源代码（SL3-9.c）：

```c
#include <stdio.h>
void main()
{
 double Score;
 scanf("%lf",&Score);
 if(Score>100.||Score<0.0)
  printf("输入成绩错误.\n");
 else switch((int)((Score+0.5)/10))
 {
  case 10: case 9: printf("优\n");break;
  case 8: printf("良\n");break;
  case 7: printf("中\n");break;
  case 6: printf("合格\n");break;
  default: printf("不合格\n");
 }
}
```

　　例 3.9 的算法优于例 3.3，程序源代码（SL3-9.c）的可靠性、准确性和执行效率高于程序源代码（SL3-3.c）。

3.5　本章小结

　　if 与 switch 是表达选择结构的语句。

　　if 语句的功能为：满足条件执行一条语句；if 与 else 搭配，满足条件执行一条语句，不满足条件执行另一条语句；if 与 else 搭配，满足条件执行一条语句，不满足条件执行一条 if 语句，即 if 语句嵌套，在多条件下选择执行一条语句。

　　if 语句嵌套，选择条件一定要构造成递进式级联结构，否则会导致选择条件冗余或漏选。

　　if 与 else 不总是配对的，else 与 if 配对的规则为：与最近的未配对的 if 配对。

　　switch 语句中 case 为穷举出的确定选项，default 为未穷举出的选项，整型表达式的值如果与穷举的选项值一致，则从穷举项进入执行，直到遇上 break，结束 switch 语句；如果穷举出的选项值中没有整型表达式的值，又存在 default，则从 default 进入执行，遇到 break，结束 switch 语句。switch 语句内是否引发连锁执行、是否使用 default、是否使用 break，由算法需求决定。

习题 3

一、选择题

1. 能正确表示逻辑关系"a≥10 或 a≤0"的 C 语言表达式是（　　　）。

　　A. a>=10 or a<=0　　　B. a>=0 | a<=10　　　C. a>=10 && a<=0　　D. a>=10 || a<=0

2. 在嵌套使用 if 语句时，C 语言规定，else 总是（　　　）。

　　A. 与之前与其具有相同缩进位置的 if 配对　　B. 与之前与其最近的 if 配对
　　C. 与之前与其最近的且不带 else 的 if 配对　　D. 与之前的第一个 if 配对

3. 下列叙述中正确的是（　　　）。

　　A. break 语句只能用于 switch 语句
　　B. switch 语句中必须使用 default
　　C. break 语句必须与 switch 语句中的 case 配对使用
　　D. switch 语句中不一定使用 break 语句

4. 设函数 $y = \begin{cases} 1 & x > 0 \\ 0 & x = 0 \\ -1 & x < 0 \end{cases}$，以下程序中错误的是（　　　）。

A.
```
if( x>0 ) y=1;
else if(x==0) y=0;
else y= -1;
```
B.
```
y=0;
if(x>0)  y=1;
else if(x<0) y=-1;
```
C.
```
y=0;
if(x>=0);
if(x>0) y=1;
else y=-1;
```
D.
```
if(x>=0)
if(x>0) y=1;
else y=0;
else y=-1;
```

5. 下列程序的输出结果是（　　　）。
```
int main(void)
{
 int a=2,b=-1,c=2;
 if(a<b)
  if(b<0) c=0; else  c++;
 printf("%d\n",c);
 return 0;
}
```
　　A. 0　　　　　　　　B. 1　　　　　　　　C. 2　　　　　　　　D. 3

6. 下列程序的输出结果是（　　　）。
```
int main(void)
{
 int x=1,a=0,b=0;
 switch(x)
 {
  case 0: b++; case 1: a++; case 2: a++;b++;
 }
 printf("a=%d,b=%d\n",a,b);
 return 0;
}
```
　　A. a=2, b=1　　　　B. a=1, b=1　　　　C. a=1, b=0　　　　D. a=2, b=2

7. 在执行以下程序时，为使输出结果为 t=4，则 a 和 b 的输入值应满足的条件是（　　）。

```
int main(void)
{
 int a,b,s,t;
 scanf("%d,%d",&a,&b);
 s=1;t=1;
 if(a>0)  s=s+1;
 if(a>b)  t=s+t;
 else if(a==b)  t=5;
 t=2*s;
 printf("t=%d\n",t);
 return 0;
}
```

  A．a>b   B．a<b<0   C．0<a<b   D．0>a>b

8. 下列各项中，（　　）是逗号表达式。

  A．int a,b;   B．int a,b,c=2;c = a+b/c;

  C．a,a+b,a*b+c   D．a,a+b,a*b+c;

9. 为表示关系 x>=y>=z，应使用 C 语言表达式（　　）。

  A．(x>=y) && (y>=z)   B．(x>=y) AND (y>=z)

  C．(x>=y>=z)   D．(x>=y) || (y>=z)

10. 能正确表示 a 和 b 同时为正或同时为负的表达式是（　　）。

  A．(a>=0|| b>=0) && (a<0||b<0)

  B．(a>=0 && b>=0) && (a<0 && b<0)

  C．(a+b>0 && a+b<=0)

  D．a*b>0

二、填空题

1. 表示条件 10<x<100 或者 x<0 的 C 语言表达式是（　　）。

2. 若有 int x;，请以最简单的形式写出逻辑表达式!x 等价的 C 语言关系表达式（　　）。

3. 已知 a=7.5，b=2，c=3.6，则表达式 a>b && c>a || a<b && !c>b 的值为（　　）。

4. 若从键盘输入 58，则以下程序的输出结果为（　　）。

```
int main(void)
{
 int a;
 scanf("%d",&a);
 if(a>50)  printf("%d",a);
 if(a>40)  printf("%d",a);
 if(a>30)  printf("%d",a);
 return 0;
}
```

5. 下列程序的输出结果为（　　）。

```
int main(void)
{
 char c='b';
 int k=4;
 switch(c)
 {
  case 'a': k=k+1; break;
  case 'b': k=k+2;
  vcase 'c': k=k+3;
 }
 printf("%d\n",k);
return 0;
}
```

三、编程题

1. 比较大小：输入 3 个整数，按从小到大的顺序输出。

2. 高速公路超速处罚：按照规定，在高速公路上行驶的机动车，若超出本车道限速的 10% 则处以 200 元罚款；若超出 50%，则吊销驾驶证。请编写程序，根据车速和限速自动对该机动车进行处理。（输出格式要求："吊销驾驶证\n"和"处罚%.0f\n"）

3. 出租车计价：某城市普通出租车收费标准如下：起步里程为 3 千米，起步费 10 元；超过起步里程后 10 千米内，每千米 2 元；超过 10 千米以上的部分加收 50% 的空驶补贴费，即每千米 3 元；营运过程中，因路阻及乘客要求临时停车的，按每 5 分钟 2 元计收（不足 5 分钟不收费）。运价计费尾数四舍五入，保留元。编写程序，输入行驶里程（千米）与等待时间（分钟），计算并输出乘客应支付的车费（元）。

输入要求：第 1 数据为里程，第 2 数据为等时，数据间由逗号分隔。

输出要求："里程数：%.2f\n 车费：%.0lf\n"。

算法设计：

（1）等时费：如果 wait>=5，等时费=(wait/5)*2；

（2）车费 $custm = \begin{cases} 10 & s \leqslant 3 \\ 10+2(s-3) & s \leqslant 10 \\ 10+2(s-3)+2*0.5(s-10) & s > 10 \end{cases}$；

（3）应付费=等时费+车费。

4. 统计学生成绩：输入一个正整数 n，再输入 n 个学生的百分制成绩，统计五分制成绩的分布。百分制成绩到五分制成绩的转换规则为：大于或等于 90 分为 A，小于 90 分且大于或等于 80 分为 B，小于 80 分且大于或等于 70 分为 C，小于 70 分且大于或等于 60 分为 D，小于 60 分为 E。试编写相应程序。（输入格式要求：输入提示"输入学生数: "，提示输入学生成绩："输入第%d 学生成绩: "）（输出格式要求："平均成绩:%.2lf\n"、"A(90～100): %d\n"、"B(80～89): %d\n"、"C(70～79): %d\n"、"D(60～69): %d\n"、"E(0～59): %d\n"）

5. 三角形判断：输入平面上任意三个点的坐标(x1,y1)、(x2,y2)、(x3,y3)，检验它们能否构成三角形。如果 3 个点能构成一个三角形，则输出周长和面积（保留 2 位小数）；否则输出"Impossible"。

提示： 三角形任意两边之和大于第三边。三角形的面积计算公式为：

$Area = \sqrt{s(s-a)(s-b)(s-c)}, \quad s = (a+b+c)/2$，其中 a、b、c 为边长。

第 4 章
循环结构

关键词

- 📄 for 循环、while 循环、do...while 循环、break、continue、当型循环、直到型循环
- 📄 循环初始表达式、循环条件表达式、循环步长表达式
- 📄 循环变量、无限循环、死循环

难点

- 📄 循环语句执行过程
- 📄 有条件使用 break 和 continue
- 📄 循环条件表达式的灵活性

循环是指有条件地重复执行同一段代码。C 语言提供了 for、while、do...while 三个语句表达循环结构。for、while 为当型循环结构，do...while 为直到循环结构。在循环体内，根据算法可以使用 break 强制循环结束，也可以使用 continue 结束本次循环，开始下一次循环。

使用循环语句编程要符合循环初始化、循环控制条件、循环体、为下一次循环做准备 4 个步骤。

4.1 for 循环

for 循环语句完整体现了编写循环结构代码的 4 个步骤：循环初始化、循环控制条件、循环体、为下一次循环做准备。

for 循环体内使用 break 强制循环结束，使用 continue 结束本次循环，开始下一次循环。

4.1.1 for 循环语句格式

for 循环语句的一般格式如下：

```
for (初始表达式；循环条件表达式；循环步长表达式)
    循环体
```

for 为语句标识符，for 后面括号内的 3 个表达式分别为：初始表达式、循环条件表达式、循环步长表达式。表达式间由分号 ";" 分隔。

循环体是指需要重复（循环）执行的功能语句，为一条语句。当需要重复执行多条语句时，必须用花括号把多条语句括起来，构成一条复合语句。

标识符 for 与循环体构成一条 for 循环语句。

for 循环语句重复执行循环体的过程如下。

初始表达式：循环开始时执行，以后不执行。初始表达式只执行一次！

循环条件表达式：重复执行循环体的控制条件，只有循环条件成立（循环条件表达式的值非 0）时，才执行循环体；循环条件不成立时，for 循环结束。

循环体：一次循环应该执行的功能语句。循环体执行后转向执行步长表达式。

循环步长表达式：为下一次循环做准备，循环步长表达式执行后，再执行循环条件表达式，决定是否开始下一次循环。

for 循环语句控制流程和循环执行过程示意图如图 4.1 所示。

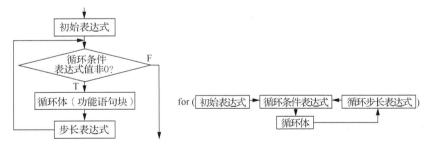

图 4.1 for 循环语句控制流程和循环执行过程示意图

阅读例 4.1 的程序源代码，理解循环过程并掌握 for 语句的表达格式。

【例 4.1】使用 for 循环求 1+2+3+⋯+100 的和。

解题分析：

设整数为 i，累计和 sum=0；i 从 1 开始进行 sum=sum+i、i=i+1 计算，直至 i 为 101 时停止。

算法描述：

Step1：循环初始化。循环变量 i=1，累计和 sum=0。

Step2：循环条件。如果 i<=100 不成立，转向 Step5。

Step3：循环体。执行 sum=sum+i，累计 i。

Step4：循环体。为下一次循环做准备，改变循环变量的值，i=i+1，转 Step2。

Step5：输出 sum。

算法控制流程如图 4.2 所示。算法的 C 语言表达如下。

程序源代码（SL4-1.c）：

```
#include <stdio.h>
void main()
{
 int i,sum=0;   //sum 存储和必须置 0，i 为循环变量
 for(i=1;i<=100;i++)
  sum=sum+i;    //循环体，只有一条语句时可省略花括号
 printf("sum=1+2+…+100=%d\n",sum);
}
```

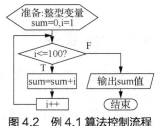

图 4.2　例 4.1 算法控制流程

程序运行，输出：

```
 sum=1+2+…+100=5050
```

程序源代码（SL4-1.c）中，循环的 4 个步骤如下。

（1）循环初始化，for 循环的初始表达式为 i=1。

（2）循环控制条件，for 循环的条件表达式为 i<=100。

（3）循环体为 sum=sum+i。

（4）为下一次循环做准备，for 步长表达式 i++。

变量 i 是控制循环的关键变量，称 i 为循环变量，每次循环后 i 的值必须改变，如果 i<=100 永远成立，循环就会无限进行下去（死循环），这种情况必须杜绝。

在程序源代码（SL4-1.c）的循环中，第 1 次循环 i 值为 1，第 2 次 i 值为 2，……，直至第 100 次循环，循环体 sum=sum+i 被执行了 100 次。每次的 i 值不同，当 i 值为 101 时，循环条件 i<=100 不成立，for 循环结束。

4.1.2　for 循环体内使用 break

break 的功能是使程序从循环体内跳出，循环体内使用 break 语句，强制循环结束。break 只能在 switch 语句和循环语句内使用。

循环体内是否使用 break 由算法决定，不能无条件使用。

下面通过例 4.2 介绍 break 语句在循环体内的作用。

【例 4.2】用 for 的无限循环求 1+2+3+…+100 的和。

此例同例 4.1 类似，展示了 for 循环的典型格式。

程序源代码（SL4-2.c）：

```
#include <stdio.h>
void main()
{
 int i=1,sum=0;
 for( ; ; )  //省略条件表达式，循环条件永远成立
 {
  if(i>100)
   break;      //跳出循环，强制循环结束
  sum=sum+i++;//可表达为 sum+=i++;
 }
 printf("sum=1+2+...+100=%d\n",sum);
}
```

程序运行，输出：

```
 sum=1+2+...+100=5050
```

程序源代码（SL4-2.c）中，for(; ;)为 for 循环的典型格式，循环初始表达式、循环条件表达、循环步长表达式全部省略，其循环条件表达式值为 1，循环条件永远成立，此种格式的 for 循环为无限循环（死循环）。

虽然 for 语句表达为无限循环，但循环体内使用了选择语句 if(i>100) break，当循环变量 i 的值大于 100 时，执行 break，强制结束循环，此时 for 循环就不能无限循环。

循环的 4 步骤如下。

（1）循环初始化，for 之前 int i=1,sum=0。

（2）循环控制条件，循环体内 if(i>100) break 语句。

（3）循环体，sum=sum+i++。

（4）为下一次循环做准备，执行循环体内 sum=sum+i++表达式中的 i++。

4.1.3　for 循环体内使用 continue

在循环体内使用 continue 结束本次循环，跳转执行步长表达式，开始下一次循环。continue 语句只能在循环体内使用，其他地方不能使用 continue。

循环体内是否使用 continue 由算法决定，不能无条件使用 continue。下面以实例 4.3 介绍 continue 的使用方法。

【例 4.3】求闭区间[-50,100]内偶数绝对值的和。

解题分析：

假设变量 sum=0 存放偶数绝对值的和，循环变量为 i，循环步长值为 1，闭区间为[-50,100]，i 的初值应为-50，循环条件应为 i<=100。如果 i 为奇数，用 continue 结束本次循环，转向步长表达式，准备下一次循环；如果 i 为偶数，执行 sum+=i<0?-i:i;表达式 i<0?-i:i，求 i 的绝对值。

算法描述：

Step1：定义整型变量 i、sum 并初始化 i 为-50，sum 为 0，i 为循环变量。

Step2：循环条件。如果 i>100，转至 Step5。

Step3：如果 i%2!=0，i++，转向 Step2。

Step4：将 i 的绝对值累加到 sum(sum+=i<0?-i:i)，i++，转至 Step2。

Step5：输出偶数和 sum。

Step6：程序结束。

程序源代码（SL4-3.c）：

```c
#include <stdio.h>
void main()
{
 int i,sum=0;
 for(i=-50;i<=100;i++)
 {
  if(i%2!=0)          //i为奇数，转步长表达式
   continue;
  sum+=i<0?-i:i;
 }
 printf("sum=%d\n",sum);
}
```

程序运行，输出：

```
sum=3200
```

在程序源代码（SL4-3.c）的 for 循环体内，每次循环判断 i，如果 i 为奇数，用 continue 跳

转执行步长表达式 i++，准备下一次循环；否则累加 i 的绝对值，执行表达式 i<0?-i:i，求 i 的绝对值。

关系表达式 i%2!=0 用于判断 i 是否为奇数，但不能使用 i%2==1 表达式。

4.2　while 循环语句

while 也是表达循环结构的语句。与 for 循环相比，while 循环只有循环条件表达式，没有循环初始化表达式和循环步长表达式。使用 while 循环语句时，一定要按循环结构编程的 4 个步骤编写代码，在 while 循环前进行循环初始化，循环体内为下一次循环做好准备。

4.2.1　while 循环语句格式

while 循环语句的一般格式如下：

```
while (循环条件表达式)
   循环体
```

while 为循环语句标识符，循环控制条件放在 while 后的括号内，标识符 while 与循环体一起构成一条 while 循环语句。while 循环控制流程如图 4.3 所示。

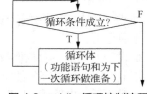

while 循环的执行过程：如果循环条件表达式的值非 0，则执行循环体，再转向执行循环条件表达式；如果循环条件表达式的值为 0，则 while 循环结束。

while 循环前必须进行循环初始化，在 while 循环体内必须为下一次循环做好准备。下面通过例 4.4 介绍 while 表达循环结构。

图 4.3　while 循环控制流程

【例 4.4】用 while 循环求 1+2+3+…+100 的和。

算法描述：

Step1：循环初始化，循环变量 i=1，累计和 sum=0。

Step2：循环条件，如果 i>100，转向 Step5。

Step3：循环体，执行 sum=sum+i，累计 i。

Step4：为下一次循环做准备，改变循环变量值 i=i+1，转向 Step2。

Step5：输出 sum。

程序源代码（SL4-4.c）：

```
#include <stdio.h>
void main()
{
 int i=1,sum=0;
 while(i<=100)
 {
  sum=sum+i;
  i=i+1;  //改变 i 值，为下一次循环做准备
 }
 printf("sum=1+2+…+100=%d\n",sum);
}
```

程序运行，输出：

```
sum=1+2+…+100=5050
```

在程序源代码（SL4-4.c）中，循环的 4 个步骤如下。

（1）循环初始化，定义变量并赋初值 int i=1。

（2）循环控制条件，表达式 i<=100。

（3）循环体，执行 sum=sum+i 和 i=i+1 两个语句。

（4）为下一次循环做准备，执行循环体内的 i=i+1 语句。

4.2.2　while 循环体内使用 break

break 功能是使程序从循环体内跳出，while 循环体内使用 break 可强制循环结束。

循环体内是否使用 break 由算法决定，不能无条件使用 break。

下面通过例 4.5 介绍 while 循环体内使用 break 的方法。

【例 4.5】用 while 无限循环求 1+2+3+…+100 的和。

算法描述：

Step1：循环初始化，循环变量 i=1，累计和 sum=0。

Step2：循环体，如果 i>100，转至 Step4（跳出）。

Step3：i 累加到 sum，i++，转至 Step2。

Step4：输出 sum。

程序源代码（SL4-5.c）：

```
#include <stdio.h>
void main()
{
 int i=1,sum=0;
 while(1)       //循环条件表达式值为1
 {
  if(i>100)
   break;       //判断i的当前值，如i>100，跳出循环，即强制循环结束
  sum+=i++;
 }
 printf("sum=1+2+…+100=%d\n",sum);
}
```

程序运行，输出：

```
sum=1+2+…+100=5050
```

在程序源代码（SL4-5.c）中，循环的 4 个步骤如下。

（1）循环初始化：int i=1。

（2）循环控制条件，条件表达式值为 1，循环条件永远成立，while 循环在格式上属于无条件循环。

（3）循环体：语句 if(i>100) break，当 i 的值大于 100 时跳出循环，while 循环结束；否则执行 sum+=i++，i 值累加到 sum。

（4）为下一次循环做准备，执行循环体内 sum+=i++ 语句中的 i++ 表达式。

4.2.3　while 循环体内使用 continue

循环体内使用 continue 可结束本次循环，继续下一次循环。在 while 循环体内 continue 跳转执行循环条件表达式。

循环体内是否使用 continue 由算法确定，不能无条件使用 continue。while 循环体内有条件使用 continue 见例 4.6 程序源代码。

【例 4.6】使用 while 循环求数列 1,-1/2,1/3,-1/4,…,-1/300 中分母大于或等于 200 的项之和。

解题分析：

数列的项符号交替出现，从第 1 项开始递推项符号，从 200 项开始累计项值。数列中的各项

看似整数，切忌分子、分母同时用整型数编程，如果用整型数编程，数列各项累计和为 1。此类表达式将分子表达为 1.0，应合理利用表达式数据类型转换规则，将各项变为实型表达式。

算法描述：

Step1：循环初始化。定义变量并赋初值，double sum=0;int fm=1,fh=1。

Step2：循环条件。如果 fm>300，停止循环，转向 Step6。

Step3：循环体。如果 fm<200，确定下项符号和分母，用 continue 跳转至 Step2。

Step4：循环体。项值累加，sum+=1.0/fm*fh。

Step5：循环体。为下一次循环做准备，确定下项符号和分母，转向 Step2。

Step6：输出累加值 sum。

程序源代码（SL4-6.c）：

```c
#include <stdio.h>
void main()
{
 double sum=0;        //存取累加值
 int fm=1,fh=1;       //fm 为分母，fh 为符号
 while(fm<=300)
 {
   if(fm<200)
   {
    fh=-fh;           //为下一项确定符号
    fm++;             //为下一项确定分母
    continue;         //转向循环条件表达式
   }
   sum+=1.0/fm*fh;
   fh*=-1;            //为下一项确定符号
   fm++;              //为下一项确定分母
 }
 printf("sum=%f\n",sum);
}
```

程序运行，输出：

```
sum=-0.004170
```

在程序源代码（SL4-6.c）中，当 fm<200 时，算出下一项的项符号 fh 和分母 fm，再用 continue 跳转至 while(fm<300)，开始下一次循环；当 fm>=200 时，执行 sum+=1.0/fm*fh，为下一次循环做准备，fh*=-1、fm++。

4.3 do…while 循环语句

do…while 循环语句比较特殊，首先执行循环体，再执行循环条件表达式。do…while 循环称为直到型循环，循环体首先无条件执行一次，再判断循环控制条件。

4.3.1 do…while 循环语句格式

do…while 循环语句的一般格式如下：

```
do
{
  循环体
} while(循环条件表达式);
```

由标识符 do 引出 do…while 循环语句，do 与 while 间为循环体，while 后面括号中为循环条

件表达式。

do 和 while 之间的所有代码称为一条 do…while 语句。

do…while 循环过程：do 是循环体的起点，首先无条件执行一次循环体，再执行循环条件表达式，若循环条件表达式的值非0，转向 do，再次执行循环体；若循环条件表达式的值为 0，结束 do…while 循环。do…while 循环控制流程如图 4.4 所示。使用 do…while 编程见例 4.7。

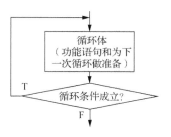

图 4.4　do…while 循环控制流程

【例 4.7】 使用 do…while 循环编程求 1-1/2+1/3-…-1/100 的和。

解题分析：

看似整型表达式，进行数值计算时一定要用实型数进行计算；分子为 1.0，分母递增，递增量为 1；项符号交替变化。

算法描述：

Step1：循环初始化。定义变量并赋初值，int i=1,fh=1;double sum=0；i 为循环变量，fh 为项符号，sum 保存项值累计。

Step2：循环体。执行表达式 sum+=1.0/i*fh，计算累计；算出下一项的项符号 fh 和分母。

Step3：循环条件。如果 i<=100，转至 Step2。

Step4：输出 sum。

程序源代码（SL4-7.c）：

```c
#include <stdio.h>
void main()
{
 int i=1,fh=1;
 double sum=0.0;
 do                //循环开始
 {
  sum+=1.0/i*fh;
  i++,fh*=-1;      //为下一次循环做准备
 }while(i<=100);   //循环条件
 printf("sum=1-1/2+1/3-...-1/100=%f\n",sum);
}
```

程序运行，输出：

```
 sum=1-1/2+1/3-...-1/100=0.688172
```

程序源代码（SL4-7.c）中的循环关键步骤如下。

（1）循环初始化，在 do 之前进行。

（2）循环体，sum+=1.0/i*fh。

（3）为下一次循环做准备，循环体内的 i++,fh*=-1 语句。

（4）循环控制条件，i<=100。

表达式 sum+=1.0/i*fh 因 1.0 引发数据类型转换。

4.3.2　do…while 循环体内使用 break

do…while 循环体内使用 break 可强制循环结束。

循环体内是否使用 break 由算法决定，不能无条件使用 break。在 do…while 循环体内使用 break，见例 4.8。

【例 4.8】使用 do…while 无限循环格式编程求 1−1/2+1/3+…−1/100 的和。

解题分析：

与例 4.7 相同。

算法描述：

与例 4.7 相同。

本例使用 do…while 无限循环结构，循环体内用 break 强制循环结束。

程序源代码（SL4-8.c）：

```
#include <stdio.h>
void main()
{
 int i=1,fh=1;
 double sum=0.0;
 do                 //循环开始
 {
  sum+=1.0/i*fh;
  if(i==100)
   break;           //强制循环结束
  i++,fh*=-1;       //为下一次循环做准备
 }while(1);         //无限循环条件
 printf("sum=1-1/2+1/3-...-1/100=%f\n",sum);
}
```

程序运行，输出：

```
sum=1-1/2+1/3-...-1/100=0.688172
```

在程序源代码（SL4-8.c）中，虽然循环表达格式 while(1)为无限循环，但循环体内有强制循环结束机制，因此程序不会无限循环。

4.3.3　do…while 循环体内使用 continue

do…while 循环体内使用 continue 可结束本次循环，跳转执行循环控制条件表达式。

在 do…while 循环体内 continue 语句不是跳转至 do 执行循环体，而是跳转执行循环控制条件表达式，由循环控制条件表达式的值确定是否继续循环。

使用 do…while 循环语句改写程序源代码（SL4-6.c）。

【例 4.9】用 do…while 循环语句求数列 1，−1/2，1/3，−1/4，…，−1/300 中分母大于或等于 200 的项之和。

解题分析：

与例 4.6 相同。

算法描述：

与例 4.6 相同。

本例使用 do…while 循环结构，循环体内用 continue。

程序源代码（SL4-9.c）：

```
#include <stdio.h>
void main()
{
 double sum=0;
 int fm=1,fh=1;
 do
 {
  if(fm<200)
  {
   fh=-fh;           //为下一项确定符号
```

```
    fm++;              //为下一项确定分母
    continue;          //转向循环条件表达式
  }
  sum+=1.0/fm*fh;
  fh*=-1;              //为下一项确定符号
  fm++;                //为下一项确定分母
}while(fm<=300);
printf("sum=%f\n",sum);
}
```

程序运行，输出：

```
sum=-0.004170
```

特别说明，continue 在 for 循环结构中转向执行步长表达式，在 while 循环和 do...while 循环结构中转向执行循环条件表达式。

4.4 循环结构编程示例

1．循环输出 ASCII 字符

标准 ASCII（American Standard Code for Information Interchange，美国信息交换标准代码）字符共 128 个，其中前 32 个字符码是控制标识符码，在设备上产生控制动作，没有可打印字形，不可打印的 ASCII 字符如表 4.1 所示。

表 4.1　不可打印的 ASCII 字符

十进制数	符号	中文解释	十进制数	符号	中文解释
0	NULL	空字符	16	DLE	数据链路转义
1	SOH	标题开始	17	DC1	设备控制 1
2	STX	正文开始	18	DC2	设备控制 2
3	ETX	正文结束	19	DC3	设备控制 3
4	EOT	传输结束	20	DC4	设备控制 4
5	ENQ	询问	21	NAK	拒绝接收
6	ACK	收到通知	22	SYN	同步空闲
7	BEL	响铃\a	23	ETB	传输块结束
8	BS	退格\b	24	CAN	取消
9	HT	水平制表符\t	25	EM	介质中断
10	LF	换行键\n	26	SUB	替换
11	VT	垂直制表符\v	27	ESC	换码符
12	FF	换页键\f	28	FS	文件分隔符
13	CR	回车键\r	29	GS	组分隔符
14	SO	不用切换	30	RS	记录分离符
15	SI	启用切换	31	US	单元分离符

ASCII 字符是单字节编码，最高位为 0。汉字信息交换码（GB/T 2312—1980，即国标码）是双字节编码，汉字字符编码两个字节的最高位都为 1，作为符号位的汉字编码为负整数，ASCII 字符为正整数。

【例 4.10】 编程输出 128 个 ASCII 字符，控制标识符用控制动作说明代替。

解题分析：

ASCII 编码的范围 0～127。用循环产生 128 个 ASCII 值，码值<32，根据码值查表 4.1，输出

功能说明；码值>31，根据码值查 ASCII 输出字符。

算法描述：

Step1：定义变量，int i,cs=0，i 为 ASCII 值，也是循环变量，已输出 cs 数。

Step2：如果 i>127，转至 Step8。

Step3：如果 i<32，查表 4.1 输出功能说明。

Step4：如果 i>31，查 ASCII 表输出字符。

Step5：输出计数，cs++。

Step6：如果 cs%8 余数为 0，输出换行。

Step7：执行 i++，码值加 1，转至 Step2。

Step8：程序结束。

算法的 C 语言表达如下。

程序源代码（SL4-10.c）：

```
#include <stdio.h>
void main()
{
 int i,cs=0;   //如 i 的数据类型变为 char，将变为死循环
 for(i=0;i<128;i++)
 {
  switch(i)     //对码值<=31 的字符输出进行替换
  {
   case 0: printf("NULL(%d)\t",i); break;
   case 1: printf("SOH(%d)\t",i);  break;
   case 2: printf("STX(%d)\t",i);  break;
   case 3: printf("ETX(%d)\t",i);  break;
   case 4: printf("EOT(%d)\t",i);  break;
   case 5: printf("ENQ(%d)\t",i);  break;
   case 6: printf("ACK(%d)\t",i);  break;
   case 7: printf("BEL(%d)\t",i);  break;
   case 8: printf("BS(%d)\t",i);   break;
   case 9: printf("HT(%d)\t",i);   break;
   case 10: printf("LF(%d)\t",i);  break;
   case 11: printf("VT(%d)\t",i);  break;
   case 12: printf("FF(%d)\t",i);  break;
   case 13: printf("CR(%d)\t",i);  break;
   case 14: printf("SO(%d)\t",i);  break;
   case 15: printf("SI(%d)\t",i);  break;
   case 16: printf("DLE(%d)\t",i); break;
   case 17: printf("DC1(%d)\t",i); break;
   case 18: printf("DC2(%d)\t",i); break;
   case 19: printf("DC3(%d)\t",i); break;
   case 20: printf("DC4(%d)\t",i); break;
   case 21: printf("NAK(%d)\t",i); break;
   case 22: printf("SYN(%d)\t",i); break;
   case 23: printf("ETB(%d)\t",i); break;
   case 24: printf("CAN(%d)\t",i); break;
   case 25: printf("EM(%d)\t",i);  break;
   case 26: printf("SUB(%d)\t",i); break;
   case 27: printf("ESC(%d)\t",i); break;
   case 28: printf("FS(%d)\t",i);  break;
   case 29: printf("GS(%d)\t",i);  break;
   case 30: printf("RS(%d)\t",i);  break;
   case 31: printf("US(%d)\t",i);  break;
  }
  if(i>31)
   printf("%c (%d)\t",(char)i,i);
  cs++;           //cs 为已输出次数
```

```
    if(cs%8==0)          //每行输出 8 个 ASCII 字符信息
      printf("\n");
  }
}
```

程序运行输出：

```
NULL (0)    SOH (1)    STX (2)    ETX (3)    EOT (4)    ENQ (5)    ACK (6)    BEL (7)
BS (8)      HT (9)     LF (10)    VT (11)    FF (12)    CR (13)    SO (14)    SI (15)
DLE (16)    DC1 (17)   DC2 (18)   DC3 (19)   DC4 (20)   NAK (21)   SYN (22)   ETB (23)
CAN (24)    EM (25)    SUB (26)   ESC (27)   FS (28)    GS (29)    RS (30)    US (31)
 (32)       ! (33)     " (34)     # (35)     $ (36)     % (37)     & (38)     ' (39)
( (40)      ) (41)     * (42)     + (43)     , (44)     - (45)     . (46)     / (47)
0 (48)      1 (49)     2 (50)     3 (51)     4 (52)     5 (53)     6 (54)     7 (55)
8 (56)      9 (57)     : (58)     ; (59)     < (60)     = (61)     > (62)     ? (63)
@ (64)      A (65)     B (66)     C (67)     D (68)     E (69)     F (70)     G (71)
H (72)      I (73)     J (74)     K (75)     L (76)     M (77)     N (78)     O (79)
P (80)      Q (81)     R (82)     S (83)     T (84)     U (85)     V (86)     W (87)
X (88)      Y (89)     Z (90)     [ (91)     \ (92)     ] (93)     ^ (94)     _ (95)
` (96)      a (97)     b (98)     c (99)     d (100)    e (101)    f (102)    g (103)
h (104)     i (105)    j (106)    k (107)    l (108)    m (109)    n (110)    o (111)
p (112)     q (113)    r (114)    s (115)    t (116)    u (117)    v (118)    w (119)
x (120)     y (121)    z (122)    { (123)    | (124)    } (125)    ~ (126)     (127)
```

在程序源代码（SL4-10.c）中，如果将循环变量 i 的数据类型改为 char 型，循环将变为无限循环（死循环）。char 型数据的计数范围为-128～127，当循环变量 i 为 127 时，再执行步长表达式 i++，根据整数补码规则，i 值 127+1 为-128，-128<128 循环条件成立，继续循环直到 i 值再为 127，i 值 127+1 又为-128，开始新一轮循环。

2．循环实现递推

【例 4.11】 递推问题。猴子第一天摘下桃子若干，当即吃了一半，不过瘾又多吃了一个。第二天早上又将剩下的桃子吃掉一半，之后又多吃一个。以后每天早上都吃前一天剩下的一半并再多吃一个。到第 10 天早上，只剩一个桃子。求第一天摘了多少个桃子。

解题分析：

假设前一天的桃子数为 x_1，后一天的桃子数为 x_2，则存在 $x_2=\dfrac{x_1}{2}-1$，即 $x_1=(x_2+1)\times2$，第 10 天早上的桃子数是第 9 天剩余的桃子数，从第 9 天回推第 1 天的桃子数。

算法描述：

Step1：定义变量，int day=9,x1=1。day 为第 9 天，x1 为第 9 天的桃子数。

Step2：如果 day 等于 0，转至 Step4。

Step3：算出前一天的桃子数，x1=(x1+1)*2，同时天数减 1 天 day--。转至 Step2。

Step4：输出 x1，即第 1 天的桃子数。

Step5：程序结束。

程序源代码（SL4-11.c）：

```c
#include <stdio.h>
void main()
{
 int day=9,x1=1;
 while(day>0)
 {
  x1=(x1+1)*2;//算出前一天的桃子数
  day--;  //为下一次循环做准备
 }
 printf("桃子总数= %d \n",x1);
}
```

程序运行，输出：

```
桃子总数= 1534
```

程序源代码（SL4-11.c），day 循环变量，循环表达了 day 的递减关系，从第 9 天的桃子数推出第 8 天的桃子数，从第 8 天的桃子数推出第 7 天的桃子数，……，直至推出第 1 天的桃子数。

3．循环实现穷举

在进行归纳推理时，逐个考查某类事件的所有可能情况，因而得出可靠结论，这种归纳方法叫作穷举。

例如，九九乘法表，第 1 行有 1 种可能，第 2 行有 2 种可能，……，第 9 行有 9 种可能。使用循环穷举出行号，再在行内使用循环穷举出行的每列号。

【例 4.12】 穷举问题。输出九九乘法表。

解题分析：

产生行号 1，再产生列号 1，算出 1×1；产生行号 2，再产生列号 1、2，分别算出 2×1、2×2；产生行号 3，再产生列号 1、2、3，分别算出 2×1、2×2、2×3、……。

算法描述：

Step1：定义变量，int i=1，j；行号为 i，列号为 j。

Step2：如果 i 等于 10，转至 Step7。

Step3：j=1。

Step4：如果 j>i，转至 Step6。

Step5：输出 i*j，j++，转至 Step4。

Step6：输出换行符，i++，转至 Step2。

Step7：程序结束。

程序源代码（SL4-12.c）：

```c
#include <stdio.h>
int main()
{
 int i,j;
 for(i=1;i<10;i++)//穷举出 1，2，3，…，9 的行号
 {
  for(j=1;j<=i;j++)//穷举出 1，2，…，i 的列号
   printf("%d×%d=%-2d\t",i,j,j*i);//行号×列号为结果
  printf("\n");
 }
 printf("\n");
 return 0;
}
```

程序运行，输出：

```
1×1=1
2×1=2    2×2=4
3×1=3    3×2=6    3×3=9
4×1=4    4×2=8    4×3=12   4×4=16
5×1=5    5×2=10   5×3=15   5×4=20   5×5=25
6×1=6    6×2=12   6×3=18   6×4=24   6×5=30   6×6=36
7×1=7    7×2=14   7×3=21   7×4=28   7×5=35   7×6=42   7×7=49
8×1=8    8×2=16   8×3=24   8×4=32   8×5=40   8×6=48   8×7=56   8×8=64
9×1=9    9×2=18   9×3=27   9×4=36   9×5=45   9×6=54   9×7=63   9×8=72   9×9=81
```

程序源代码（SL4-12.c）使用穷举法，将每行的每种可能情况都穷举出来计算并输出。程序采用循环嵌套结构，在 i 循环的循环体内嵌入了 j 循环。循环嵌套是指一个循环体内还嵌有

循环。

【**例 4.13**】　穷举（枚举）问题。我国古代数学家张丘建在《算经》一书中曾提出过著名的"百钱买百鸡"问题：鸡翁一，值钱五；鸡母一，值钱三；鸡雏三，值钱一；百钱买百鸡，则翁、母、雏各几何？

解题分析：

单买公鸡数 100/5，单买母鸡数 100/3，单买雏鸡数 100×3；100 钱买 100 鸡是判断条件。单买各种鸡的鸡数可以分别穷举，买鸡钱数为 100，同时鸡数为 100，就是一种合理的买法。

算法描述：

Step1：定义变量，公鸡数 gjs=0，母鸡数 mjs=0，雏鸡 cjs=0，买法统计 zhs=0。

Step2：如果 gjs>100/5，转至 Step10。

Step3：mjs=0。

Step4：如果 mjs>100/3，转至 Step9。

Step5：cjs=0。

Step6：如果 cjs>100，转至 Step8。

Step7：如果 gjs+mjs+cjs 为 100，同时 cjs%3 余数为 0 且 gjs*5+mjs*3+cjs/3 为 100，输出一种买法，zhs++，买法加一，跳转至 Step8；否则雏鸡数 cjs++，转至 Step6。

Step8：mjs++，转至 Step4。

Step9：gjs++，转至 Step2。

Step10：输出合理的买法数 zhs。

Step11：程序结束。

程序源代码（SL4-13-1.c）：

```c
#include <stdio.h>
void main( )
{
 int gjs,mjs,cjs,zhs=0;
 for(gjs=0;gjs<=20;gjs++)     //穷举出公鸡数
 {
  for(mjs=0;mjs<100/3;mjs++)       //穷举出母鸡数
  {
   for(cjs=0;cjs<=100;cjs++)        //穷举出雏鸡数
   {
    if(gjs+mjs+cjs==100 && cjs%3==0 && gjs*5+mjs*3+cjs/3==100)
    {
     printf("公鸡数:%d,母鸡数:%d,雏鸡数:%d\n",gjs,mjs,cjs);
     zhs++;
     break;
    }
   }
  }
 }
 printf("共有组合数:%d种\n",zhs);
}
```

程序运行，输出：

公鸡数:0,母鸡数:25,雏鸡数:75
公鸡数:4,母鸡数:18,雏鸡数:78
公鸡数:8,母鸡数:11,雏鸡数:81
公鸡数:12,母鸡数:4,雏鸡数:84
共有组合数:4种

　　程序源代码（SL4-13-1.c）使用三重循环结构穷举出公鸡数、母鸡数和雏鸡数，将逻辑表达式 gjs+mjs+cjs==100 && cjs%3==0 && gjs*5+mjs*3+cjs/3==100 作为判断条件。

　　循环嵌套越深，代码运行时间越长。使用循环嵌套求解问题，一定要深入优化算法，减少循环嵌套深度，缩短代码运行时间。例如，程序源代码（SL4-13-1.c）可进行如下优化。

　　程序源代码（SL4-13-2.c）：

```
#include <stdio.h>
void main( )
{
 int gjs,mjs,cjs,zhs=0;
 for(gjs=0;gjs<=20;gjs++)
  for(mjs=0;mjs<100/3;mjs++)
  {
    cjs=100-gjs-mjs;                      //根据公鸡数、母鸡数算出雏鸡数
    if(cjs%3==0 && (gjs*5+mjs*3+cjs/3==100))    //百钱买百鸡的条件
    {
      printf("公鸡数:%d,母鸡数:%d,雏鸡数:%d\n",gjs,mjs,cjs);
      zhs++;
    }
  }
 printf("共有组合数:%d种\n",zhs);
}
```

4．循环实现迭代

　　迭代是指重复、反馈的过程，其目的是逼近结果。每一次对过程的重复称为一次"迭代"，而每一次迭代得到的结果将作为下一次迭代的初始值。

【例 4.14】 根据迭代公式 $\sqrt{x}=0.5\left(y_n+\dfrac{x}{y_n}\right)$，设初态 $y_0=1$，要求精度为 ε，编程求 $\sqrt{x}$。

解题分析：

　　此题迭代公式改写为 $\sqrt{x}=y_{n+1}=0.5\left(y_n+\dfrac{x}{y_n}\right)$，用当前 y_n 算出更精确的 y_{n+1}，如果 $|y_{n+1}-y_n|\leqslant\varepsilon$ 成立，则 y_{n+1} 就是计算结果；否则 $y_n=y_{n+1}$，继续用迭代公式计算出新的 y_{n+1}，直至 $|y_{n+1}-y_n|\leqslant\varepsilon$ 成立。

算法描述：

　　Step1：确定数据类型并定义变量。设被开方数为 x，指定精度为 e，迭代初值 y0=1.0，最终根值为 y1。

　　Step2：算出新值 y1=0.5*(y0+x/y0)。

　　Step3：如果 fabs(y1-y0)<=e 成立，转至 Step5。

　　Step4：以新值替代旧值，y0=y1，转至 Step2。

　　Step5：输出开平方根值 y1。

　　Step6：程序结束。

　　程序源代码（SL4-14.c）：

```
#include <stdio.h>
#include <math.h>
void main()
{
 double x,e,y0=1.0,y1;
```

```
printf("输入正数 x 和指定精度:");
scanf("%lf%lf",&x,&e);
if(x<0)
 return;
while(1)
 {
 y1=0.5*(y0+x/y0);      //根据 y0 算出新值 y1
 if(fabs(y1-y0)<=e)     //两次算出的值的绝对值小于指定精度
  break;
 y0=y1;                 //以新值 y1 替代旧值 y0，继续算出新值
 }
 printf("%.3f square is %.7f\n",x,y1);
}
```

程序运行，输入：

```
81.16 1.0e-6
```

输出：

```
81.160 square is 9.0088845
```

一般迭代算法根据迭代精度决定是否继续迭代，因此程序源代码（SL4-14.c）循环格式为无限循环。

4.5 本章小结

for 和 while 称当型循环，当循环控制条件成立时才循环，否则结束循环；do…while 称直到型循环，循环体先无条件执行一次，再执行循环控制条件，如果条件成立，则继续循环，否则结束循环。

for、while 和 do…while 只是循环标识符，循环标识符和循环体共同构成一条循环语句。

循环体内可以用 break 强制循环结束，也可使用 continue 结束本次循环，开始下一次循环。

循环条件表达式是控制循环的关键表达式。循环条件表达式的值要逐步收敛，直至循环终止。循环条件表达式非常灵活，没有固定范式，具体表达要根据求解算法确定。参与循环条件表达式运算的变量称为循环变量，每一次循环后循环变量的值应发生改变。

至此基本数据类型和语句已介绍完毕，熟悉、掌握并使用语句表达数据处理步骤是学习 C 语言程序设计的基本任务，后面将深化数据概念。

习题 4

一、选择题

1. 下列程序的输出结果是（　　　　）。

```
#include <stdio.h>
void main( )
{
 int i;
 for(i='a'; i<'i'; i++,i++)
  printf("%c",i-32);
 printf("\n");
}
```

　　A. 编译不通过，无输出　　　　B. ACEG　　　　C. aceg　　　　D. abcdefghi

2. 当运行以下程序时（　　　）。

```
x=-1;
do {x=x*x; } while (!x);
```

  A. 循环体将执行一次   B. 循环体将执行两次

  C. 循环体将执行无限次   D. 系统将提示有语法错误

3. 在运行以下程序时，如果从键盘上输入 ABCdef<回车>，则输出为（　　　）。

```
#include <stdio.h>
void main( )
{
 char ch;
 while ((ch=getchar())!='\n')
 {
 if(ch>='A' && ch<='Z') ch=ch+32;
 else if(ch>='a' && ch<='z') ch=ch-32;
 printf("%c",ch);
 }
 printf("\n");
}
```

  A. ABCdef   B. abcDEF   C. abc   D. DEF

4. 若 a 和 b 为 int 型变量，则运行以下语句后 b 的值为（　　　）。

```
#include <stdio.h>
void main( )
{
 int a=1, b=10;
 do { b-=a; a++; } while (b--<0);
 printf("\n");
}
```

  A. 9   B. -2   C. -1   D. 8

5. 若 j 为 int 型变量，则下列 for 循环语句的执行结果是（　　　）。

```
int j;
for( j=10;j>3;j--)
{
 if (j%3) j-- ;--j; --j;
 printf ("%d ",j);
}
```

  A. 6 3   B. 7 4   C. 6 2   D. 7 3

6. 以下描述不正确的是（　　　）。

  A. break 语句不能用于循环语句和 switch 语句外的其他语句

  B. 在 switch 语句中使用 break 语句或 continue 语句的作用相同

  C. 在循环语句中使用 continue 语句是为了结束本次循环

  D. 在循环语句中使用 break 语句是为了使流程跳出循环体

7. 对于 for (表达式 1 ;; 表达式 3) 可理解为（　　　）。

  A. for(表达式 1; 0; 表达式 3)   B. for (表达式 1; 1;表达式 3)

  C. for(表达式 1; 表达式 1; 表达式 3)   D. for(表达式 1; 表达式 3; 表达式 3)

8. 已知 int i=1;，执行语句 while (i++<4) 后，变量 i 的值为（　　　）。

  A. 3   B. 4   C. 5   D. 6

9. C 语言中，while 与 do...while 循环的主要区别是（　　　）。

  A. do...while 的循环体至少无条件执行一次

  B. while 的循环控制条件比 do...while 的循环控制条件严格

  C. do...while 允许从外部转到循环体内

  D. do...while 的循环体不能是复合语句

10. 下列程序的输出结果是（　　　）。

```
#include <stdio.h>
void main()
{
 int a=1,b=2, c=2, t;
 while(a<b<c) { t=a;a=b;b=t;c-- ;}
 printf ("%d, %d, %d", a,b,c);
}
```
　　　A. 1,2, 0　　　　　　B. 2, 1,0　　　　　　C. 1,2, 1　　　　　　D. 2,1,1

11. 下列程序的输出结果是（　　　）。

```
#include <stdio.h>
void main()
{
 int x=0,y=0;
 while(x<15) y++, x+=++y;
 printf("%d, %d" ,y, x);
}
```
　　　A. 20,7　　　　　　　B. 6,12　　　　　　　C. 20,8　　　　　　　D. 8,20

12. 下列程序的输出结果是（　　　）。

```
#include <stdio.h>
void main()
{
 int i, sum;
 for(i= 1;i<6;i++) sum+= sum;
 printf("%d",sum);
}
```
　　　A. 15　　　　　　　　B. 14　　　　　　　　C. 0　　　　　　　　D. 不确定

13. 下列程序的输出结果是（　　　）。

```
#include <stdio.h>
void main()
{
 int x,i;
 for(i=1;i<=100;i++)
 {
  x=i;
  if(++x%2==0)
   if(++x%3==0)
    if(++x%7==0)
     printf("%d,",x);
 }
}
```
　　　A. 39,81,　　　　　　B. 42, 84,　　　　　　C. 26, 68,　　　　　　D. 28,70,

14. 若 i 为整型变量，则以下循环执行的次数是（　　　）。
```
for(i=2;i==0;) printf("%d",i--);
```
　　　A. 无限次　　　　　　B. 0 次　　　　　　　C. 1 次　　　　　　　D. 2 次

15. 若 x、y 为整型，以下 for 循环的执行次数是（　　　）。
```
for(x=0, y=0; (y!=123)&&(x<3); x++);
```
　　　A. 无限次　　　　　　B. 循环次数不定　　　C. 执行 4 次　　　　　D. 执行 3 次

16. 结构化程序设计规定的三种基本控制结构是（　　　）。
　　　A. 输入、处理、输出　　　　　　　　　　　B. 树形、网形、环形
　　　C. 顺序、选择、循环　　　　　　　　　　　D. 主程序、子程序、函数

17. 下列程序片段，退出 while 循环时，s 的值是（　　　）。
```
int i=0, s=1;
while(i<3) s+=(++i);
```

    A. 7   B. 6   C. 5   D. 4

18. 若 t 为 int 型，进入下列循环之前，t 的值为 0，

```
while( t=1 )
{ … }
```

则下列叙述中正确的是（　　　　）。

    A. 循环控制表达式的值为 0   B. 循环控制表达式的值为 1

    C. 循环控制表达式不合法   D. 以上说法都不对

19. 要求下列程序实现计算：s= 1+1/2+1/3+…+1/10 的功能。

```
#include <stdio.h>
void main()
{
 int n; float s;
 s=1.0;
 for (n=10;n>1;n--)    s=s+1/n;
 printf("%6.4f\n" ,s);
}
```

程序运行后输出结果错误，导致错误结果的语句是（　　　　）。

    A. s=1.0;   B. for (n=10;n>1;n--)

    C. s=s+1/n;   D. printf(" %6.4f\n",s);

20. 下列程序片段的运行结果是（　　　　）。

```
int x=13;
do
{ printf ("%2d",--x);} while(!x);
```

    A. 输出 212   B. 输出 12

    C. 不输出任何内容   D. 陷入死循环

二、判断题

1. 计算机程序的执行过程实际上是对程序所表达的数据进行处理的过程。

2. 计算机程序=算法+数据结构。

3. 结构化程序设计的基本理念是将一个较大的问题细分为若干个较小问题的组合。

4. 主函数名不能写成 main() 以外的其他形式。

5. C 语言中的表达式就是数学中的计算公式。

6. if 语句中，条件表达式只能是关系表达式或逻辑表达式。

7. 循环是指使用一定条件对同一个程序段重复执行若干次。

8. 可以用 while 语句实现的循环一定可以用 for 语句实现。

9. do…while 的循环体可能一次也不会执行。

10. do…while 语句构成的循环可以用 break 语句跳出。

11. for 循环表达式括号内的 3 个表达式均不能省略。

12. 执行 for(i=0;i<3;i++);后 i 的值为 2。

13. 所有类型的循环都可以进行嵌套使用。

14. 在多重循环中，外重循环的循环次数与内重一样多。

15. 使用 break 语句可以提前终止循环的执行。

16. 使用 continue 语句可以提前终止循环的执行。

17. 使用 continue 语句可以提前终止本次循环，进入下一次循环。

18. for(; ;){…}是指循环体执行 0 次。

19. 若将 1 作为 while 循环的判断条件，则循环一次也不执行。

20. while(!x)语句中的!x 等价于 x==0。

三、编程题

1. 编写程序，输出如下图案（每行有 10 个前导空格）。

Enter：4

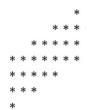

```
        *
      * * *
    * * * * *
  * * * * * * *
    * * * * *
      * * *
        *
```

2. 编写一个程序，实现以下功能：输入一个五位整数，将其反向输出。

例如：输入 12345，输出应为 54321；输入 -50000，输出应为 -00005。

3. 输出所有"水仙花数"，所谓"水仙花数"是指一个 3 位数，其各位数字立方和等于该数本身。例如，153 是一水仙花数，因为 $153=1^3+5^3+3^3$。

4. 一个数如果恰好等于它的因子之和，这个数就称为"完数"。例如，6 的因子为 1、2 和 3，而 6=1+2+3，因此 6 是"完数"。编写程序找出 1000 之内的所有完数。

5. 利用泰勒级数 $\sin(x) \approx x - \dfrac{x^3}{3!} + \dfrac{x^5}{5!} - \dfrac{x^7}{7!} + \dfrac{x^9}{9!} - \cdots$，编程并计算 $\sin(x)$ 的值。要求最后一项的绝对值小于 10^{-6}，并统计出此时累加了多少项。一般计算到级数的某一项的绝对值小于指定的很小的量 ε 时，计算过程终止。可以通过重复执行一系列计算来获得问题的近似答案，而每一次重复计算将产生一个更精确的答案，这种重复执行的过程称为迭代。

6. 输入两个正整数 m 和 n，求其最大公约数和最小公倍数。输入输出要求见离线答题题单。

7. 求 $\sum_{k=1}^{100} k + \sum_{k=1}^{50} k^2 + \sum_{k=1}^{10} 1/k$。无输入，直接输出和，不要添加其他字符。

8. 连续整数的固定和。编写一个程序，读入一个正整数，把所有连续的和为给定的正整数的数找出来。例如，如果输入 27，发现 2~7、8~10、13~14 的和是 27，这些正整数就是答案；如果输入的是 10000，应该有 18~142、297~328、388~412、1998~2002 这 4 组。注意：不见得一定会有答案，如 4、16 就无解；另外，排除只有一个数的情况，否则每个输入值都至少有一个答案，就是它本身。

9. 从键盘任意输入整数 x，编程计算 x 的每一位数字相加之和（忽略整数前的正负号）。例如，输入 x 为 1234，则由 1234 分离出其个、十、百、千、万位，然后计算 4+3+2+1=10，并输出 10。

10. 爱因斯坦数学题。爱因斯坦曾出过这样一道数学题：有一条长阶梯，若每步跨 2 阶，最后剩下 1 阶；若每步跨 3 阶，最后剩下 2 阶；若每步跨 5 阶，最后剩下 4 阶；若每步跨 6 阶，最后剩下 5 阶；只有每步跨 7 阶，最后才正好 1 阶不剩。请问这条阶梯最少有多少阶？

11. 编程解决三色球问题。若一个口袋中有 12 个球，其中 3 个红色球，3 个白色球，6 个黑色球，从中任取 8 个球，问共有多少种不同的颜色搭配？输入输出要求见离线答题题单。

12. 有一个分数序列 2/1,3/2,5/3,8/5,13/8,21/13,…，求这个数列前 20 项之和。

13. 编写程序，将下列数列（杨辉三角）1、1、1、1、2、1、1、3、3、1、1、4、6、4、1、1、5、10、10、5、1、…延长到第 55 个数。当前项的通项公式 $s=(i-j)*s/j$，s 为前项值，i 为行号，j 为列号。

14. 100 匹马驮 100 担货，大马一匹驮 3 担，中马一匹驮 2 担，两匹小马驮 1 担，编程计算大、中、小马共同完成驮运任务的组合数目。

15. 一根长度为 133 m 的材料，必须截成长度为 19 m 和 23 m 的短料，求两种短料各截多少根时，剩余的材料最少。

16. 某次大奖赛，有 7 个评委打分，编程实现参赛者的得分，评分规则为：7 个评委的打分分数，去掉一个最高分和一个最低分后的平均分。

17. 求 $S_n=a+aa+aaa+\cdots+n$ 个 a，其中 a 是一个数字，n 表示 a 的位数，例如，当 $a=2$，$n=4$ 时，$S_n=2+22+222+2222$。a 和 n 由键盘输入。

18. 一个球从 100 m 的高度自由落下，每次落地后反弹回原高度的一半，再落下，再反弹。求它在第 10 次落地时，共经过多少米？第 10 次反弹多高？

19. 有一数字灯谜如下：

$$
\begin{array}{r}
A\,B\,C\,D \\
-\quad\quad C\,D\,C \\
\hline
A\,B\,C
\end{array}
$$

编程求出 ABCD 这个正整数。

20. 一位富翁的朋友找他谈一个换钱计划，该计划如下：朋友每天给富翁十万元，而富翁第一天只需给朋友一分钱；第二天朋友仍给富翁十万元，富翁给朋友两分钱；第三天朋友仍给富翁十万元，富翁给朋友四分钱；以此类推，富翁每天给朋友的钱是前一天的两倍，直到满一个月（30 天）。富翁很高兴，欣然接受了这个契约。请编写一个程序，计算这一个月中朋友给了富翁多少钱，富翁又给了朋友多少钱。输入输出要求见离线答题题单。

21. 编写程序，实现以下功能：输入 n，输出 n 的所有质数因子（如 $n=13860$，则输出 2、2、3、3、5、7、11）。

第 5 章
一维数组

关键词

- 📄 数据类型、一维数组、数组名、数组长度、数组占用内存长度、字符串长度
- 📄 定义数组并为数组赋初值、数组元素、元素下标、引用数组元素、数组元素与内存数据
- 📄 字符数组、字符串、字符串操作函数
- 📄 数据排序：选择法排序、冒泡法排序

难点

- 📄 数据类型决定数组元素占用内存长度和元素计数形式
- 📄 数组占用连续内存
- 📄 引用元素是在给定内存地址范围内确定内存地址，对内存进行数据输入或输出

数组是使用连续内存的一种方法。

有限个相同类型数据的有序集合叫作数组。集合的本意是由一个或多个确定元素所构成的整体，因此，数组是由确定的存储相同类型数据的一段内存或多段连续内存构成的整体，数组元素是存储数据的内存，因为内存有序，所以数组元素有序。

C 语言规定，数组要先定义后引用。定义数组的目的是根据数组的数据类型和数据个数确定存储数组数据的内存，只有数组内存固定不变时，才能引用数组元素及其数据。

本章主要讲解一维数组。一维数组是线性数组，其中以元素下标（元素顺序号）引用元素值。一维数组是最简单的构造数据类型。

5.1　定义一维数组并赋初值

C 语言规定，程序中的变量必须先定义后使用，数组也不例外。定义数组的目的是为存储数组数据申请一段或多段连续内存。

5.1.1　定义一维数组的格式

定义一维数组格式如下：

```
数据类型 数组名[长度] ;
```

数据类型：必须是数据类型标识符或构造数据类型标识符。

数组名：编程者为数组取的名字，数组名必须符合标识符规则。数组名是数组占用内存的起始地址。

长度：数组数据的个数（元素个数），必须是大于 0 的整型常量。

例如，定义一个能存储 5 个整型数的数组 iArray，定义语句如下：

```
int iArray[5];
```

在定义语句中：

int 为数据类型标识符，数组 iArray 中每个数据的类型为 int（整型），即每个数据占用内存长度 4 个字节，内存计数形式补码。

iArray 为数组名，编程者为整型数组取的名字。

5 为数组 iArray 的长度，即 iArray 数组中的元素个数（数据个数）。

定义数组是为存储数组数据申请连续内存。int iArray[5]的定义相当于连续定义 5 个整型变量，且 5 个整型变量占用的内存连续。

$$数组占用内存长度（字节数）=sizeof（数据类型）×数组长度$$

数组 iArray 占用内存长度=sizeof(int)×5=4×5=20 个字节，这段连续内存被命名为 iArray，数组名是这段连续内存的起始地址。iArray 内存分为 5 个内存段，每段存储一个 int 型数据，每段序号称为数组元素下标。

数组一旦被定义，数组名便不能更改，数组名是内存地址常量，存储数组数据的内存被固定。iArray+0 是存储第 1 个数据的内存地址，iArray+1 是存储第 2 个数据的内存地址，iArray+2 是存储第 3 个数据的内存地址，iArray+3 是存储第 4 个数据的内存地址，iArray+4 是存储第 5 个数据的内存地址。通过内存地址才能引用内存数据。int iArray[5]的内存示意图如图 5.1 所示。在学习 C 语言编程期间，数组长度建议使用整型常量，不要使用整型变量。

图 5.1　int iArray[5]的内存示意图

1．整型常量作数组长度

例如，将整型常量 80 作为数组长度定义数组：

```
char str[80];    float fd[80];   double dds[80];
```

如果这样定义数组则不合法：

```
int cs=80;
double dbls[cs];        //cs 为变量
```

```
char str[0];              //长度 0 意味着不需要占用内存
char str1[-10];           //长度-10 不符合数组长度要求
```

2．预定义符号常量作数组长度

例如，预定义符号常量 SIZE 为数组长度：

```
#define SIZE 20
double dArray[SIZE];
```

预定义符号常量又称宏替换，预编译时被替换为 double dArray[20]。

5.1.2　定义一维数组与赋初值

如果要为数组元素批量赋初值，必须在定义数组时进行，离开数组定义不能对数组元素进行批量赋值。

1．仅定义数组

只定义数组不对其赋初值。若定义局部数组，数组各元素值为随机值；若定义全局数组或静态数组，数组各元素值为 0。例如：

```
int iArray[20];
```

如果花括号之内有定义语句 int iArray[20];iArray 属于局部数组，各元素值为随机值（或为不确定值）；在函数之外定义数组，则属于全局数组，各元素值为 0（局部变量、全局变量在函数部分介绍）。

如果定义格式为：

```
static int iArray[20];
```

则数组 iArray 中每个元素的值为 0。

2．定义数组并赋初值

定义数组并对数组每个元素赋值，例如：

```
int iArray[20]={1,2,3,4,5};
```

在定义数组 iArray 的同时为 iArray 数组的前 5 个元素赋初值，{1,2,3,4,5}为数组初值表，初值表中的数据分别赋给数组前 5 个元素，即 iArray 数组 0 号元素值为 1，1 号元素值为 2，2 号元素值为 3，3 号元素值为 4，4 号元素值为 5，5 号及之后各元素的值为 0。这些数据保存在 iArray 数组占用的内存中，为 iArray 数组的初始数据。

3．离开数组定义语句，不能批量赋值

离开数组定义语句，不能对数组元素批量赋值，例如：

```
int iArray[20];
iArray[20]={1,2,3,4,5};
```

在定义数组时，方括号[ ]内的整型常量为数组长度，在定义数组语句之外，数组名后方括号内的整数为数组元素下标，元素下标为数组元素的序号，数组元素下标从 0 开始编号，最后一个元素的下标为数组长度-1。

离开数组定义语句，表达式 iArray[20]={1,2,3,4,5}中的[20]为元素下标，iArray 数组下标只有 0～19 号，没有 20 号，表达式 iArray[20]={1,2,3,4,5}为错误表达式。

4．省略数组长度

定义数组且有完整的初值表时，可以省略数组长度，例如：

```
double dds2[ ]={ 1.2 , 2.2 , 3.2 , 4.2 , 5.2 };
```

其数组长度由初值表的数据个数确定。数组 dds2 的长度为 5。完成定义后，可以通过如下公式计算出数组长度。

$$数组长度=sizeof(数组名)/(单个数据占用内存长度)$$

例如，dds2 的数组长度=sizeof(dds2)/sizeof(double)=40/8，即数组长度为 5。

定义数组时，既指定长度又提供初值表，不允许数组长度小于初值表中的数据个数。例如：

```
double dds[4]={ 1.2 , 2.2 , 3.2 , 4.2 , 5.2 };
```

错误原因在于，数组长度小于初值表数据个数，dds 数组不能完整存储初值表数据。

5.1.3　字符数组与字符串

字符数组是数据类型为 char 的数组。

在字符数组元素中，存在元素值为'\0'（值为 0）的字符时，字符数组可以叫作字符串，字符'\0' 是字符串的结束标识符。字符数组不一定是字符串，字符串一定是字符数组。

1．定义字符数组

例如，定义一个能存储 80 个字符的数组：

```
char str[80];
static char str2[80];
```

如果定义局部数组 str，则 str 数组中每个元素的初值为随机值。若将 str 定义为全局数组或静态数组，则 str 数组中每个元素的值为 0，如 str2 数组中每个元素的值为 0。

2．定义字符数组并赋初值

在定义字符数组的同时为数组元素赋值。初值表可以是整型常量（−128≤值<255）、字符型常量和字符串常量。

例如：

```
char str1[6]={65,66,67,68};        //①
char str2[6]={'A','B','C','D'};     //②
char str3[6]="ABCD";                //③
```

定义语句①、②、③都是定义长度为 6 的字符数组。定义语句①的初值表直接用整型常量表达，定义语句②的初值表用字符常量表达，定义语句③的初值表用字符串常量表达。定义②、③格式将被编译器编译为①格式。

数组 str1 的元素值分别是：$\overset{0}{65}$、$\overset{1}{66}$、$\overset{2}{67}$、$\overset{3}{68}$、$\overset{4}{0}$、$\overset{5}{0}$。

数组 str2 的元素值分别是：65、66、67、68、0、0。

数组 str3 的元素值分别是：65、66、67、68、0、0。

前 4 个元素值来自初值表，后 2 个元素被赋初值为 0。

3．字符串与字符串长度

字符串长度是指字符串结束标识符'\0'前的字符数据的个数（字符数）。

例如，定义格式为：

```
char str[10]={65,66,67,68,0};
```

或

```
char str[10]={65,66,67,68};
```

或

```
char str[10]="ABCD\0ab";
```

str 数组存在元素值为 0 的元素，str 数组可以叫作字符串。C 语言约定'\0'为字符串的结束标识符，不计入字符串长度。str 数组占用内存长度=10×sizeof(char)=10 个字节，字符串长度为 4。数组占用内存长度由定义决定，字符长度由字符数组元素值确定，字符串长度可调用 strlen()函数测出。

4．字符串常量为字符数组赋初值

在定义字符数组时，可以用字符串常量作初值表，为数组元素赋初值，例如：

```
char str2[]="Chongqing";
```

可以用字符串常量"Chongqing"作初值表，为 str2 数组赋初值。字符串常量"Chongqing"的字符串长度为 9，内存长度 10 个字节。字符串常量表达格式决定字符串常量必有字符串结束标识符'\0'。

定义语句 char str2[]="Chongqing";将被编译器编译为：

```
char str2[10]={67,104,111,110,103,113,105,110,103,0}。
```

又如：

```
char str[]="Chongqing\0Shanghai";
```

将被编译器译为：

```
char str[19]={67,104,111,110,103,113,105,110,103,0,83,104,97,110,103,104,97,105,0};
```

str 字符数组内存长度 19 个字节，字符串长度为 9。str 数组存入两个字符串，str 数组作字符串，字符串长度为 9，第 1 个字符串结束标识符'\0'前的字符数为 9，之后为另一个字符串。

5.2　引用一维数组元素

引用数组元素，对数组元素值（内存数据）进行读/写，即读出数组元素值或改写数组元素值。数组元素从 0 开始的序号，又称元素下标，通过数组元素下标对确定元素进行读/写。

例如，通过元素下标引用元素操作的代码如下：

```
char str[2]={'A','B'};
int sum;
double Group[5]={5,4,3,2,1};
str[0]='C';          //将 0 号元素的值改写为 67
str[1]='D';          //将 1 号元素的值改写为 68
sum=str[0]+str[1];//分别读出 0、1 号元素的值并相加
Group[1]=2.71828;  //将双精度实型常量 2.71828 存入 Group 数组的 1 号元素
```

通过数组元素下标引用数组元素，属于确定元素地址读/写内存数据。

数组名是数组内存的起始地址，以数组名为基础地址，可以算出每个元素地址，并通过元素地址引用元素值。

例如，Group 数组长度为 5，Group 数组各元素下标和元素内存示意图如图 5.2 所示。

元素下标：0	元素下标：1	元素下标：2	元素下标：3	元素下标：4
存 0 号元素值的内存	存 1 号元素值的内存	存 2 号元素值的内存	存 3 号元素值的内存	存 4 号元素值的内存
0 号元素地址 Group+0	1 号元素地址 Group+1	2 号元素地址 Group+2	3 号元素地址 Group+3	4 号元素地址 Group+4

图 5.2　Group 数组各元素下标和元素内存示意图

表达式 Group[1]=2.71828 的赋值过程如下。

（1）通过数组名 Group 算出 1 号元素的内存地址 Group+1。

（2）引用 Group+1 内存数据，即向地址 Group+1 的内存写入实型常量 2.71828。

5.3　一维数组编程示例

数组是有限个相同类型数据的有序集合。一般在确定数据个数的情况下，使用数组管理数据，因数组占用连续内存，故在数组内检索数据方便快速。

5.3.1　数组元素下标的使用

例 5.1 演示了用一维数组保存乘法九九表的得数。

【例 5.1】 设计存储乘法九九表得数的数组，并输出乘法九九表。

解题分析：

假设乘法九九表为 9 行 9 列的数据表，有 81 个数据，以行列为序存放乘法九九表的得数。

算法描述：

Step1：定义整型变量 r=1、c 和数组 ds[81]，并按初值表{1}初始化。

Step2：如果行序号 r<10 不成立，转至 Step8。

Step3：列序号 c=1。

Step4：如果列序号 c<=r 不成立，转至 Step7。

Step5：由表达式(r-1)*9+c-1 算出引用元素下标，引用 ds[(r-1)*9+c-1]元素存入 r*c。

Step6：算出下一列序号 c=c+1，转至 Step4。

Step7：算出下一行序号 r=r+1，转至 Step2。

Step8：输出乘法九九表。

Step9：程序结束。

程序源代码（SL5-1-1.c）：

```c
#include <stdio.h>
void main()
{
 int r,c, ds[81]={1};        //数组 ds 除 0 号元素外，其余元素都为 0
 for(r=1;r<10;r++)           //行循环产生有序行号
 {
  for(c=1;c<=r;c++)          //列循环产生有序列号
    ds[(r-1)*9+c-1]=r*c;     //由(r-1)*9+c-1 计算得数应赋值元素的下标
 }
 for(r=1;r<=9;r++)           //行循环产生有序行列号
 {
  for(c=1;c<=9;c++)          //列循环产生有序列号
  {
    //如果得数为 0，输出元素下标和 0，表明元素内存空置，否则输出元素下标和九九表行号*列号=得数
    if(ds[(r-1)*9+c-1]==0)
      printf("[%2d] %-7d",(r-1)*9+c-1,ds[(r-1)*9+c-1],ds[(r-1)*9+c-1]);
    else
      printf("[%2d] %d*%d=%-2d ",(r-1)*9+c-1,r,c,ds[(r-1)*9+c-1]);
  }
  printf("\n");              //每行换行
 }
 printf("\n");               //程序运行结束前换行
}
```

程序运行，输出：

```
[0]1*1=1    [1]0       [2]0       [3]0       [4]0       [5]0       [6]0       [7]0       [8]0
[9]2*1=2    [10]2*2=4  [11]0      [12]0      [13]0      [14]0      [15]0      [16]0      [17]0
[18]3*1=3   [19]3*2=6  [20]3*3=9  [21]0      [22]0      [23]0      [24]0      [25]0      [26]0
[27]4*1=4   [28]4*2=8  [29]4*3=12 [30]4*4=16 [31]0      [32]0      [33]0      [34]0      [35]0
[36]5*1=5   [37]5*2=10 [38]5*3=15 [39]5*4=20 [40]5*5=25 [41]0      [42]0      [43]0      [44]0
[45]6*1=6   [46]6*2=12 [47]6*3=18 [48]6*4=24 [49]6*5=30 [50]6*6=36 [51]0      [52]0      [53]0
[54]7*1=7   [55]7*2=14 [56]7*3=21 [57]7*4=28 [58]7*5=35 [59]7*6=42 [60]7*7=49 [61]0      [62]0
[63]8*1=8   [64]8*2=16 [65]8*3=24 [66]8*4=32 [67]8*5=40 [68]8*6=48 [69]8*7=56 [70]8*8=64 [71]0
[72]9*1=9   [73]9*2=18 [74]9*3=27 [75]9*4=36 [76]9*5=45 [77]9*6=54 [78]9*7=63 [79]9*8=72 [80]9*9=81
```

程序源代码（SL5-1-1.c）中有 36 个元素闲置，内存资源浪费高达 44.4%，这在实际应用程序开发中是不允许的，将程序源代码（SL5-1-1.c）优化为程序源代码（SL5-1-2.c）。

程序源代码（SL5-1-2.c）：

```
#include <stdio.h>
void main()
{
 int r,c, ds[45]={1},cs=0;    //ds 保存得数的内存空间；cs 保存得数的元素下标
 for(r=1;r<10;r++)            //行循环产生有序行号
 {
  for(c=1;c<=r;c++,cs++)      //列循环产生有序列号
   ds[cs]=r*c;               //cs 存得数的元素下标
 }
 cs=0;                        //重新置 0，为输出做准备
 for(r=1;r<=9;r++)            //行循环产生有序行列号
 {
  for(c=1;c<=r;c++)           //列循环产生有序列号
  {
   printf("[%2d] %d*%d=%-2d ",cs,r,c,ds[cs]);
   cs++;
  }
  printf("\n");               //每行换行
 }
 printf("\n");                //程序运行结束前换行
}
```

程序运行，输出：

```
[ 0]1*1=1
[ 1]2*1=2  [ 2]2*2=4
[ 3]3*1=3  [ 4]3*2=6  [ 5]3*3=9
[ 6]4*1=4  [ 7]4*2=8  [ 8]4*3=12 [ 9]4*4=16
[10]5*1=5  [11]5*2=10 [12]5*3=15 [13]5*4=20 [14]5*5=25
[15]6*1=6  [16]6*2=12 [17]6*3=18 [18]6*4=24 [19]6*5=30 [20]6*6=36
[21]7*1=7  [22]7*2=14 [23]7*3=21 [24]7*4=28 [25]7*5=35 [26]7*6=42 [27]7*7=49
[28]8*1=8  [29]8*2=16 [30]8*3=24 [31]8*4=32 [32]8*5=40 [33]8*6=48 [34]8*7=56 [35]8*8=64
[36]9*1=9  [37]9*2=18 [38]9*3=27 [39]9*4=36 [40]9*5=45 [41]9*6=54 [42]9*7=63 [43]9*8=72 [44]9*9=81
```

程序源代码（SL5-1-2.c）中整型变量 cs 的初值为 0，用于保存得数的元素下标，每保存一个得数，执行一次 cs++，算出保存下一个得数的元素下标。输出得数时，cs 又从 0 开始，每输出一个得数，执行一次 cs++，确定下一个得数的下标。

【例 5.2】　对输入的成绩按分数段统计。统计得 100 分、90～99 分、80～89 分、70～79 分、60～69 分、50～59 分、40～49 分、30～39 分、20～29 分、10～19 分、0～9 分的学生数，将负数作为输入结束标志。

解题分析：

统计分数段共 11 个，即数组长度为 11，各分数段统计初值为 0；数组元素下标与分数段一一对应，即下标 0 对应 0～9 分数段，下标 1 对应 10～19 分数段，下标 2 对应 20～29 分数段，……，下标 10 对应 100 分；成绩与元素下标换算关系为：元素下标=(int)((成绩+0.5)/10)。

算法描述：

Step1：定义 int 数组 s[11]={0} 和中间变量 i，double 型变量 q 接收输入成绩。

Step2：输入成绩 q。

Step3：如果 q<0，停止输入，转至 Step6。

Step4：执行表达式 i=(int)((q+0.5)/10)，i 用于保存分段统计数的元素下标。

Step5：引用数组元素，执行 s[i]++，i 分数段统计数加 1，转 Step2。

Step6：从元素下标 0 开始输出统计数。

Step7：程序结束。

程序源代码（SL5-2.c）：

```c
#include <stdio.h>
void main()
{
 int  i,s[11]={0}; //数组 s 记录分数段成绩数，元素值初值为 0，i 为中间变量
 double q;
 printf("Enter score value:\n");
 do
 {
  scanf("%lf", &q);      //输入成绩
  if(q>=0.0 && q<=100.000)   //对合理成绩进行分段统计
  {
    i=(int)((q+0.5)/10);     //q/10 的商强制转换为 int 型，作为数组元素的下标
    s[i]++;     //r 号元素自增
  }
 }while(q>=0.0);
 printf("Segmented statistical results:\n");
 for(i=0; i<=10;i++)
 {
  if(i<10)
    printf("%d~%d:\t%d\n",10*i,i*10+9,s[i]);
  else
    printf("%5d:\t%d\n\n",i * 10,s[i]);
 }
}
```

程序运行，输入：

```
Enter score value:
8 9.5 10 19.5 25 31 39.5 44 55 59.7 62 79.4 72 89 89.5 91 99 98 99.5 100 -1
```

输出：

```
Segmented statistical results:
0~9:    1
10~19:  2
20~29:  2
30~39:  1
40~49:  2
50~59:  1
60~69:  2
70~79:  2
80~89:  1
90~99:  4
 100:   2
```

5.3.2 选择法排序

数组是由确定的、存储相同类型数据的一段或多段连续内存构成的整体。利用数组的这一性质，在数组内通过调整数据存放顺序可以实现数据排序。

【例 5.3】 用选择法对 10 个数进行排序。

解题分析：

假设数组中有 n 个数据，前元素下标 i=0，采用选择法调整 n 个数据在数组中的存放顺序。在

i 之后的元素中找出元素值比 i 元素值还小（或还大）的元素下标 iC；如果找到 iC，则 i 元素与 iC 元素进行值交换；i 往后推 1 个元素，重复上述过程，直到 i 为最后元素下标 n-1 时停止。

算法描述：

Step1：定义数组 a_Sorts[N]，中间变量为 tmp，元素下标变量 i=0,iF。i 为当前选定元素下标，iF 为 i 之后的元素下标，iC 为挑选出的元素下标。

Step2：a_Sorts 数组输入元素数据，并令 i=0。

Step3：如果 i<N-1 不成立，转至 Step10。

Step4：iC=I,iF=i+1（i 之后开始的元素下标）。

Step5：如果 iF<N 不成立，转至 Step8。

Step6：进行挑选。如果 iC 号元素值 >iF 号元素值（降序用<），则 iC 记住 iF。

Step7：iF++，转至 Step5 继续挑选。

Step8：如果 i 与挑选出的元素下标 iC 不等，则 i 号元素与 iC 号元素交换值。

Step9：i++，转至 Step 3。

Step10：按元素序号输出元素值。

Step11：程序结束。

程序源代码（SL5-3.c）：

```c
#include <stdio.h>
#define N 10              //定义符号常量 N 为 10
void main( )
{
 int i=0,iF,iC;
 double a_Sorts[N],tmp;
 printf("Enter 10 datas:\n");
 for(i=0;i<N;i++)          //输入 10 个数值
   scanf("%lf",&a_Sorts[i]);
 for(i=0;i<N-1;i++)         //实施选择法升序排序
 {
  iC=i;                    //假定 i 号元素值最小
  for(iF=i+1;iF<N;iF++) //iF 循环，从 i 号之后的元素中找出最小元素下标 iC
  {
    if(a_Sorts[iC]>a_Sorts[iF])
    iC=iF;
  }
  if(i!=iC)                //如果 iC!=i 成立，则 iC 号元素与 i 号元素交换值
    tmp=a_Sorts[iC],a_Sorts[iC]=a_Sorts[i],a_Sorts[i]=tmp;
 }
 printf("\nThe sorting results are as follows:\n");
 for(i=0;i<N;i++)          //按元素序号输出
  printf("%8.2f",a_Sorts[i]);
 printf("\n");
}
```

程序运行，输入：

```
Enter 10 datas:
120.5 -25 12.5 30 45 78.5 82.5 99.5 23.5 -87.5
```

输出：

```
The sorting results are as follows:
-87.50 -25.00 12.50  23.50  30.00 45.00 78.50 82.50 99.50 120.50
```

选择法排序的特点是用当前元素值与后续元素值比较，挑选出后续元素的下标，如果后续元素的下标与当前元素的下标不同，则交换两元素的值。

5.3.3 冒泡法排序

冒泡法排序是用当前元素值与后续各元素值进行关系运算，如果关系运算值非 0，则立即交换元素值。数组元素两两"见面"一次，数组数据有序。

【例 5.4】 用冒泡法对数组数据进行降序排序。

解题分析：

没有指定数据个数、数据类型。数据个数应假定两个以上，数据类型应使用 double 型，所编写的程序才具有普适性。

算法描述：

Step1：符号常量 N 为 10，定义 double 数组 a[N]存放排序数据，int i=0,j;，i 为当前元素下标，j 为后续元素下标。

Step2：输入 N 个数据，存入数组 a，并 i=0。

Step3：如果 i<N-1 不成立，转至 Step9。

Step4：j=i+1（i 的后续元素下标）。

Step5：如果 j<N 不成立，转至 Step8。

Step6：如果 i 号元素值 >j 号元素值（降序用<）成立，i、j 两元素交换值。

Step7：j++，转至 Step5。

Step8：i++，转至 Step 3。

Step9：按元素序号输出元素值。

Step10：程序结束。

程序源代码（SL5-4.c）：

```c
#include <stdio.h>
#define N 10
void main()
{
 double a[N];
 int i,j;
 printf("\nEnter 10 datas:\n");
 for(i=0;i<10;i++)        //输入 10 个数
  scanf("%lf",&a[i]);
 printf("\n");
 for(i=0;i<N-1;i++)        //实施冒泡法排序
 {
  for(j=i+1;j<N;j++)
  {
   if (a[i] < a[j])     //如果 i 号元素值<j 号元素值,则进行元素值交换
    a[i]+=a[j],a[j]=a[i]-a[j],a[i]=a[i]-a[j];
  }
 }
 printf("The sorting results are as follows:\n");
 for(i=0;i<10;i++)
  printf("%8.3f",a[i]);
 printf("\n\n");
}
```

程序运行，输入：

```
Enter 10 datas:
10.5 5.5 25.5 -35.5 95.5 75.5 85.5 65.5 55.5 100.5
```

输出：

```
The sorting results are as follows:
100.500 95.500 85.500 75.500 65.500 55.500 25.500 10.500 5.500 -35.500
```

5.3.4　字符串专用函数

字符数组主要用作字符串，C 语言针对字符串提供了专用函数，需要掌握以下函数。

（1）scanf()函数和 gets()函数，向字符数组输入字符串。scanf()函数需要指定格式限定符%s，不能输入带有空格的字符串。gets()函数不需要格式限定符，输入字符串可以带空格。

（2）printf()函数和 puts()函数，认定字符数组为字符串，整体输出字符串。printf()函数输出字符串需要格式限定符%s。puts()函数不需要格式限定符。

（3）strlen()函数，测出指定字符串长度（字符串结束标识符'\0'前的字符个数）。

如 char str1[]="Shanghai\101\0Tianjing\0Chongqing"; int len;

len=strlent(str1);len 值为 9。

（4）strcat()函数，将两个字符串连接为一个字符串，后字符串连接到前字符串的尾部。

如 char str1[20]="Shanghai\101",str2[]="China";

strcat(str1,str2);结果，str1 字符数组字符串为"ShanghaiAChina"。

（5）strncat()函数，将后字符串的前 n 个字符连接到前字符串的尾部。

如 char str1[20]="Shanghai\102",str2[]="China";

strncat(str1,str2,2); 结果，字符数组 str1 字符串为"ShanghaiBCh"。

（6）strcpy()函数，将后字符串复制到前字符数组中。

如 char str1[20]="Shanghai\102",str2[]="China";

strcpy(str1,str2); 结果，字符数组 str1 字符串为"China"。

（7）strstr()函数，在前字符串中查找后字符串，如果找不到，返回 NULL。

如 char str1[20]="Shanghai\102",str2[]="hai";

strstr(str1,str2); 找到"hai"，返回地址 str1+5。

（8）strcmp()函数，两个字符串比较大小。两字符串按字符下标顺序进行字符编码值比较，如果字符编码值相同，递推至下一个字符编码值进行比较。返回值：–1 表明第 1 个字符串小于第 2 个字符串；0 表明两字符串相等；1 表明第 1 个字符串大于第 2 个字符串。

阅读例 5.5～例 5.8 的代码实例，了解这些函数的调用方法和执行结果。

【例 5.5】 验证 scanf()函数是否已输入带空格的字符串。

解题分析：

调用 scanf()函数，为字符数组输入字符串应使用%s 格式描述符。不能输入有空格的字符串，scanf()函数将空格字符作为数据分隔符。

程序源代码（SL5-5.c）：

```
#include <stdio.h>
void main()
{
  char a[15],b[5],c[5];
  scanf("%s%s%s",a,b,c);
  printf("a string is\"%s\"\nb string is \"%s\"\nc string is %s\n",a,b,c);
}
```

程序运行，输入和输出如下。

输入 1：

```
How are you?
```

输出 1：

```
a string is "How"
b string is "are"
c string is you?
```

将第 1 个空格之前的字符作为一个字符串提取并存入字符数组 a, 第 1 个空格与第 2 个空格之间的字符作为字符串提取并存入字符数组 b, 第 2 个空格与回车符之间的字符作为字符串提取并存入字符数组 c。

输入 2:

```
How
are
you?
```

输出 2:

```
a string is "How"
b string is "are"
c string is "you?"
```

将第 1 次回车提取的字符作为一个字符串提取并存入字符数组 a, 第 2 次回车提取的字符作为字符串提取并存入字符数组 b, 第 3 次回车提取的字符作为字符串存入字符数组 c。

如果要求输入的字符串包含空格字符, 必须使用字符串输入专用 gets()函数。puts()函数是字符串输出专用函数。

【例 5.6】 调用 gets()函数, 向字符数组输入字符串, 调用 puts()函数, 输出字符串。

解题分析:

gets()函数是专用的字符串输入函数, puts()函数是字符串输出专用函数。

程序源代码 (SL5-6.c):

```
#include <stdio.h>
#include <string.h>
void main( )
{
  char string[80];      //用于接收字符串输入的字符数组
  printf("Input a string:");
  gets(string);    //获取字符串输入
  puts(string);    //输出字符串
}
```

程序运行, 输入:

```
How are you?
```

输出:

```
How are you?
```

【例 5.7】 将输入字符串中的小写字母转换为大写字母。

解题分析:

调用 gets()函数, 向字符数组输入字符串, 引用每一个字符, 如果是小写字母, 则执行字符 ASCII 值-32, 实现小写字母转换为大写字母。

程序源代码 (SL5-7.c):

```
#include <stdio.h>
#include <string.h>
void main( )
{
  char string[80];
  int i=0;
  printf("Input a string:");
  gets(string);                //获取字符串输入
  while(string[i]!='\0')    //用字符串规则判断字符串的结尾
  {
   if(string[i]>='a' && string[i]<='z')
     string[i]-=32;      //小写字母与大写字母 ASCII 值相差 32
   i++;
  }
```

```
  puts(string);
}
```

程序运行，输入和输出如下。

输入：

```
How are you
```

输出：

```
HOW ARE YOU
```

【例 5.8】 对于输入的两个字符串（长度<80）：①按字符串大小降序输出；②在前一个字符串中找出后一个字符串，并计算出位置；③前后两个字符串构建一个新字符串并输出。

解题分析：

假设两字符串分别为 str1、str2，新字符串为 one。

（1）调用字符串比较函数 strcmp()，对 str1、str2 字符串进行比较，如果比较结果>0，则按 str1、str2 输出；如果比较结果<=0，则按 str2、str1 输出。

（2）调用 strstr()函数，在字符串 str1 中查找 str2 子字符串，如果没有找到，返回 NULL(0)常量；如果找到，则返回开始位置（内存地址）-str1 字符数组名，得到数组元素的下标。

（3）调用 strcpy()函数，将字符串 str1 复制到 one 中；再调用 strcat()函数，将字符串 str2 追加到 one 字符数组中。

程序源代码（SL5-8.c）：

```
#include <stdio.h>
#include <string.h>
void main()
{
 char strs1[40],strs2[40],One[80];
 gets(strs1);
 gets(strs2);
 if(strcmp(strs1,strs2)>0)   //字符串比较
   printf("%s > %s\n",strs1,strs2);
 else if(strcmp(strs1,strs2)<0)
   printf("%s > %s\n",strs2,strs1);
 else
   printf("%s == %s\n",strs1,strs2);
 if(strstr(strs1,strs2))      //在 strs1 字符串中查找 strs2 字符串
   printf("Include \"%s\" in \"%s\", position %d\n",
   strs2,strs1,strstr(strs1,strs2)-strs1);
 else
   printf("%s not Find %s\n",strs1,strs2);
 strcpy(One,strs1);            //将 strs1 字符串复制到 One 中
 strcat(One,strs2);            //将 strs2 连接到 One 后
 printf("%s\n",One);
}
```

程序运行，输入和输出如下。

输入 1：

```
Chongqing
qing
```

输出 1：

```
qing > Chongqing
Include "qing" in "Chongqing", position 5
Chongqingqing
```

输入 2：

```
Shanghai
Chongqing
```

输出 2：

```
Shanghai > Chongqing
Shanghai not Find Chongqing
ShanghaiChongqing
```

5.4   本章小结

定义数组是为存储数据申请一段或多段连续内存，每段内存长度和内存计数形式由数据类型确定，数组内存长度为各段内存长度之和。数组定义后数组内存被固定，内存地址不能更改，数组名是数组内存的起始地址，为地址常量。

数组确定不变的是存储数据的内存，数组元素是内存，内存数据可变，元素值可变。数组元素下标是数组内存段顺序号，通过元素下标引用元素值（引用段内存数据）。

针对数组编程通常实施元素下标算法，计算出元素下标，使用元素下标引用元素值。

习题 5

一、选择题

1. 数组是（   ）。
   A. 相同数据的集合
   B. 相同类型数据的有序集合
   C. 不同数据的集合
   D. 不同类型数据的有序集合

2. 数组名是（   ）。
   A. 一段连续内存的起始地址
   B. 一段不连续内存的起始地址
   C. 与数据类型相关的地址
   C. 与数组长度相关的内存地址

3. 数组元素下标描述正确的是（   ）。
   A. 元素下标从 1 开始编号
   B. 元素下标为元素在数组中的顺序号
   C. 元素下标是相对位置编号
   D. 元素下标无实际意义

4. 数组占用内存长度（   ）。
   A. 与数组长度相同
   B. 大于数组长度
   C. 为数组长度×单个元素占用内存长度
   D. 为 8×数组长度

5. 下列定义中正确的是（   ）。
   A. float a[3]={1,2,3,4};
   B. double a[]={1,2,3,4};
   C. char s[3]= "中国";
   D. int a[0];

6. 下列定义中，可称为字符串的是（   ）。
   A. char str[5]={65,66,67,68,69};
   B. char str[6]={65,66,67,68,69};
   C. char str[5]={'A', 'B', 'C', 'D', 'E'};
   D. char str[5]={ 'a',98, 'c',100, 'e'};

7. 下列数组中占用内存最长的是（   ）。
   A. char str[]="Chongqing";
   B. int vals[3];
   C. float fds[3];
   D. double dvals[2];

8. 若有定义 double ds[3]={ 'a', 'B',98};，则 0、1、2 号元素值分别是（   ）。
   A. 97、66、98
   B. 97、66、98.0
   C. 97.0、66.0、98.0
   D. 97.0、66.0、98

9. 若有 float ds[2]={ 'A ',98};char cs[2];cs[0]=ds[0];cs[1]=ds[1];则编译警告的原因是（　　）。

    A. ds[0]、ds[1]的计数范围分别大于 cs[0]、cs[1]

    B. float 型的计数范围>char 型，有数据丢失风险

    C. float 型和 char 型的计数方法不同

    D. 破坏了隐含数据类型的转换规则

10. 若有 static double ds[2]; char cs[3]= "Ab"; ds[1]=cs[1]+100;则 ds 数组元素值分别是（　　）。

    A. 0.0、198　　　　　B. 0.0、165.0　　　　　C. 0.0、165　　　　　D. 0.0、198.0

二、判断题

1. 目前程序设计的理念已经从"面向过程的程序设计"向"面向对象的程序设计"转变。

2. 程序设计中提到的算法就是"解决问题的方法和步骤"。

3. C 程序的编译是从程序的第一行开始，至程序的最后一行结束。

4. C 语言中/*..*/之间的注释内容是不能跨行的。

5. C 语言中是严格区分英文字母大写和小写的。

6. 若 a 是实型变量，在 C 语言中 a=20 是正确的，表明实型变量可以存储整型数。

7. 在 C 语言中，一个变量必须具备的三要素是变量名、变量类型、变量的值。

8. 构成数组的各个元素可以是不同的数据类型。

9. 在定义数组时，数组名不能与其他变量名相同。

10. 在定义数组时，在方括号中不能用变量表示元素的个数。

11. 若有说明 int a[10];则可以用 a[9]引用数组 a 的第 9 个元素。

12. 引用数组元素时，其数组下标允许的数据类型是：整型常量或整型表达式。

13. C 语言中只能逐个使用下标变量引用数组元素，而不能引用整个数组。

14. 若要将全部数组元素赋值为 1，则可以写为 int a[10]=1;。

15. 在一维数组初始化赋值时，如为全部元素赋值，则在数组说明中可以不给出数组元素的个数。

16. int a[10]={6,7,8,9,10};是将 5 个初值依次赋给 a[0]至 a[4]。

三、编程题

1. 输入 1 个字符串，输出其中出现的大写英文字母。如运行时输入字符 FONTNAME and FILENAME，应输出 FONTAMEIL。（使用 getchar()函数输入字符）

2. 求一个 3×3 的整型矩阵主对角线元素之和。

3. 有一个已排好序的数组，要求输入一个数，并按原来排序的规律将其插入数组。

4. 有一个数组，内放 10 个整数。编写程序，找出其中最小的数及其下标，然后将其与数组中最前面的元素交换。

5. 将一个数组中的元素按逆序重新存储。例如，原来顺序为 8、6、5、4、1，要求改为 1、4、5、6、8。

6. 编写一个程序,将字符数组 s2 中的全部字符复制到字符数组 s1 中(要求不用 strcpy()函数)。复制包括'\0', '\0'后面的字符不复制。

7. 任意输入 5 个数，求它们的平均值并输出这 5 个数，结果保留一位小数。

第 6 章

二维数组

关键词

- 二维数组、行长度、列长度、数组行占用内存长度、二维数组占用内存长度
- 行下标、列下标、引用二维数组元素、定义二维数组与赋初值

难点

- 数据类型决定数组元素占用内存长度和元素计数形式

二维数组是指有限个同型一维数组的有序集合。一般可将二维数组理解为行列表，每行为一个一维数组。无论是一维数组还是二维数组，存储数据的内存都是连续内存，习惯上将二维数组存储数据的内存称为二维数组元素，用行下标和列下标引用二维数组元素，行下标为二维数组的一维数组序号，列下标为一维数组元素序号。

通过二维数组的定义为二维数组确定内存，二维数组占用内存长度与数据类型、行长度、列长度相关。

6.1　定义二维数组与二维数组赋初值

二维数组是同型一维数组的有序集合，二维数组必须先定义后使用。定义二维数组的目的是确定存储二维数组数据的内存。定义二维数组时可以对元素批量赋值，离开定义则不行。

6.1.1　定义二维数组的格式

定义二维数组的格式如下：

```
数据类型  数组名 [行长度] [列长度] ；
```

数据类型：基本数据类型标识符或构造数据类型标识符。数据类型约定元素占用内存长度、内存数据计数形式。

数组名：编程者为二维数组取的名字，取名应符合标识符命名规则。数组名是二维数组占用连续内存的开始地址，二维数组一旦定义，用于存储数组数据的内存便被固定。

行长度：指定二维数组的行数（一维数组个数），必须是大于 0 的整型常量。

列长度：指定二维数组的列数（每个一维数组长度），必须是大于 0 的整型常量。

二维数组占用的连续内存被分为行内存，行内存段再分为列内存，行内存序号叫作行下标，列内存的序号叫作列下标。

例如，定义一个 3 行 4 列存储整型数的二维数组：

```
int ary[3][4];
```

int 为数组每个元素的数据类型，每个元素（内存）长度 4 个字节，内存数据计数形式为补码。

ary 为数组名，编程者自定义的标识符，为一段连续内存的命名，也是 ary 二维数组占用连续内存的开始地址。通过数组名、数据类型和元素行下标、列下标，可以获得元素地址（内存地址）。

[3]为行长度。

[4]为列长度。

这个定义确定了 ary 数组存储数据的内存，内存分为 3 个大段（行内存或一维数组内存），每个大段又分为 4 个小段（列内存或一维数组内存）。行下标（一维数组序号）有 0，1，2，列下标（一维数组元素序号）有 0，1，2，3。ary 二维数组共有 3×4=12 个元素。

二维数组占用内存长度=行长度×列长度×sizeof（数据类型标识符）。ary 二维数组占用内存长度=3×4×sizeof(int)=12×4=48 个字节。又如：

```
double dAry[3][4];
```

dAry 二维数组是 3 个 double 型一维数组的有序集合。dAry 二维数组占用 3×4×8=96 个字节连续内存，分配给 3 个一维数组使用，连续内存的开始地址是 dAry。

dAry 数组内存（元素）排列顺序应理解为：

0 行 0 列内存	0 行 1 列内存	0 行 2 列内存	0 行 3 列内存
1 行 0 列内存	1 行 1 列内存	1 行 2 列内存	1 行 3 列内存
2 行 0 列内存	2 行 1 列内存	2 行 2 列内存	2 行 3 列内存

这些内存用于存储 dAry 数组的数据，每个数据的类型为 double，内存用阶码计数。

6.1.2　二维数组赋初值

二维数组批量赋值与一维数组一样依赖初值表，根据初值表按行、列元素顺序赋值。

1．满元素赋初值

满元素是指数组元素个数与初值表数据个数相同。

【例 6.1】 输出二维数组 int ir2c4[3][4] = {1,2,3,4,5,6,7,8,9,10,11,12}的行列元素值。

解题分析：

定义格式 int ir2c4[3][4]，确定了 ir2c4 数组 3 行 4 列共 12 个元素，初值表{1,2,3,4,5,6,7,8,9,10,11,12}中也正好 12 个整型数，一个元素一个值。ir2c4 数组占用内存存储初值表提供的数，ir2c4 数组内存的排列顺序为：

0 行 0 列内存	0 行 1 列内存	0 行 2 列内存	0 行 3 列内存
1 行 0 列内存	1 行 1 列内存	1 行 2 列内存	1 行 3 列内存
2 行 0 列内存	2 行 1 列内存	2 行 2 列内存	2 行 3 列内存

将初值表数据存入 ir2c4 数组的内存，元素值（按内存顺序）为：

ir2c4[0][0]为 1	ir2c4[0][1]为 2	ir2c4[0][2]为 3	ir2c4[0][3]为 4
ir2c4[1][0]为 5	ir2c4[1][1]为 6	ir2c4[1][2]为 7	ir2c4[1][3]为 8
ir2c4[2][0]为 9	ir2c4[2][1]为 10	ir2c4[2][2]为 11	ir2c4[3][3]为 12

程序源代码（SL6-1.c）：

```c
#include <stdio.h>
void main( )
{
 int ir2c4[3][4]={1,2,3,4,5,6,7,8,9,10,11,12};
 int r,c;
 for(r=0;r<3;r++)  //分别产生行号
 {
  for(c=0;c<4;c++) //分别产生列号
   printf("%6d",ir2c4[r][c]);   //行、列下标引用元素
  printf("\n");
 }
}
```

程序运行，输出：

```
1     2    3    4
5     6    7    8
9    10   11   12
```

2．行缺元素赋初值

初值表数据个数小于数组元素个数，根据初值表表达格式确定数组元素值，缺值元素自动补0。阅读程序源代码（SL6-2.c），分析理解初值表行缺数据为数组赋初值结果。

【例 6.2】 输出二维数组 int i2rc[3][4] = {{1,2},{5,6,7},9};的各行各列元素值。

解题分析：

i2rc 二维数组 3 行 4 列共 12 个元素。初值表{{1,2},{5,6,7},9}的行数据被花括号分隔包围，各行数据为{1,2}、{5,6,7}和 9，其中：

0 行数据{1,2}，缺 2 个数据，0 行的后两个元素值补 0；

1 行数据{5,6,7}，缺 1 个数据，1 行的最后一个元素补 0；

2 行数据只有一个数据 9，缺 3 个数据，2 行的后 3 个元素补 0。

将初值表数据赋给 i2rc 数组，i2rc 数组元素值按元素顺序排列：

i2rc[0][0]为 1	i2rc[0][1]为 2	i2rc[0][2]为 0	i2rc[0][3]为 0
i2rc[1][0]为 5	i2rc[1][1]为 6	i2rc[1][2]为 7	i2rc[1][3]为 0
i2rc[2][0]为 9	i2rc[2][1]为 0	i2rc[2][2]为 0	i2rc[2][3]为 0

程序源代码（SL6-2.c）：

```
#include <stdio.h>
void main()
{
 int i2rc[3][4]={{1,2},{5,6,7},9},r,c;
 for(r=0;r<3;r++)                         //输出各行元素的值
 {
  for(c=0;c<4;c++)
   printf("%d\t",i2rc[r][c]);
  printf("\n");
 }
}
```

程序运行，输出：

```
1    2    0    0
5    6    7    0
9    0    0    0
```

字符型二维数组初值表可以是整型常量、字符型常量、字符串常量，见例 6.3。

【例 6.3】 输出字符型二维数组 char c2rc[3][4] = {"ABC","","GHI"}的各行字符串。

解题分析：

根据字符型二维数组 c2rc 的定义格式，c2rc 二维数组内存（元素）排列顺序如下：

0 行 0 列内存	0 行 1 列内存	0 行 2 列内存	0 行 3 列内存
1 行 0 列内存	1 行 1 列内存	1 行 2 列内存	1 行 3 列内存
2 行 0 列内存	2 行 1 列内存	2 行 2 列内存	2 行 3 列内存

根据初值表赋值给 c2rc 二维数组，c2rc 数组的元素值（内存数据）为：

65	66	67	0
0	0	0	0
71	72	73	0

显然，字符型二维数组 c2rc 的每个一维数组都是一个字符串，可以使用%s 格式限定符输出每个一维数组。

程序源代码（SL6-3.c）：

```
#include <stdio.h>
void main()
{
 char c2rc[3][4]={"ABC","","GHI"};
 int r,c;
 for(r=0;r<3;r++)                  //产生行号
 {
  //for(c=0;c<4;c++) printf("%c",c2rc[r][c]);
  printf("%s",c2rc[r]);            //i2rc[r]行元素地址，每行为一个字符串
  printf("\n");
 }
}
```

程序运行，输出：

```
ABC

GHI
```

3. 省略行长度

定义二维数组时，如果有初值表，则可以省略行长度，但列长度不能省略，二维数组行的长度根据初值表数据表达格式确定。

例如：

```
int i2rc[ ][4]={1,2,3,4,5,6,7,8,9,10,11,12};
```

初值表有 12 个数据，定义格式又明确给定列长度为 4，因此 i2rc 二维数组行长度为 3。

又如：

```
int i2rc[ ][4]={{1,2},{5,6,7},9};
```

每行列长度为 4，初值表内嵌花括号{1,2},{5,6,7}分别为 0、1 行数据，9 为 2 行首数据，所以 i2rc 二维数组行长度为 3。

i2rc 二维数组的元素值分别为：

1	2	0	0
5	6	7	0
9	0	0	0

二维数组定义后，可以通过表达式 sizeof（数组名）/（列长度*sizeof（数据类型标识符）） 获得二维数组的行长度。

再如：

```
char c2rc[ ][4]={"ABC","","GHI"};
```

初值表为 3 个字符串常量，因此行长度为 3。

如已确定列长度，根据初值表计算二维数组行长度可由预编译完成。

【例 6.4】 已知二维数组的列长度为 4，初值表为{{0.0,0.1,0.2},{1.0,1.1,1.2},2.0,2.1,2.2,2.3}，输出其元素值和行长度。

解题分析：

从提供的初值表可知，应定义 double 型二维数组存放初值表数据，二维数组长度=sizeof（数组名）/（sizeof（数据类型标识符）*列长度），以行、列下标为序引用二维数组的元素值并输出。

程序源代码（SL6-4.c）：

```c
#include <stdio.h>
void main()
{
 double d2rc[][4]={{0.0,0.1,0.2},{1.0,1.1,1.2},2.0,2.1,2.2,2.3};
 int r,c;
 for(r=0; r<sizeof(d2rc)/(sizeof(double)*4);r++)
 {
  for(c=0;c<4;c++)
   printf("%f\t",d2rc[r][c]);
  printf("\n");
 }
}
```

程序运行，输出：

```
0.000000 0.100000 0.200000 0.000000
1.000000 1.100000 1.200000 0.000000
2.000000 2.100000 2.200000 2.300000
```

表达式 sizeof(d2rc)/(sizeof(double)*4)计算的是 d2rc 二维数组的行长度，其中 sizeof(d2rc)为数组 d2rc 占用内存的总长度，sizeof(double)为单个元素占用的内存长度，sizeof(double)*4 为每行元素占用的内存长度。

4．列长度不能省略

定义二维数组时，不能省略列长度。

例如，"int ks[2][]={{1},{2}};" "int as[2][]={1,2,3};" "double ds[10][]={{1.1},{1.2}};"都是错误的定义与赋初值形式！不确定列长度无法计算行长度。

6.2　引用二维数组元素

二维数组元素值可以通过元素行、列下标确定元素，再引用元素值。

例如，定义 double d23[2][3]={0,3.1415,0,2.71828,0.866,0.5};，通过二维数组行、列下标引用元素。d23 二维数组的元素值排列如下：

0.000000	3.141592	0.000000
2.718281	0.866000	0.500000

引用各元素值：

[0][0]元素，引用[0][0]元素值 d23[0][0]为 0；

[0][1]元素，引用[0][1]元素值 d23[0][1]为 3.1415；

[0][2]元素，引用[0][2]元素值 d23[0][2]为 0；

[1][0]元素，引用[1][0]元素值 d23[1][0]为 2.71828；

[1][1]元素，引用[1][1]元素值 d23[1][1]为 0.866；

[1][2]元素，引用[1][2]元素值 d23[1][2]为 0.5。

通过引用也可以改变元素值。如将[0][2]元素值改为 0.725，表达为 d23[0][2]=0.725，[0][2]元素存储的数据变为 0.725，d23 二维数组元素值变为：

0.000000	3.141592	0.725000
2.718281	0.866000	0.500000

数组元素是存储数组数据的内存，引用元素应理解为对元素（内存）进行数据输入或输出。

定义数组是为存储数组数据申请连续内存，数组内存长度取决于数组数据的数据类型和元素个数，数组定义后数组内存便被固定。通过数组名、数组数据类型和元素行、列下标可以确定每个元素的地址，由元素地址引用元素值。

二维数组 int i34[3][4]中，i34 二维数组占用内存 3*4*sizeof(int)=48 个字节，开始地址是 i34，内存分为 3 行，每行 16 个字节，每 4 个字节存储 1 个整型数。

各行内存地址按行次序为：i34[0]、i34[1]、i34[2]。

按行、列顺序各元素地址为：

i34[0]+0　i34[0]+1　i34[0]+2　i34[0]+3

i34[1]+0　i34[1]+1　i34[1]+2　i34[1]+3

i34[2]+0　i34[2]+1　i34[2]+2　i34[2]+3

元素地址=行地址+元素列下标。

引用 i34 数组元素值的两种表达格式。

（1）使用数组元素下标引用元素值

表达为：

i34[0][0]　i34[0][1]　i34[0][2]　i34[0][3]

i34[1][0]　i34[1][1]　i34[1][2]　i34[1][3]

i34[2][0]　i34[2][1]　i34[2][2]　i34[2][3]

（2）使用数组元素地址（内存地址）引用元素值

表达为：

(i34[0]+0)(i34[0]+1)　　*(i34[0]+2)　　*(i34[0]+3)

(i34[1]+0)(i34[1]+1)　　*(i34[1]+2)　　*(i34[1]+3)

(i34[2]+0)(i34[2]+1)　　*(i34[2]+2)　　*(i34[2]+3)

地址引用内存数据表达格式为地址前面加*。

使用数组元素下标引用元素值表达方式，将被编译为通过数组元素地址引用元素值。

阅读理解例 6.5 的源代码，认识并掌握引用数组元素的表达形式。

【例 6.5】 分别用元素下标和元素地址引用 int i34[3][4]={1,2,3,4,5,6,7,8,9,10,11,12}二维数组的元素值，输出数组各元素值与元素值的累计值。

解题分析：

根据定义格式 int i34[3][4]，整型数组 i34 占用内存及元素排列已清楚，且每个元素有确定值。按元素行、列下标引用元素并输出元素值，再按元素地址引用元素值进行元素值累计。

程序源代码（SL6-5.c）：

```
#include <stdio.h>
void main()
{
 int i34[3][4]={1,2,3,4,5,6,7,8,9,10,11,12};
 int r,c,sum=0;
 for(r=0;r<3;r++)
  {
   for(c=0;c<4;c++)
    printf("%-4d",i34[r][c]);      //引用数组的 r 行 c 列元素
   printf("\n");
  }
 //通过存储元素值的内存地址引用元素值并求和
 for(r=0;r<3;r++)
  for(c=0;c<4;c++)
    sum+=*(i34[r]+c);              //*(i34[r]+c)，r 行 c 列元素地址
 printf("sum=%d\n",sum);
}
```

程序运行，输出：

```
1  2  3  4
5  6  7  8
9  10 11 12
sum=78
```

6.3 二维数组编程示例

二维数组在矩阵编程计算中的应用。

【例 6.6】 方阵转置。输入一个正整数 n（$1<n\leqslant6$），根据 $a[i][j]=i\times n+j+1$（$0\leqslant i\leqslant n-1$，$0\leqslant j\leqslant n-1$）生成一个 $n\times n$ 的方阵，然后将该方阵转置后输出（行列互换）。

解题分析：

当 $n=4$ 时，数组元素值和转置后的数组元素值如图 6.1 所示，图中三边框内元素为矩阵上三角元素，上三角元素的行下标和列下标关系为行下标<=列下标。

矩阵转置是指上三角元素与其行、列下标互换的元素进行值交换。4×4 方阵行、列下标互换对应元素图如图 6.2 所示。

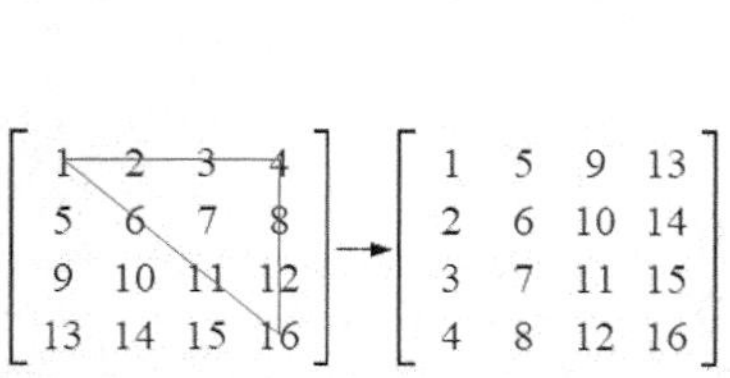

图 6.1 $n=4$ 时的数组元素值和转置后的数组元素值

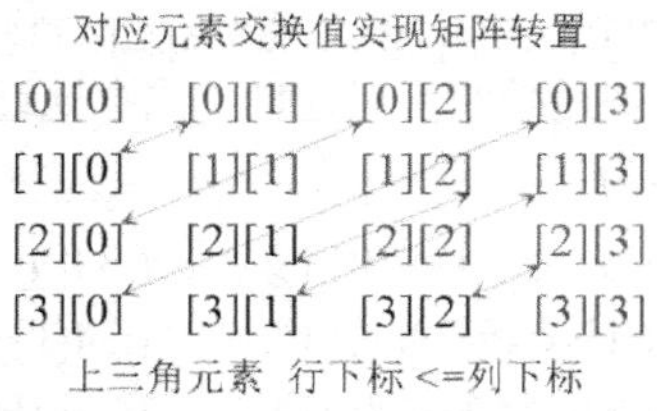

图 6.2   4×4 方阵行、列下标互换对应元素图

算法描述：

Step1：定义 int a[6][6],i,j,n。a 为二维数组，i 为行下标，j 为列下标，n 为方阵维数。

Step2：指定方阵维数 n。

Step3：如果 n<2||n>6 成立，不能实施方阵转置，程序结束运行。

Step4：按方法 a[i][j]＝i×n＋j＋1 产生数组元素值并输出，执行 i=0。

Step5：如果 i<n 不成立，转 Step11。

Step6：j=i+1。

Step7：如果 j<n 不成立，转 Step10。

Step8：a[i][j]与 a[j][i]值交换（行、列下标互换）。

Step9：j++，转 Step7。

Step10：i++，转 Step5。

Step11：逐行、逐列输出 a 数组数据。

Step12：程序结束。

程序源代码（SL6-6.c）：

```c
#include <stdio.h>
void main(void)
{
 int i, j, n,a[6][6];
 printf("Enter n:");
 scanf("%d", &n);
 if(n<2||n>6)
 {
 printf("Enter n value error!\n");
 return;
 }
 printf("Primitive matrix:\n");
 for(i=0;i<n;i++)  //按a[i][j]=i*n+j+1产生二维数组元素值并输出
 {
  for(j=0;j<n;j++)
  {
   a[i][j]=i*n+j+1;
   printf("%6d",a[i][j]);
  }
  printf("\n");     //换行控制
 }
 //行列互换(上三角元素行号<=列号)
 for(i=0; i<n;i++) //产生行号
 {
  for(j=i+1;j<n;j++)    //产生上三角元素列号
   a[i][j]+=a[j][i],a[j][i]=a[i][j]-a[j][i],a[i][j]-=a[j][i];//元素值交换
 }
 printf("Transposed matrix:\n");
 for(i=0;i<n;i++)  //按行、列顺序输出元素值
 {
  for(j=0;j<n;j++)
   printf("%6d",a[i][j]);
  printf("\n");     //换行控制
 }
}
```

程序运行，输入：

```
Enter n:5
```

输出：

```
Primitive matrix:
     1     2     3     4     5
     6     7     8     9    10
    11    12    13    14    15
    16    17    18    19    20
    21    22    23    24    25
Transposed matrix:
```

```
1    6   11   16   21
2    7   12   17   22
3    8   13   18   23
4    9   14   19   24
5   10   15   20   25
```

在 C 程序中如何产生随机数？特以例 6.7 说明。

【例 6.7】 随机生成 5×10 的整数矩阵，矩阵元素值 $50 \leqslant n \leqslant 1050$，统计大于平均值的数据个数，并找出每行的最大值。

解题分析：

定义一个整型二维数组 int Rands[5][10];，数组元素值按随机数%1001+50 产生。C 语言提供 rand()函数在 0～0x7fff（RAND_MAX）范围内产生伪随机整数，伪随机是指每次调用 rand()函数产生相同的随机数列。要产生真随机数，在调用 rand()函数前应调用 srand()函数指定随机种子，调用 srand()函数的一般形式为 srand((unsigned int)time(NULL))，以机器时钟秒数作为随机种子。

算法描述：

Step1：定义数组和变量 int Rands[5][10], r,c,G_aves=0,L_Max;和 double average=0.0;。

Step2：指定随机种子 srand((unsigned int)time(NULL));。

Step3：使用循环产生行下标，初始化 r=0，循环条件 r<5，步长 r++。不满足条件转 Step6。

Step4：使用循环产生列下标，初始化 c=0，循环条件 c<10，步长 c++。不满足条件转 Step5。

① 对 Rands 数组的 r 行 c 列元素置入随机数 Rands[r][c]=rand()%1001+50)。

② 累加 average+=Rands[r][c]。

③ 如果 c==0 成立，L_Max=Rands[r][c]；否则，如果 L_Max<Rands[r][c]成立，L_Max=Rands[r][c]。

④ 输出 Rands[r][c]元素值，转 Step4。

Step5：输出 r 行最大元素值 L_Max，转 Step3。

Step6：计算平均值 average/=50。

Step7：在 Rands 数组中统计大于 average 的数据个数 G_aves。

Step8：输出平均值 average 及大于平均值的数据个数 G_aves。

Step9：程序结束。

程序源代码（SL6-7.c）：

```c
#include <stdio.h>
#include <stdlib.h>
#include <time.h>
void main( )
{
 int r,c,G_aves=0,L_Max;
 int Rands[5][10];
 double average=0.0;
 srand((unsigned int)time(NULL));        //将当前时间的秒数作为随机种子
 for(r=0;r<5;r++)  //将随机数存储到 5×10 的数组中
 {
  for(c=0;c<10;c++)
  {
   Rands[r][c]=rand()%1001+50;           //产生 50≤n≤1050 的随机数并存储到数组中
   average+=Rands[r][c];                 //累加
   printf("%6d",Rands[r][c]);            //输出矩阵元素值
   if(c==0)
     L_Max=Rands[r][c];
   else if(L_Max<Rands[r][c])
     L_Max=Rands[r][c];
```

```
        }
        printf("\tLocal line Max is %d\n",L_Max);
    }
    average/=50;  //计算元素的平均值
    for(r=0;r<5;r++)   //统计大于平均值的元素
    {
        for(c=0;c<10;c++)
            if(Rands[r][c]>average)
                G_aves++;
    }
    printf("Average value:%8.4f,Number of greater than the average:%d\n",average,G_aves);
}
```

程序运行，输出：

```
828  417  358  166  893  253  729  904  252  273 Local line max is 904
129  970  596  843  292  220  369  581  754  634 Local line max is 970
492  508  423  229  844  111  659  814  748 1046 Local line max is 1046
227  538  171  761  348  613  221  951  179  122 Local line max is 951
928  396  523  524  283  587  391  817   52  981 Local line max is 981
Average value:518.9600,Number of greater than the average:25
```

字符串排序值得关注，一般将已知字符串存入字符型二维数组，调用字符串比较函数进行行与行字符串的比较，根据比较情况调整字符串的存储行。

【例 6.8】 对输入的 5 个字符串（字符数小于 80）用选择法排序，并输出 5 个字符串。

解题分析：

对字符型二维数组存储的字符串排序，需调用 strcmp() 函数，进行行字符串的两两比较，根据比较结果调整字符串在数组中的存放顺序。二维数组是一维数组的有序集合，字符串排序不需要逐个元素值比较。字符串选择法排序，找出需要交换的两行行下标，再进行行字符串交换，交换字符串需要一段缓存。

算法描述：

Step1：定义 char strs[5][80],buf[80]; int i,j; strs 存字符串，buf 为字符串交换需要的缓存，i,j 循环变量为行下标。

Step2：输入各行字符串，i=0。

Step3：如果 i<5-1 不成立，转 Step10。

Step4：i 行的交换行 change=i。

Step5：j=i+1（i 行后的行下标）。

Step6：调用 strcmp() 函数，对 change 和 j 行字符串进行比较，如果 change 行字符串>j 行字符串，执行 change=j。

Step7：j++，如果 j<5，转 Step6。

Step8：如果 i!=change，执行 i、change 行字符串交换，先将 i 字符串复制到 buf，再将 change 行字符串复制到 i 行，接着将 buf 字符串复制到 change 行。

Step9：i++，转 Step3。

Step10：输出 strs 数组字符串。

Step11：程序结束。

程序源代码（SL6-8.c）：

```
#include <stdio.h>
#include <string.h>
#define LINES 5
void main()
{
    char strs[5][80],buf[80];
    int i,j;
```

```
    for(i=0;i<LINES;i++)
    gets(strs[i]);              //调用gets()函数输入5个字符串
  for(i=0;i<LINES-1;i++)         //使用选择法实现字符串排序
  {
    int change=i;
    for(j=i+1;j<LINES;j++)
      if(strcmp(strs[change],strs[j])>0)
        change=j;
    if(change!=i)
    {
      strcpy(buf,strs[change]);      //先将change字符串暂存
      strcpy(strs[change],strs[i]);  //将i字符串复制到change字符串
      strcpy(strs[i],buf);           //再将buf字符串复制到i字符串
    }
  }
  printf("After string sorting:\n");  //输出排序后的5个字符串
  for(i=0;i<LINES;i++)
    printf("%s\n",strs[i]);
}
```

程序运行，输入和输出如下。

输入：

```
The People's Republic of China
Russia Federation
United States of America
United Kingdom of Great Britain and Northern Ireland
French Republic
```

输出：

```
After string sorting:
French Republic
Russia Federation
The People's Republic of China
United Kingdom of Great Britain and Northern Ireland
United States of America
```

6.4 本章小结

使用数组首先要定义数组，为存储数组数据申请连续内存。数组数据计数形式取决于数据类型，数组内存长度取决于数组数据类型、数组数据个数，数组名是数组内存的起始地址。

存储数组每个数据的内存称为数组元素，随着数组的定义而被固定。可通过数组数据类型、数组名、行下标、列下标引用二维数组元素值。

引用数组元素值的表达式的方式是：计算出元素地址，通过元素地址读/写内存数据。

习题6

一、选择题

1. 若有 static double ds[3][2];，则 ds 数组的6个元素值是（   ）。

    A. 随机值   B. 不确定   C. 0   D. −1

2. 若有定义 int is[][3]={3,2,1,4,5,6,7};，则数组 is 的元素个数是（   ）。

    A. 7   B. 3   C. 6   D. 9

3. 若有 double dd[][2]={{1},{2},3,4};，则 dd[1][1]的元素值是（   ）。

    A. 0   B. 0.0   C. 2.0   D. 3.0

4. 若有 unsigned short ss[4][4];，则数组 ss 占用的内存长度是（　　）。

  A.　16　　　　　　　　B.　8　　　　　　　　C.　32　　　　　　　　D.　128

5. 若有 char str[][15]={"Chongqing","","Tianjing"};，则 str 数组的元素个数是（　　）。

  A.　30　　　　　　　　B.　45　　　　　　　　C.　15　　　　　　　　D.　56

6. 以下关于数组的描述，正确的是（　　）。

  A.　数组的大小是固定的，但可以有不同类型的数组元素

  B.　数组的大小是可变的，但所有数组元素的类型必须相同

  C.　数组的大小是固定的，所有数组元素的类型必须相同

  D.　数组的大小是可变的，可以有不同类型的数组元素

7. 在 C 语言中，引用数组元素时，其数组下标的数据类型允许是（　　）。

  A.　整型常量　　　　　　　　　　　　　B.　整型表达式

  C.　整型常量或整型表达式　　　　　　　D.　任何类型的表达式

8. 若有以下数组定义，其中不正确的是（　　）。

  A.　int a[2][3];　　　　　　　　　　　B.　int b[][3]={0,1,2,3};

  C.　int c[100][100]={0};　　　　　　D.　int d[3][]={{1,2},{1,2,3},{1,2,3,4}};

9. 若有以下定义语句，则表达式 x[1][1]*x[2][2]的值是（　　）。

```
float x[3][3]={{1.0,2.0,3.0},{4.0,5.0,6.0}};
```

  A.　0.0　　　　　　　B.　4.0　　　　　　　C.　5.0　　　　　　　D.　6.0

10. 不能将字符串 Hello!赋给数组 b 的语句是（　　）。

  A.　char str[10]= {'H','e','l','l','o', '!'};　　　B.　char str[10];str="Hello! ";

  C.　char str[10]; strcpy(str, "Hello! ");　　　D.　char str[10]= "Hello! ";

11. 下列程序运行后，输出结果是（　　）。

```
main()
{
char cf[3][5]={ "AAAA","BBB","CC"};
printf("\"%s\"\n",cf[1]);
}
```

  A.　"AAAA"　　　　　B.　"BBB"　　　　　C.　"BBBCC"　　　　D.　"CC"

12. 若有下列程序片段：

```
char str[ ]= "ab\n\012\"";
printf("%d",strlen(str));
```

其输出结果是（　　）。

  A.　3　　　　　　　　B.　5　　　　　　　　C.　6　　　　　　　　D.　12

13. 判断两个字符串是否相等，正确的表达方式是（　　）。

  A.　while(s1==s2)　　　　　　　　　　B.　while(s1=s2)

  C.　while(strcmp(s1,s2)==0)　　　　　　D.　while(strcmp(s1,s2)=0)

14. 下列程序的输出结果是（　　）。

```
void main()
{
 int a[3][3]={{1,2},{3,4},{5,6}},i,j,s=0;
 for(i=1;i<3;i++)
  for(j=0;j<=i;j++)
   s+=a[i][j];
 printf("%d\n",s);
}
```

  A.　18　　　　　　　B.　19　　　　　　　C.　20　　　　　　　D.　21

15. 下列对 C 语言字符数组的描述，错误的是（　　　）。

　　A. 字符数组可以存储字符串

　　B. 字符数组中的字符串可以整体输入、输出

　　C. 可以在赋值语句中通过赋值运算符"="对字符数组整体赋值

　　D. 不可以用关系运算符对字符数组中的字符串进行比较

二、判断题

1. 若有定义 int a[3][2];，则可以用 a[0,0]引用数组 a 的第一个元素。

2. 若有定义 static int a[3][4];，则数组 a 中每个元素的初值为 0。

3. 若有定义 int a[3][2]={1};，则数组 a 中每个元素的初值为 1。

4. 若有定义 char str[5][7];，则数组 str 占用的内存长度一定大于等于 35 个字节。

5. 若有定义 double dvals[3][4];，则数组 dvals 占用的内存长度为 96 个字节。

6. 若有定义 int ids[][3]={{1},3,4,5};，则数组 ids 的行长度为 1。

7. 数组元素占用的内存长度是由数组长度决定的。

8. 无论是一维数组还是二维数组，都占用连续内存。

9. int d[1][1],dv;中，数组 d 与变量 dv 没有区别。

10. 二维数组是一维数组的有序集合。

三、编程题

1. 若有一个 4 行 4 列的整型二维数组组成的矩阵（其元素可以自己先定义或从键盘输入），要求：

（1）找出其中的最大数和最小数，并输出其所在的行号和列号。

（2）求对角线元素之和。

（3）求每行之和与每列之和。

（4）求此矩阵的转置矩阵。

（5）求此矩阵最外围所有数的和。

2. 一篇文章共有 4 行文字，每行 80 个字符。要求分别统计其中英文大写字母、小写字母、数字、空格及其他字符的个数。

3. 若有 3 行文字，找出其中共有多少个空格、多少个单词。规定单词之间以一个或多个空格相隔。如果一个单词正好在行末结束，则下一行开头应有空格（句号或逗号后面亦应有空格）。

4. 找出一个整数方阵的鞍点。数组中鞍点位置上的定义为：其值在其行中最大，而在其列中最小。注意：矩阵中可能没有鞍点。

5. 输入两个字符行，从中找出两个字符行中都出现过的最长英文单词。约定英文单词全由英文字母组成，其他字符被视作单词之间的分隔符。

6. 编写一个程序，将字符 s2 追加到字符串 s1 中（要求不用 strcat()函数），并输出这两个字符串。

7. 若有 3 个字符串，请编写程序，找出其中最大者。

8. 请编写程序，实现以下功能：输入 10 个国名，并按字母顺序输出。

第 7 章
函数

关键词

- 函数定义、函数原型、函数数据类型、函数返回值
- 主调函数、被调函数、函数原型声明
- 实际参数、形式参数、实际参数与形式参数是单向值传递
- 全局变量、局部变量、静态变量、变量的作用域和生存期
- 库函数、自定义函数、递归函数

难点

- 函数定义包括函数原型格式和函数体
- 函数形式参数和实际参数、形式参数是函数体内变量
- 变量的作用域和生存期
- 递归函数递推和回归过程

　　C 语言函数由数学函数演变而来，数学函数标记为 $y=f(x)$，表示已知因变量 x 按法则 f 计算的结果为 y。对照 C 语言函数，法则 f 为具有特定算法且独立的 C 语言程序块；x 为实际输入参数；y 为实际输入参数 x 经 f 函数计算处理后的输出。

　　C 程序设计的基本方法是针对求解问题，从问题的已知条件开始，自顶向下逐步细化设计数据处理算法，所有算法通过分类归并为功能模块，功能模块结构化编程构成函数。

函数化的优势：功能算法函数化符合程序模块化设计思想；复杂功能算法由简单可控的功能函数组合完成；功能函数代码修改方便；代码可复用，既能减少编程量，又能消除冗余代码，提高代码利用率。

C 语言函数分为库函数和自定义函数。编程者可以直接调用 C 语言提供的库函数，如 scanf() 数据输入函数、printf() 数据输出函数、qsort() 数据快速排序函数、数学库 math.h 中的 sin() 正弦函数、cos() 余弦函数、log() 自然对数函数、log10() 常用对数函数等。也可以根据功能算法需求自己定义函数。

7.1　函数定义

函数是一个功能算法固定的程序块，即一段由程序设计者赋予功能算法的程序块，函数名是程序块在内存中的存储位置（函数接口地址）。在定义一个函数前要进行以下规划设计。

（1）函数的功能，功能算法设计。

（2）实现功能算法需要的参数及参数的数据类型，为函数设计数据输入接口。

（3）函数调用执行后应返回调用者的值及其数据类型，为函数设计数据输出接口。

（4）确定函数的原型格式。

7.1.1　函数定义的一般格式

函数定义的一般格式如下：

```
返回数据类型　函数名(类型参数1,类型参数2,…)
{
  函数体(表达算法功能语句;)
  return (值);
}
```

返回数据类型：又称函数类型，限定函数返回值的数据类型，为基本数据类型标识符或构造数据类型标识符。如果返回数据类型为 void，函数体可以不用 return 语句，即使用 return 语句，也不能带值。

函数名：编程者为函数取的名字，要符合标识符命名规则。函数名的真实意义是存储函数程序块内存的起始地址，它是地址常量。

类型参数 1,类型参数 2,…：函数必需的输入数据（已知数据）。

函数体：由花括号包围的功能算法语句。

return（值）：函数的输出值。函数体内使用 return 语句强制函数结束运行，返回调用处。return 可以返回一个值，值的数据类型由返回的数据类型决定，如果返回数据类型为 void，return 不能带值。

必须明确，函数定义包括两部分：函数原型格式和函数体。

例如，计算 e^x 值的 Get_Power_Natural_Constant 函数定义如下：

```
1    double Get_Power_Natural_Constant(double x)
2    {
3      double power;
4      power=exp(x);
5      return power;
6    }
```

第 1~6 行为 Get_Power_Natural_Constant 函数定义。

第 1 行的 double Get_Power_Natural_Constant(double x) 为函数原型格式。函数原型格式表明函

数的 3 个属性：函数返回值的数据类型，指定函数输出值的数据类型；函数名，函数功能程序块起始地址（入口地址）；函数的形式参数，函数的输入数据值和数据类型。

第 2 行的{为一个整体开始。

第 3、4 行为函数体。函数功能算法代码。例中 power=exp(x);调用 exp 函数算出 e^x 值赋给 power。

第 5 行中的 power 值返回调用者，即函数的输出。变量 power 的数据类型与返回数据类型要一致。

第 6 行的}为一个整体结束。

7.1.2　无返回值函数定义格式

无返回值函数是指函数没有输出（函数调用后不返回值）。无返回值函数定义的格式如下：

```
void 函数名(类型参数1,类型参数2,...)
{
   函数体(功能语句;)
}
```

与函数定义的一般格式比较，函数返回的数据类型为 void，表明不需要返回值（或函数没有输出）。函数体内可以不用 return，即使用 return 强制函数结束执行，也不能返回数值。

例如：设计已知圆半径求圆面积和圆周长的 CalculateSL 函数。

```
void CalculateSL(double r)
{
 double s,l;
 const double PI=3.1415926;
 s=PI*r*r;
 l=2*PI*r;
 printf("圆半径%8.3f　圆面积%8.3f　圆周长%8.3f\n",r,s,l);
 return;//可以不用 return
}
```

在 CalculateSL 函数定义中，const double PI=3.1415926，const 限制的变量 PI 值不能篡改。CalculateSL 函数返回数据类型 void，可以不用 return。

7.1.3　无形式参数函数定义格式

无形式参数函数即不需要输入的函数，其定义格式如下：

```
返回数据类型 函数名(void )
{
   函数体(功能语句;)
   return (值);
}
```

例如，定义获取 π 值的 GetPI 函数，π 值是公知的常量，不需要输入参数。

```
double GetPI(void)
{
 return 3.1415926;
}
```

或者省略 void：

```
double GetPI()
{
 return 3.1415926;
}
```

7.1.4　指针函数定义格式

指针函数是指返回数据类型为指针（＊）的函数，函数输出内存地址（无符号长整型数）。指针数据类型的特征是数据类型标识符后带*（第 8 章中将介绍数据指针）。

指针函数定义格式如下：

```
返回数据类型* 函数名(类型参数1,类型参数2,...)
{
   函数体(功能语句;)
   return (数据指针);
}
```

数据指针指存储数据内存的地址。

例如，返回内存保存 π 值的指针型函数定义：

```
double* GetPI()
{
   static double PI=3.1415926; //static 说明 PI 为静态变量
   return &PI;
}
```

在 GetPI 函数定义中，双精度实型变量 PI 为静态变量（特征是带 static 关键字），表示变量 PI 长期占有固定内存，内存数据为实型数 3.1415926。return &PI 返回变量 PI 占用的内存地址，& 取变量内存地址运算符。

7.1.5　默认返回数据类型的函数定义格式

函数定义时，如不指定函数的返回数据类型，函数返回数据类型默认为 int 型。

默认返回数据类型的函数定义格式如下：

```
函数名(类型参数1,类型参数2,...)
{
   函数体(功能语句;)
   return (整型值表达式);
}
```

例如，在整型数 a、b 中找出最大数 max 函数的函数定义：

```
max(int a,int b)
{
   return a>b?a:b;
}
```

max 函数返回的数据类型为 int 型，不是 void。return 应返回 int 型数据。

7.2　调用函数

函数定义仅仅是实现功能算法的程序块，它类似数学函数的理论推导过程，理论推导是否正确需带入数据演算验证，C 语言函数也一样，需要用实际数据调用函数并获得输出数据，如输出数据与预想的结果数据一致，则证明函数功能算法可靠。

函数定义仅表明函数程序块存在，而不调用函数，函数代码不会链接到可执行文件（exe）中，函数定义就没有实际意义。

调用函数的一般格式如下：

```
变量=函数名(实际参数1,实际参数2,...);
```

变量：接收函数输出值的变量（内存）。

函数名：指定被调用的函数。

实际参数 1,实际参数 2,...：与被调函数原型格式的形式参数一一对应，为被调函数提供输入数据。

通过例 7.1 演示编程调用函数。

【例 7.1】 输出 30°、45°、60°、90°的正弦值。

解题分析：

C 语言在 math.h 头文件中提供了 double sin(double x)库函数计算正弦值，形式参数 x 为弧度，输出正弦值。分别用 30°、45°、60°、90°的弧度值调用 sin()函数，并获得其正弦值。

算法描述：

Step1：定义 double radian,sinval,angles[]={30,45,60,90};int i=0；radian 为弧度，sinval 接收正弦值，angles 存入已知角度值，i 为元素下标，也是循环变量。

Step2：引用 i 下标元素值，实施角度转弧度，radian=angles[i]*3.1415926/180。

Step3：调用 sin()函数计算 radian 的正弦值，sinval=sin(radian)，并输出正弦值 sinval。

Step4：i++，如果 i<sizeof(angles)/sizeof(double)成立，转 Step2。

Step5：程序结束。

程序源代码（SL7-1.c）：

```
#include <stdio.h>
#include <math.h>
void main()
{
 double radian,sinval,angles[]={30,45,60,90};
 int i;
 for(i=0;i<sizeof(angles)/sizeof(double);i++)
 {
  radian=angles[i]*3.1415926/180;    //角度转弧度
  sinval=sin(radian);   //调用库函数 sin 计算正弦值
  printf("%f\t",sinval);
 }
 printf("\n");
}
```

程序运行，输出：

```
0.500000      0.707107      0.866025      1.000000
```

调用函数前应明确主调函数、实际参数值和数据类型、被调函数、被调函数的形式参数及参数数据类型、被调函数的返回值（被调函数的输出）。实际参数值单向传递给形式参数。

1．主调函数和被调函数

程序源代码（SL7-1.c）在 main()函数中，sinval=sin(radian)为调用 sin()函数，main()函数为主调函数，sin()函数为被调函数。

2．主调函数与被调函数执行过程

当主调函数调用被调函数时，主调函数按被调函数的形式参数顺序组织实际数据，实际数据传递给被调函数形式参数，被调函数获得输入，开始执行。主调函数一直等待被调函数的返回值，被调函数运行不结束，主调函数不会执行下一条语句。主调函数调用执行被调函数过程如图 7.1 所示。

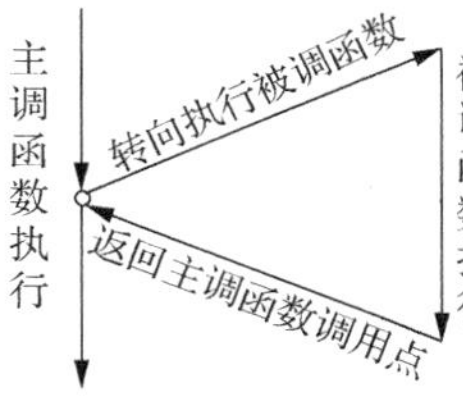

图 7.1　主调函数调用执行被调函数过程

3．函数调用中实际参数与形式参数

实际参数（实参）是主调函数为被调函数提供的输入数据，如程序源代码（SL7-1.c）中的 sinval=sin(radian)语句，radian 为主动调用方 main()函数提供给 sin()函数的输入值，radian 为有确定值的实际参数，radian 存在于主调函数 main()函数中。

形式参数（形参）是被调函数接收的输入变量，如 sin()函数的原型格式 double sin(double x)，变量 x 为形式参数，x 存在于 sin() 函数中。

主调函数实参与被调函数形参为单向值传递。主调函数按被调函数形参顺序和数据类型组织实参，实参值传递给形参变量，被调函数获得输入后开始执行，主调函数等待被调函数返回值。被调函数获得数据输入和输出数据的途径不同，主调函数实参与被调函数形参是不可逆的值传递。

为认识、理解调用函数过程中的主调函数、实参、被调函数、形参和返回值，特提供例 7.2 程序源代码。

【例 7.2】 阅读下列 C 程序，理解主调函数、实际参数、被调函数、形式参数和返回值。

解题分析：

max() 函数定义原型格式为 int max(int a, int b)，形式参数 int a、int b 是 max() 函数内的变量，用于接收输入值。功能是从 a、b 两数中找出最大数赋给 c，并输出 c 值。

测试调用 max() 函数使用 main() 函数，main() 函数中的 z=max(x,y) 为调用函数语句，x、y 是为调用 max() 函数准备的实参，实参数据类型、顺序要与 max() 函数的形参一致。max() 函数是被调函数，变量 a、b 是 max() 函数的形式参数。main() 函数是主调函数，x、y 是 main() 函数的实参，z 接收 max() 函数的返回值，变量 x、y 属于主调函数 main()。

程序源代码（SL7-2.c）：

```c
#include <stdio.h>
int max(int a, int b)
{
 int c;
 c = a>b?a:b;
 return (c);
}
int main()
{
 int x, y, z;
 scanf("%d,%d", &x, &y);
 z = max(x, y);      //用实际参数 x、y 调用 max() 函数，max() 函数的返回值赋给 z
 printf("Max is %d.\n", z);
 return 0;
}
```

程序源代码（SL7-2.c）中，main() 函数内调用函数语句 z = max(x, y)，main() 函数变量 x 的值传给 max() 函数变量 a，main() 函数变量 y 的值传给 max() 函数变量 b。main() 函数使用变量 z 接收 max() 函数执行后输出的 c 值。在调用函数过程中，实参与形参是单向值传递且不可逆。

例 7.3 专为实数排序编写了一个函数。

【例 7.3】 编写对实数数列进行排序的函数。

解题分析：

通过函数对实数排序，已知数列数据类型为 double，还需要知道实数的存放地址、数据个数、排升序或降序，将数据存放地址、数据个数和排序方式设计为形式参数，谁调用谁指定。编写函数代码时，以排序数列内存地址、数据个数、排序方式作为形式参数，将数据排序算法语句化即为函数。

算法描述：

Step1：定义函数原型格式为 void dArraySort(double Array[],int ns,int SortModle)，void 返回数据类型（实数排序处理结果是使存放地址 Array 的数据有序，不需要输出），double Array[] 为数据存放地址，int ns 为数据个数，int SortModle 为排序方式，0 为升序，1 为降序。

Step2：函数内定义变量 double tmpVal;int i=0,j;，tmpVal 为实数缓存内存，i、j 为循环变量，

亦即元素下标。

Step3：如果 i<ns-1 不成立，转 Step9。

Step4：j=i+1，如果 j<ns 不成立，转 Step8。

Step5：如果 SortModle==0 和 Array[j]<Array[i]同时成立，j、i 元素交换值，转 Step7。

Step6：如果 Array[j]>Array[i]成立，j、i 元素交换值。

Step7：j++，转 Step5。

Step8：i++，转 Step3。

Step9：程序结束。

实数排序函数算法语句化，dArraySort 函数定义的源代码如下。

```
void dArraySort(double Array[],int ns,int SortModle)
{
 double tmpVal;
 int i,j;
 for(i=0;i<ns-1;i++)
 {
  for(j=i+1;j<ns;j++)
    if(SortModle==0)
    {
     if(Array[j]<Array[i])
       tmpVal=Array[i],Array[i]=Array[j],Array[j]=tmpVal;
    }
    else if(Array[j]>Array[i])
       tmpVal=Array[i],Array[i]=Array[j],Array[j]=tmpVal;
 }
}
```

主调函数 C 语言表达如下。

程序源代码（SL7-3.c）：

```
#include <stdio.h>
void main()
{
 double ds[]={200,198,15,156,202};
 int i;
 dArraySort(ds,sizeof(ds)/sizeof(double),1);
 for(i=0;i<sizeof(ds)/sizeof(double);i++)
   printf("%.3f\t",ds[i]);
 printf("\n");
}
```

调用 dArraySort()函数，将数列 double ds[]={200,198,15,156,202}降序输出为：

```
202.000  200.000  198.000  156.000  15.000
```

调用 dArraySort()函数，将数列 double ds[]={200,198,15,156,202}升序输出为：

```
15.000  156.000  198.000  200.000  202.000
```

调用 dArraySort()函数，对已知数列分别进行降序和升序，排序结果与预期一致，证明排序函数 dArraySort()的功能算法可靠。

7.3　主调函数、被调函数结构顺序

编译器编译调用函数语句时，需要被调函数的原型格式，否则调用函数语句不能编译。

有两种方法解决调用函数的语句编译问题。第一种方法，将被调函数的定义置于主调函数的定义前面，编译调用函数语句时，由于已经编译过被调函数，编译器已知被调函数的原型格式，自然会编译调用函数语句。第二种方法，在调函数语句之前声明被调函数的原型格式。

被调函数的定义在调用函数语句后，必须在调用函数语句前作出被调函数原型格式的声明。例 7.4 的程序源代码展示了编译器对主调函数、被调函数结构顺序的要求，还展示了被调函数修改主调函数变量值的方法。

【例 7.4】 编写已知圆半径计算圆面积和周长的函数，并予以验证。

解题分析：

原型格式设计为 double Get_CircleAreaAndPerimeter(double r,double pSave_Perimeter[])，函数返回半径 r 的圆面积，圆周长保存到 pSave_Perimeter 数组 0 号元素中。

算法描述：

Step1：设计函数原型格式 double Get_CircleAreaAndPerimeter(double r,double pSave_Perimeter[])，形式参数 double r、double pSave_Perimeter[]为已知数据。

Step2：定义变量，double Area、Perimeter，Area 保存圆面积，Perimeterm 保存圆周长。

Step3：计算，Area=r*r*3.1415926，Perimeter=2*3.1415926*r。

Step4：将 Perimeter 值存入 pSave_Perimeter 数组 0 号元素，pSave_Perimeter[0]=Perimeter。

Step5：输出圆面积 Area。

（1）第 1 种，两函数定义结构顺序，程序源代码如下。

程序源代码（SL7-4-1.c）：

```
#include <stdio.h>
#define PI 3.1415926
double Get_CircleAreaAndPerimeter(double r,double pSave_Perimeter[])
{
 double Area,Perimeter;
 Area=r*r*PI;
 Perimeter=2*PI*r;
 pSave_Perimeter[0]=Perimeter;
 return Area;
}
void main( )           //测试函数
{
 double Local_R;
 double Local_Area,Local_Perimeter=0;
 printf("Input circle radius:");
 scanf("%lf",&Local_R);
 Local_Area=Get_CircleAreaAndPerimeter(Local_R,&Local_Perimeter);
 printf("Circle radius:%f\nCircle aread:%f\nCircle perimeter:%f\n",
Local_R,Local_Area,Local_Perimeter);
}
```

程序源代码（SL7-4-1.c）中，主调函数 main()的定义在被调函数的定义之后，编译器先编译被调函数，再编译主调函数，调用函数语句能通过编译。

注意：Get_CircleAreaAndPerimeter()函数的形式参数 double pSave_Perimeter[]格式为数组名，数组名是一段内存的起始地址，即 pSave_Perimeter 是内存地址，作为形式参数，需要调用方指定，如主调函数中调用函数语句。

```
Local_Area=Get_CircleAreaAndPerimeter(Local_R,&Local_Perimeter);
```

&Local_Perimeter 取主调函数的变量 Local_Perimeter 的内存地址，传给被调函数的形式参数 pSave_Perimeter，pSave_Perimeter 就是长度为 1 的数组，被调函数算出的圆周长保存至 pSave_Perimete[0]元素，圆周长保存到主调函数指向的&Local_Perimeter 内存，主调函数变量 Local_Perimete 的值是被调函数算出的圆周长。

（2）第 2 种，两函数定义结构顺序，程序源代码如下。

程序源代码（SL7-4-2.c）：

```
#include <stdio.h>
```

```
#define PI 3.1415926
//函数原型声明
double Get_CircleAreaAndPerimeter(double r,double pSave_Perimeter[]);
void main( )
{
 double Local_R;
 double Local_Area,Local_Perimeter=0;
 //double Get_CircleAreaAndPerimeter(double,double);
 printf("Input circle radius:");
 scanf("%lf",&Local_R);
 Local_Area=Get_CircleAreaAndPerimeter(Local_R,&Local_Perimeter);
 printf("Circle radius:%f\nCircle aread:%f\nCircle perimeter:%f\n",
Local_R,Local_Area,Local_Perimeter);
}
//Get_CircleAreaAndPerimeter 的函数定义
double Get_CircleAreaAndPerimeter(double r,double pSave_Perimeter[])
{
 double Area,Perimeter;
 Area=r*r*PI;
 Perimeter=2*PI*r;
 pSave_Perimeter[0]=Perimeter;
 return Area;
}
```

调用函数语句在被调函数定义之前，这种函数定义结构顺序，编译调用函数语句时，编译器不知道函数名、函数形式参数数据类型、形参个数、返回值的数据类型，不能编译。在不调整函数定义结构顺序的情况下，需要在调用函数语句前声明被调函数的原型格式。

7.4 全局变量、局部变量和静态变量

C 程序由函数组成，函数是 C 程序的功能模块。一个 C 程序无论有多少个函数，其主函数main()有且只能有一个，主函数是操作系统调用C程序的入口。

函数内或函数外都可以定义变量，定义变量的根本目的是获得内存使用权，操作变量就是操作内存。C程序中每一个变量都有作用域（作用范围）、生存期（变量寿命）、变量值。

变量寿命最长的是全局变量和静态变量。函数内定义的非静态（自动）变量是局部变量，函数调用执行时存在，函数执行结束后变量自动释放。

7.4.1 全局变量、局部变量和静态变量特征

变量定义出现在函数之外的变量称为全局变量。
变量定义出现在花括号内的变量称为局部变量。
变量定义中出现 static 关键字的变量称为静态变量。
如程序结构：

```
int gVal;
void funcation(double  paramter)
{
int la,lb;
static double sdVal;
...
}
double gdVal;
...
```

变量 gVal、gdVal 是全局变量，变量 la、lb 定义在花括号内，属于局部变量，变量 sdVal 定义

中有关键字 static 标识符，因此属于静态变量。

全局变量和静态变量在程序开始运行时，占用的内存就固定了，且程序运行过程中一直存在。

局部变量定义所在的函数执行时存在，函数执行结束，变量所占用的内存自动释放。

函数的形式参数属于局部变量。如函数原型格式 void funcation(double paramter)中，形式参数 double paramter 属于 funcation 函数的内部变量。

定义全局变量或静态变量时，不为变量赋初值，变量初值为 0。

定义局部变量时，不为变量赋初值，变量初值为不确定值（随机值）。

【例 7.5】 认识全局变量、静态变量、局部变量及其初值。

程序源代码（SL7-5.c）：

```
#include <stdio.h>
int gVal;
void funcation(double parameter)
{
 int la,lb;
 static int called_count=0;
 static double sdVal;
 called_count++;
 printf("funcation No %d Called.\n",called_count);
 printf("Static variable sdVal value:%f\nLocal variable paramter"
   "value:%f\n",sdVal,parameter);
 printf("Local variable la value:%d,lb value:%d\n",la,lb);
}
double gdVal;
void main()
{
 funcation(0.1);
 funcation(0.2);
 printf("\nGlobal variable value:gVal=%d,gdVal=%f\n",gVal,gdVal);
}
```

程序运行，输出：

```
funcation No 1 Called.
Static variable sdVal value:0.000000
Local variable paramter value:0.100000
Local variable la value:-858993460,lb value:-858993460
funcation No 2 Called.
Static variable sdVal value:0.000000
Local variable paramter value:0.200000
Local variable la value:-858993460,lb value:-858993460
Global variable value:gVal=0,gdVal=0.000000
```

程序源代码（SL7-5.c）中，gVal、gdVal 属于全局变量，定义时未赋初值，初值为 0。变量 sdVal 属于静态变量也未赋初值，初值为 0。变量 paramter、la 和 lb 属于局部变量，paramter 的值是主调函数传来的实际值，变量 la 和 lb 未赋初值，其值不确定。

变量 called_count 属于静态变量，定义语句 static int called_count=0;，程序开始运行时执行，函数调用时不执行。从程序运行输出可见，静态变量 called_count 记录了 funcation()函数的调用次数。

从程序源代码（SL7-5.c）的结构看，全局变量 gVal 的作用域遍及 funcation()函数和 main()函数，即 funcation()函数和 main()函数内都可以引用全局变量 gVal。全局变量 gdVal 的作用域只有 main()函数。程序任何位置都可以引用全局变量，但全局变量增大了耦合度，降低了可靠性和安全性，故应尽量避免过多地使用全局变量。

7.4.2　变量生存期和作用域

变量生存期是指变量的存活时间。

变量作用域是指变量的作用范围，在作用范围内才能引用变量。

全局变量和静态变量的生存期与程序运行期一样长，即程序运行期内全局变量和静态变量占用的内存固定不变，程序运行结束，变量释放内存。

局部变量的生存期是指局部变量定义所在的程序块（函数）执行时变量存在，程序块执行结束后，局部变量所占用的内存自动释放，局部变量自动消失。

自变量定义之后，变量才能引用。因为定义变量的目的是为变量分配内存，变量占用内存存储的数值为变量值，所以定义了变量之后才能引用变量。

全局变量的作用域很大，程序任何地方都可以引用全局变量。但全局变量的耦合度大，这正是它的劣势。

全局变量的作用域可使用关键字 extern 扩展。关键字 extern 置于函数或变量原型格式之前，标识其他地方定义的函数或变量。

局部变量的作用域仅在定义的花括号内，离开定义的花括号，局部变量不可引用。

全局静态变量的作用域与全局变量一样，作用域很大；局部静态变量的作用域仅在定义的花括号内，离开定义的花括号，局部静态变量不可引用。静态变量占用的内存固定不变，内存值一直存在，但作用域受限。局部静态变量没有耦合性，因此安全可靠。

阅读例 7.6 的源代码，全面认识理解全局变量、局部变量、静态变量的生存期和作用域。

【例 7.6】　认识变量的生存期和作用域。

解题分析：

在程序源代码（SL7-6.c）中，double r[10]、double s[10]、l[10]全局数组的生存期与程序运行期一样长。r 数组最先定义，其作用域是整个程序。s、l 数组定义在程序尾部，作用域在程序尾部定义语句之后，前面要引用 s、l 数组元素，必须使用 extern 关键字扩展 s、l 数组的作用域。程序内任何地方（包括函数体）都可以引用全局变量。

main()函数内定义的变量 i、pTotal 是局部变量，其作用域仅在 main()函数内，其他地方不可能引用 i、pTotal，生存期与 main()函数一样长。CalculateSL()函数内定义的变量 PI、i 也是局部变量，作用域被限制在 CalculateSL()函数内，生存期与 CalculateSL()函数运行期一样长。

程序源代码（SL7-6.c）：

```
#include <stdio.h>
double r[10]={1.2,2.2,3.2,4.2,5.2,6.2,7.2,8.2,9.2,10.2};//已知半径
void main(void)
{
 extern double s[10],l[10];        //声明 s 和 l 是外部（其他地方）定义的数组
 double* CalculateSL();            //函数原型声明
 int i;                           //循环变量
 double *pTotal=NULL;             //pTotal 为指针（内存地址）变量
 //调用 CalculateSL()函数计算圆面积、圆周长，获得保存总面积内存的地址
 pTotal=CalculateSL();
 for(i=0;i<10;i++)
   printf("Radius=%-10.4fAreas=%-10.4fPerimeter=%-10.4f\n",r[i],s[i],l[i]);
 printf("Total area:%f\n",pTotal[0]);
}
double* CalculateSL()
{
 extern double s[10],l[10];        //声明 s 和 l 是外部（其他地方）定义的数组
 static double Stotal;             //静态变量，存储总面积
 double PI=3.1415926;
 int i;                           //循环变量
```

```
    for(i=0;i<10;i++)
    {
      s[i]=PI*r[i]*r[i];
      l[i]=2*PI*r[i];
      Stotal+=s[i];                    //面积累加
    }
    return &Stotal;                    //返回静态变量 Stotal 占用内存的地址
  }
  double s[10],l[10];                  //s 存储圆的面积，l 存储圆的周长
```

程序运行，输出：

```
Radius=1.2000    Areas=4.5239     Perimeter=7.5398
Radius=2.2000    Areas=15.2053    Perimeter=13.8230
Radius=3.2000    Areas=32.1699    Perimeter=20.1062
Radius=4.2000    Areas=55.4177    Perimeter=26.3894
Radius=5.2000    Areas=84.9487    Perimeter=32.6726
Radius=6.2000    Areas=120.7628   Perimeter=38.9557
Radius=7.2000    Areas=162.8602   Perimeter=45.2389
Radius=8.2000    Areas=211.2407   Perimeter=51.5221
Radius=9.2000    Areas=265.9044   Perimeter=57.8053
Radius=10.2000   Areas=326.8513   Perimeter=64.0885
Total area:1279.884825
```

程序源代码（SL7-6.c）中，数组 r、s、l 均在函数之外定义，属于全局变量。数组 r 首先定义，r 的作用域是整个程序，即 main() 函数、CalculateSL() 函数内外都能引用 r 数组元素。全局数组 s、l 定义在程序末尾，作用域非常小，一般前面不能引用后面定义的全局变量，除非在引用变量前用 extern 声明变量格式，扩展全局变量的作用域，如 extern double s[10],l[10]，声明 s、l 数组是其他地方定义的变量。

在 CalculateSL() 函数内，static double Stotal 只定义了静态变量，并没有赋初值，Stotal 初值为 0，静态变量 Stotal 用于累计圆面积，凡是调用 CalculateSL() 函数算出的圆面积，都累加到 Stotal。静态变量的生存期与程序运行期一样长，但是变量作用域限制在定义的函数内，即 Stotal 只能在 CalculateSL() 函数内引用，其他地方不能引用，函数外无法篡改函数内定义的静态变量的值（数据）。

7.5 递归函数

如函数定义中存在直接或间接函数自身的调用，则该类函数称为递归函数。

递归函数的定义结构如下：

```
返回数据类型  递归函数名(形式参数列表)
{
  if(递推条件表达式)
    递归函数名(实际参数列表);
  else
    return 值;
}
```

递归函数的优点是定义简单，逻辑清晰。设计递归函数时，只有递推条件成立，才能进行自身调用；递推条件不成立，则回归（返回）。递归过程必须设计为独立函数，即递归函数。

【例 7.7】 设计求 $n!(n<10)$ 的递归函数，并测试该函数。

解题分析：

整数 n 的阶乘展开，$n!=n×(n-1)×(n-2)×...×1$，当最后一项为 1 时停止递推，开始回归。编

程计算阶乘时要考虑阶乘值可能非常大，如 30!，为尽可能保证阶乘值的计算精度，应使用 double 型。

算法描述：

Step1：递归函数原型格式，double Recursion_fun(int n)。

Step2：如果 n==1||n==0 成立，返回 1.0。

Step3：返回，n*(Recursion_fun(n-1)，用 n-1 调用函数 Recursion_fun()。

n!递归算法，double Recursion_fun(int n)函数的 C 语言表达如下。

程序源代码（SL7-7.c）：

```c
#include <stdio.h>
double Recursion_fun(int n); //函数原型声明
void main()                  //测试函数
{
 double funval;
 int n;
 scanf("%d",&n);
 funval=Recursion_fun(n);
 printf("%d!=%.0f\n",n,funval);
}
double Recursion_fun(int n) //递归函数
{
 if(n>1)                    //递推条件
   return n*Recursion_fun(n-1);
 else
   return 1.0;
}
```

程序运行，输入：

```
6
```

输出：

```
n!=720
```

虽然递归函数定义简单，逻辑清晰，但是其执行过程耗费内存资源较大。

函数调用是通过栈（stack）这种数据结构实现的，每调用一次函数就产生一个栈点，追加到栈，函数返回栈点才释放。由于栈的大小是有限的，调用函数的次数过多会导致栈溢出，函数执行崩溃。

递归函数的递推过程必须是有条件的函数自身调用过程，否则递归函数是发散函数，必然会发生栈溢出。

【例 7.8】 设计一个递归函数，正序拆出正整数各位的数字生成一个字符串。如 92345 拆为"9,2,3,4,5"。

解题分析：

不用递归法解此题，可调用函数 sprintf()产生字符串"92345"，然后逐字符后移插入逗号。采用递归函数正序拆出数字生成一个字符串，需要静态变量协助。

算法描述：

Step1：定义递归函数原型格式 void OutDigitPos(int n,char result[])；n 为整数，result 保存拆出数字字符的数组。

Step2：定义静态变量 static int pos=0，pos 保存拆出数字的位置。

Step3：如果 n>0 成立，用 n/10 调用函数 OutDigitPos()。

Step4：如果 pos!=0 成立，在 result 字符数组 pos 位置插入','，pos++。

Step5：在 result 字符数组 pos 位置插入'0'+n%10 字符，result[pos]='0'+n%10，pos++。

Step6：返回。

实现算法的递归函数 OutDigitPos() 的 C 语言表达如下。

程序源代码（SL7-8.c）：

```
#include <stdio.h>
void OutDigitPos(int n,char result[])
{
 static int pos=0;
 if(n>0)          //可设断点观察递推过程
 {
  OutDigitPos(n/10,result);
  if(pos!=0)
    result[pos++]=',';
  result[pos++]='0'+n%10;
 }
}
void main()
{
 int n;
 char digits[20]={0};
 scanf("%d",&n);
 OutDigitPos(n,digits);
 printf("%s\n",digits);
}
```

程序运行，输入：

```
92345
```

输出：

```
9,2,3,4,5
```

7.6　本章小结

C 语言是面向过程的程序设计语言，"过程"即程序中的函数，函数是实施算法处理数据的过程，数据和处理数据的函数彼此分离。

数据具有数据类型、内存、值（内存数据）3 个属性。函数也具有 3 个属性，函数返回数据类型、函数名、形式参数。函数原型格式是函数功能设计的基础，形式参数是函数功能设计的已知数据，基于已知数据设计函数的功能算法；函数名标识函数程序块占用内存的开始地址；返回数据类型标识函数输出值的数据类型。

函数不允许嵌套定义，可以嵌套调用，递归函数是典型的函数嵌套调用。

习题 7

一、选择题

1. 下列关于 C 函数定义的叙述，正确的是（　　　）。

   A. 函数可以嵌套定义，但不可以嵌套调用

   B. 函数不可以嵌套定义，但可以嵌套调用

   C. 函数不可以嵌套定义，也不可以嵌套调用

   D. 函数可以嵌套定义，也可以嵌套调用

2. 下列函数调用语句含有实参的个数为（　　　）。

```
fun((exp1,exp2),(exp3,exp4,exp5));
```

   A. 1　　　　　　　　B. 2　　　　　　　　C. 4　　　　　　　　D. 5

3. C 语言中函数返回值的类型是由以下（　　　）决定的。

    A. 函数定义时指定的类型　　　　　　　　B. return 语句中的表达式类型

    C. 调用该函数时实参的数据类型　　　　　D. 形参的数据类型

4. 以下关于函数的叙述，错误的是（　　　）。

    A. 函数未被调用时，系统将不为形参分配内存单元

    B. 实参与形参的个数必须相等，且实参与形参的类型必须对应一致

    C. 当形参是变量时，实参可以是常量、变量或表达式

    D. 如函数调用时，实参与形参都为变量，则这两个变量不可能共享同一内存空间

5. 若函数调用时参数为基本数据类型的变量，以下叙述正确的是（　　　）。

    A. 实参与其对应的形参共享内存存储单元

    B. 只有当实参与其对应的形参同名时，才共享内存存储单元

    C. 实参与对应的形参分别占用不同的内存存储单元

    D. 实参将数据传递给形参后，立即释放原先占用的内存存储单元

6. 函数调用时，实参和形参都是简单变量，对于它们之间数据传递的过程，描述正确的是
（　　　）。

    A. 实参将地址传递给形参，并释放原先占用的存储单元

    B. 实参将地址传递给形参，调用结束时形参再将此地址回传给实参

    C. 实参将值传递给形参，调用结束时形参再将其值回传给实参

    D. 实参将值传递给形参，调用结束时形参并不将其值回传给实参

7. 若用数组名作为函数调用的实参，则传递给形参的是（　　　）。

    A. 数组第一个元素的地址　　　　　　　　B. 数组的第一个元素的值

    C. 数组中所有元素的值　　　　　　　　　D. 数组元素的个数

8. C 语言规定了程序中各函数之间的调用关系，以下说法正确的是（　　　）。

    A. 既允许直接递归调用，也允许间接递归调用

    B. 不允许直接递归调用，也不允许间接递归调用

    C. 允许直接递归调用，不允许间接递归调用

    D. 不允许直接递归调用，允许间接递归调用

9. 递归函数 if(n>1) f(n)=f(n−1)+n;else return n;的递归体是（　　　）。

    A. f(1)=0　　　　　　B. f(0)=1　　　　　　C. f(n)=f(n−1)+n　　　D. f(n)=n

10. 若函数的形参为一维数组，则下列说法正确的是（　　　）。

    A. 使用函数时对应的实参必为数组名

    B. 形参数组可以不指定大小

    C. 形参数组的元素个数必须等于实参数组的元素个数

    D. 形参数组的元素个数必须多于实参数组的元素个数

11. 在函数调用过程中，如果函数 funA 调用了函数 funB，函数 funB 又调用了函数 funA，则
（　　　）。

    A. 为函数的直接递归调用　　　　　　　　B. 为函数的间接递归调用

    C. 为函数的循环调用　　　　　　　　　　D. C 语言中不允许这样递归调用

12. 若有以下函数定义：

```
void fun(int n,double x) {…}
```

下列选项中的变量都已正确定义并赋值，则对函数 fun 的正确调用语句是（　　　）。

    A. fun(int y,double m);　　　　　　　　B. k=fun(10,12.5);

C.　fun(x,n);　　　　　　　　　　　　D.　void fun(n,x);

13.　若有以下数组定义和 f 函数调用语句，则在 f 函数的说明中，对形参数组 array 的正确定义方式为（　　　）。

```
int a[3][4];
f(a);
```

　　A.　f(int array[][6])　　　　　　　B.　f(int array[3][])
　　C.　f(int array[][4])　　　　　　　D.　f(int array[2][5])

14.　若程序中定义以下函数：

```
float fadd(float a, float b)
{ return a+b;}
```

并将其放在调用语句之后，则在调用之前应对该函数进行说明，以下说明错误的是（　　　）。

　　A.　float fadd (float a, b);　　　　　　B.　float fadd (float b, float a);
　　C.　float fadd (float, float);　　　　　D.　float fadd (float a, float b);

15.　下列程序的输出结果是（　　　）。（假设程序运行时输入 5，3 并按回车键）

```
int a,b;
void swap( )
{
 int t;
 t=a,a=b,b=t;
}
void main()
{
 int a,b;
 scanf("%d,%d",&a, &b);
 swap( );
 printf("a=%d,b=%d\n",a,b);
}
```

　　A.　a=5,b=3　　　　B.　a=3,b=5　　　　C.　5,3　　　　D.　3,5

16.　下列程序的输出结果是（　　　）。

```
int fun (int x, int y)
{
if(x>y)
  return x;
else
 return y;
}
void main( )
{
int x=3,y=8,z=6,r;
r=fun(fun(x,y),2*z);
printf("%d\n",r);
}
```

　　A.　3　　　　　　B.　6　　　　　　C.　8　　　　　　D.　12

17.　下列程序的输出结果是（　　　）。

```
#include "stdio.h"
void fun(int a,int b,int c)
{ c=a*b;}
int main( )
{
int c;
fun(2,3,c); .
printf("%d\n", c);
return 0;
}
```

　　A.　0　　　　　　　B.　1　　　　　　　C.　6　　　　　　D.　无法确定

18. 下列程序的输出结果是（　　　）。

```c
#include <stdio.h>
float fun(int x, int y)
{ return (x+y); }
void main()
{
 int a=2,b=5,c=8;
 printf("%3.0f\n", fun((int)fun(a+c, b), a));
}
```

  A. 17   B. 9   C. 21   D. 9.0

19. 以下描述正确的是（　　　）。

  A. 调用函数时的实参只能是有确定值的变量

  B. return ( )语句的括号中，可以是变量、常量或有确定值的表达式

  C. C 语言中，函数调用时实参和形参间的参数传递方式不都是值传递

  D. 若实参与形参类型不匹配，编译时将报错

20. C 程序的基本单位是（　　　）。

  A. 函数   B. 过程   C. 子程序   D. C 程序文件

二、判断题

1. 在函数内部复合语句中定义的变量，只在该复合语句范围内有效。（　　　）

2. 在函数的定义和调用过程中，形式参数和实际参数数目可以不一致。（　　　）

3. 全局变量的初值是在编译时指定的。（　　　）

4. 局部变量如果没有指定初值，则其初值不确定。（　　　）

5. 静态变量如果没有指定初值，则其初值为 0。（　　　）

6. 不同函数中可以使用相同名字的变量。（　　　）

7. 形式参数是局部变量。（　　　）

8. 在一个函数的复合语句中定义一个变量，则可在函数体内引用该变量。（　　　）

9. 函数的定义可以嵌套，但函数调用不可以嵌套。（　　　）

10. 实参与其对应的形参各占用独立的存储单元。（　　　）

11. C 语言函数返回类型的默认定义类型是整型。（　　　）

12. 若将数组名作为函数调用的实参，则传递给形参的是数组首元素的地址。（　　　）

13. 全局变量使得函数之间的"耦合性"更加紧密，不符合模块化的要求。（　　　）

14. C 语言中的函数名称不能用大写字母。（　　　）

15. 主函数是系统提供的标准函数。（　　　）

16. printf()函数总是从新行的起始位置开始输出。（　　　）

17. 调用 strlen("abcd\0ef\0g")的返回值为 4。（　　　）

18. 可以通过"%s"格式符将字符数组按字符串形式进行输入、输出。（　　　）

19. 若已定义 char c[6]="china";，则可以用 printf("%s",c);输出 china。（　　　）

20. C 语言中，一个文件中的函数可以引用存储在另一个文件中的函数和变量。（　　　）

三、编程题

1. 实现函数 Squeeze(char s[],char c)，其功能为删除字符串 s 中出现的与变量 c 相同的字符。

2. 编写两个函数，分别求两个整数（由键盘输入）的最大公约数和最小公倍数，用主函数调用这两个函数，并输出结果。

3. 编写一个判断素数的函数（2 是素数），在主函数中输入一个整数，输出是否为素数的信息。

4. 编写一个函数，使输入的字符串反序存储，在主函数中输入和输出字符串。

5. 编写一个函数，连接两个字符串。

6. 编写一个函数，输入一个 4 位数，要求输出其对应的 4 个数字字符，且输出时，每两个字符间空一个空格。如对于 2016，应输出 2 0 1 6，要求从主函数中输入这 4 个数字。

7. 编写一个函数，用"选择排序法"对输入的 10 个字符串从小到大进行排序。要求从主函数中输入字符并输出排序结果。

8. 编写一个函数，由实参传来一个字符串，统计此字符串中字母、数字、空格和其他字符的个数，在主函数中输入字符串并输出上述结果。统计函数形式为 int Count_LetterEq (char str[], int counts[])，str 为字符串，counts 为 int 型数组，counts[0]计字母数，counts[1]计数字数，counts[2]计空格数。

9. 编写一个函数，输入一行字符，将此字符串中最长的单词输出（单词以空格分隔）。

10. 用递归法将一个整数 n 转换为字符串。

例如，输入 789，应输出字符串"789"。n 的位数不确定，可以是任意位数的整数。

11. 编写一个函数，使给定的一个 3×3 的二维整型矩阵转置，即行列互换。

12. 某一字符串包含 n 个字符。编写一个函数，将此字符串从第 m 个字符开始的全部字符复制成另一个字符串。要求在主函数中输入字符串及 m 并输出复制结果。

13. 编写一个函数，利用参数传入一个十进制数，返回相应的二进制数字符串。

14. 用递归法求 n 阶勒让德多项式的值，递归公式为：

$$p_n = \begin{cases} 1 & n = 0 \\ x & n = 1 \\ ((2n-1)x - p_{n-1}(x) - (n-1)p_{n-2}(x))/n & n \geqslant 2 \end{cases}$$

15. 一个数如果恰好等于它的因子之和，这个数就称为"完数"。例如，6 的因子为 1、2、3，而 6=1+2+3，因此 6 是一个完数。试编程找出 1000 以内的所有完数（要求通过数组和函数调用实现）。

第 8 章
指针

关键词

- 内存地址、指针、数组名地址常量、函数名地址常量
- 指针数据类型、指针偏移、指针引用内存数据、数据存储单元
- 指针数组、数组指针（行指针）、指针函数、函数指针

难点

- 指针作为函数形式参数的作用
- 数据存储单元、指针计算、指针引用内存数据

内存是存储数据和程序的存储器，内存中的每一个字节都有唯一的内存地址（内存编号），只有通过内存地址，才能进行内存数据读/写。

内存地址是以字节为存储单元的内存编号，即使知道内存地址，也只能读/写一个字节，然而 1 个 short、int、long、float、double 型数据占用内存长度大于 1 个字节，利用内存地址就不能准确引用内存的 short、int、long、float、double 型数据。如何利用内存地址准确引用内存数据，正是指针解决的问题。

指针的本质是内存地址，但不是以字节为存储单元编制的内存地址，而是以数据类型为存储单元编制的内存地址，指针又叫作类型化地址（数据类型化的内存地址）。

8.1　内存地址与指针

内存地址与指针如图 8.1 所示，这段内存 24 个字节，即 24 个字节存储单元，假设计算机系统对这段内存编制的内存地址是 0x0000～0x0017。

如果这段内存用于存储 int 型数据，以 1 个 int 型数据占用内存长度 4 个字节为存储单元，这段内存可以存储 24/sizeof(int)= 24/4=6 个，保存 4 个 int 型数据的内存地址依序为 0x0000、0x0000+1、0x0000+2、0x0000+3、0x0000+4、0x0000+5。这种地址称为 int 型地址，即 int 型指针。

如果这段内存用于存储 double 型数据，以 1 个 double 型数占用内存长度 8 个字节为存储单元，可以存储 24/sizeof(double)= 24/8=3 个，保存 3 个 double 型数据的内存地址依序为 0x0000、0x0000+1、0x0000+2。这种地址称为 double 型地址，即 double 型指针。

内存地址与指针的区别在哪里？内存地址表明内存存在，内存存储的是 1 字节数；指针表明内存存在，内存存储的是类型数。指针是数据类型化地址，指针即地址。

指针分为数据指针和函数指针。存储数据内存的起始地址称为数据指针。存储函数内存的起始地址称为函数指针。

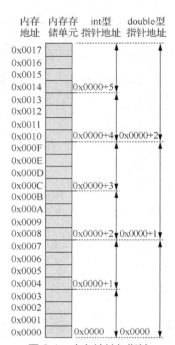

图 8.1　内存地址与指针

回顾前面，定义变量的目的是为变量申请一段内存，如 int n; 申请存储一个整型数的内存，其内存地址为 &n，称为 int 型指针；定义数组 double ds[10];，申请存储 10 个 double 型数据的内存，其内存起始地址是 ds，称为 double 型指针。再如，函数原型格式 void OutDigitPos(int n,char result[])，函数名为 OutDigitPos，称为函数指针。

8.2　指针变量

C 语言的基本数据类型包括整型、实型、*（指针型）和空类型（void）。*（指针型）是一种数据类型，为泛型，与具体的数据类型标识符结合为具体的指针类型。

8.2.1　定义指针变量与赋初值

定义指针型变量的一般格式如下：

数据类型* 指针变量名;

例如：

```
int * pi ;          //定义整型指针变量 pi
double * pd ;       //定义双精度实型指针变量 pd
char * pc ;         //定义字符型指针变量 pc
void * pvoid;       //定义无数据类型指针变量 pvoid
float * pf=NULL ;   //定义单精度实型指针变量 pf，并将 pf 赋初值为空（NULL，C 语言预定义的符号常量）
```

指针型变量的命名也必须遵守 C 语言标识符的命名规则。

如何理解指针型变量定义？如定义语句：

```
int * pi ;
```

int *：从 *（指针型）泛型导出的指针型标识符，int* 是一种数据类型。

pi：int* 型指针变量名，pi 称为指针。pi 是变量，占有内存，其内存只能存储 int* 型地址。

int* pi 定义格式表达的语义，变量 pi 用于存储一个整型数的内存地址，即变量 pi 的值是一个整型数的内存地址。pi 指针用于指向一个整型数，int* 是变量 pi 的数据类型，int 是 pi 指向目标数据的数据类型，pi 指向的目标数据表达为 *p。

再理解定义语句：

```
double * pd;
```

double* 为指针型标识符，指针变量 pd 的数据类型是 double*，pd 指向目标数据的数据类型 double，目标数据是 *pd。

指针型变量不能随意赋值，其值代表指针 3 种状态，悬空、置空和确定指向。如下代码段：

```
double*  pd;
double  da=10;
pd=&da;
```

定义指针变量 pd 时，没有为指针变量 pd 赋值，指针 pd 为悬空（pd 值无法确定）；pd=&da 执行后，指针 pd 有了确定的指向，指向变量 da。

double* 型指针变量 pd 的指向如图 8.2 所示。pd 和 da 为变量，各占有自己的内存，pd 内存地址为 &pd，da 内存地址为 &da。通过 pd=&da 操作，变量 da 的内存地址保存到变量 pd 的内存中，pd 指针指向变量 da。

为什么指针变量内存长度为 4 个字节？指针是数据类型化的内存地址，指针即地址。内存地址按基本存储单元长度（1 字节）编制，是无符号长整型数（unsigned long），因此所有指针变量内存长度为 4 个字节。

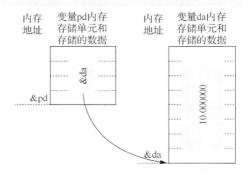

图 8.2　double* 型指针变量 pd 的指向

【例 8.1】 将数 11.5000、22.5500、33.5550、44.5555 保存到连续内存中，再使用数据指针输出这些数据和数据的内存地址。

解题分析：

将提供的数据存入 double 型数组，就能保证这些数据占用连续内存；数组名是这些数据占用内存的起始地址，每个数据占用内存长度是固定的，可以算出每个数据占用内存的地址，通过内存地址引用内存数据。

算法描述：

Step1：定义 double 数组 datas 并置入已知数据。

Step2：定义 double 指针 pds 和 int 变量 i=0。将 pds 指向 datas，i 为数组 datas 元素的下标。

Step3：将 pds 指向 datas，pds=datas。

Step4：如果 i<sizeof(datas)/sizeof(double) 不成立，转 Step7。

Step5：输出数据序号、数据地址、数据值。

Step6：算出下一个数据地址，i++，转 Step4。

Step7：程序结束。

程序源代码（SL8-1.c）：

```
#include <stdio.h>
void main()
{
 double datas[]={11.5000,22.5500,33.5550,44.5555};
```

```
double *pds;        //定义 double 型指针
int i=0;
pds=datas;          //pds 指向 datas 数组 0 号元素
for(i=0;i<sizeof(datas)/sizeof(double);i++)
{
 printf("No:%d\tAddress:%p\tMemory value %f\n",i,pds,*pds);
 pds=datas+i+1;     //下一个数据地址
 }
}
```

程序运行，输出：

```
No:0    Address:00EFF8D8       Memory value 11.500000
No:1    Address:00EFF8E0       Memory value 22.550000
No:2    Address:00EFF8E8       Memory value 33.555000
No:3    Address:00EFF8F0       Memory value 44.555500
```

（1）赋值语句 pds=datas，datas 为数组名，是 datas 数组占用内存的起始地址，将 datas 这个地址赋给 pds，pds 值是 datas 数组 0 号元素的地址。

（2）输出语句 printf("No:%d\tAddress:%p\tMemory value %f\n",i,pds,*pds);，pds 为指针变量值（内存地址值），*pds 通过内存地址读取内存数据表达格式，即指针引用内存数据表达格式。

（3）语句 pds=datas+i+1 计算下一个数据的内存地址。

众所周知，对于内存存储数据，如果仅知道内存地址，不指定内存数据的类型，就不能准确引用内存数据，以例 8.2 验证。

【例 8.2】 已知内存中存储的数据为 65、66、67、68、69、0，分别以 char 型、int 型和 double 型引用这些内存数据。

解题分析：

从提供的数据可以看出，这些数据是字符'A'、'B'、'C'、'D'、'E'的 ASCII 值，将这些数据存入字符数组，它们占用连续内存，如 char datas[16]={65,66,67,68,69,0}；datas 数组长度为什么设为16？datas 这段内存数据要分别通过 char*、int*、double*指针引用，double 型数据的内存长度为 8，datas 数组内存长度一定要为 8 的倍数。

（1）假设将 char* pCpt 指针指向 datas 内存，引用每个数据，可以输出 16 个字符数。

（2）假设将 int* pIpt 指针指向 datas 内存，引用每个数据，可以输出 4 个整型数。

（3）假设将 double *pDpt 指针指向 datas 内存，引用每个数据，可以输出 2 个双精度实数。

算法描述：

Step1：定义 char datas[16]={65,66,67,68,69,0}数组、循环变量 i、char *pCpt 指针、int *pIpt 指针、double *pDpt 指针。

Step2：将指针 pCpt 指向 datas 数组，pCpt=datas。

Step3：用 pCpt 指针引用 datas 内存的 16 个字符数据并输出数值。

Step4：将 pIpt 指针指向 datas 内存，并强制 datas 字符地址转换为整型地址，pIpt=(int*)datas。

Step5：用 pIpt 指针引用 datas 内存的 4 个整型数并输出数值。

Step6：将 pDpt 指针指向 datas 内存，并强制 datas 字符地址转换为 double*型地址，pDpt=(double*)datas。

Step7：用 pDpt 指针引用 datas 内存的 2 个 double 型数并输出数值。

Step8：程序结束。

程序源代码（SL8-2.c）：

```
#include <stdio.h>
void main()
{
 char  datas[16]={65,66,67,68,69,0};
```

```
    int i;
    char *pCpt=NULL;        //定义 char 型指针 pCpt
    int *pIpt=NULL;         //定义 int 型指针 pIpt
    double *pDpt=NULL;      //定义 double 型指针 pDpt
    //datas 内存数据以 char 型数据输出
    printf("Output as char data:\n");
    pCpt=datas;
    for(;*pCpt!=0;pCpt++)
     printf("%3d",*pCpt);
    //datas 内存数据以 int 型数据输出
    printf("\nOutput as int data:\n");
    pIpt=(int*)datas;
    for(;*pIpt!=0;pIpt++)
     printf("%8d",*pIpt);
    //datas 内存数据以 double 型数据输出
    printf("\nOutput as double data:\n");
    pDpt=(double*)datas;
    for(i=0;i<16/sizeof(double);i++,pDpt++)
     printf("%8.2f",*pDpt);
    printf("\n");
}
```

程序运行，输出：

```
Output as char data:
 65 66 67 68 69
Output as int data:
1145258561      69
Output as double data:
    0.00    0.00
```

源代码和输出验证了指针是数据类型化地址。明知 datas 内存中存储的是 char 型数据，通过指针类型强制转换将字符型地址 datas 强制转换为 int* 指针，引用 datas 内存数据，输出错误值，表明 datas 内存中存储的不是 int 型数据；将字符型地址 datas 强制转换为 double* 指针，引用 datas 内存数据，输出也是错误值，表明 datas 内存存储的不是 double 型数据。已知内存地址和内存数据类型，才能准确引用内存数据。

8.2.2　指针偏移

内存的每个字节都有唯一地址，指针是以数据类型为存储单元编制的内存地址，是类型化地址。在 C 语言中指针是一种数据类型，值类型为 unsigned long（无符号长整型数）。

指针值是无符号整型数，指针可以进行算术运算，但要在确定范围内进行，否则充满风险。使用指针的目的是通过指针引用内存数据，指针间发生算术运算（加、减、乘、除），产生新的内存地址可能是不确定的。

对确定的指针可以进行加或减整型数的操作，这种操作称为指针偏移，其结果确定内存地址。例如，定义语句：

```
int a[5]={1,2,3,4,5} ,*p=a;
```

p 获得了 a 数组 0 元素地址，则：

p+1 指 p 当前位置向后（向右）偏移一个数据；

p−1 指 p 当前位置向前（向左）偏移一个数据，显然这里出现了越界，超越了 a 数组下界；

+1、−1 叫作偏移量（数据存储单元数）。

p+5 指针超越了 a 数组的上界。

指针偏移量的度量单位是数据存储单元，内存地址偏移量的度量单位是字节数。内存地址偏移量与指针偏移量的换算关系如下：

内存地址偏移量 = 指针偏移量 × 类型数据占用内存长度

如上述定义语句，a 是 int 型数组，int 型指针偏移的度量单位为 int 型数据个数，一个 int 型数占用内存 4 字节。假设数组 a 的起始地址为 0x0000 1110，a 数组元素的内存地址与指针的换算关系如图 8.3 所示，表达格式 p+1、p+2、p+3、p+4 为基本指针加偏移量，1、2、3、4 是指针偏移量。

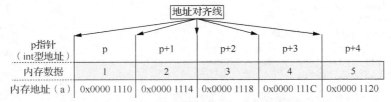

图 8.3　a 数组元素的内存地址与指针的换算关系

浏览 int a[5]={1,2,3,4,5}数组 a 中每个元素地址、指针及元素值的程序如例 8.3。

【例 8.3】输出 int a[5]={1,2,3,4,5}各元素的内存地址、指针及元素值、内存值。

解题分析：

a 是数组名，其数组 5 个元素的地址分别为 a+0、a+1、a+2、a+3、a+4。引用 a 数组元素值的表达式为 a[0]、a[1]、a[1]、a[1]，或利用指针引用内存数据的表达为*(a+0)、*(a+1)、*(a+2)、*(a+3)、*(a+4)。

设有整型指针 p，p=a 将 a 地址值赋给 p，p+0、p+1、p+2、p+3、p+4 分别是 a 数组 0 号、1 号、2 号、3 号、4 号元素指针。编程输出地址和指针，p+0 与 a+1、p+1 与 a+1、p+2 与 a+2、p+3 与 a+3、p+4 与 a+4 值相同，因为指针即地址，同一元素两种地址算法算出的应该是同一地址。指针 p 指向 a 数组 0 号元素时，a 数组可以叫作 p 数组，此时标识符 a 和 p 标识符的作用相同。

算法描述：（略）。

程序源代码（SL8-3.c）：

```c
#include <stdio.h>
int main()
{
 int a[5]={1,2,3,4,5},*p;
 int i;
 printf("Address of each element of a array:\n");
 for(i=0;i<5;i++)
  printf("a[%d]:%p\t",i,a+i);
 printf("\nPointer to each element of a array:\n");
 p=a;
 for(i=0;i<5;i++)
  printf("ptr%d:%p\t",i,p++);
 printf("\nElement memory address and memory data of a array:\n");
 //输出 a 数组各元素的内存地址和内存数据
 for(i=0;i<5;i++)
  printf("%p -- %d\t",a+i,*(a+i));
 printf("\nPointer and pointing data:\n");
 p=a;
 for(i=0;i<5;i++)
  printf("%p -- %d\t",p-1,*p++);        //此处实参值得观察
 return -1;
}
```

程序运行，输出：

```
Address of each element of a array:
a[0]:012FFADC  a[1]:012FFAE0  a[2]:012FFAE4  a[3]:012FFAE8  a[4]:012FFAEC
```

```
Pointer to each element of a array:
ptr0:012FFADC ptr1:012FFAE0 ptr2:012FFAE4 ptr3:012FFAE8 ptr4:012FFAEC
Element memory address and memory data of a array:
012FFADC - 1 012FFAE0 - 2 012FFAE4 - 3 012FFAE8 - 4 012FFAEC -- 5
Pointer and pointing data:
012FFADC - 1 012FFAE0 - 2 012FFAE4 - 3 012FFAE8 - 4 012FFAEC -- 5
```

程序源代码（SL8-3.c）中值得注意的几个表达式和语句如下。a+i 为 i 号元素地址；*(a+i)通过 i 号元素地址引用内存数据；p++为指针自加 1，自动变为下一个数据指针（数据地址）；*p++为引用 p 指针数据后指针 p 自动变为下一个数据指针。语句 printf("%p -- %d\t",p-1,*p++)：调用函数实参向被调函数形参传递值是从右向左传递，*p++先传，p-1 后传，该语句可改写为 printf("%p -- %d\t",p++,*p)。

8.2.3　void 指针

void 指针是指无类型指针，纯粹的地址。如 void *p，p 是无类型指针变量，p 内存只能存放内存地址，p 指向的内存数据没有数据类型，p 指针不能进行指针偏移，是纯粹的内存地址。下面用例 8.4 验证 void 指针的性质。

【例 8.4】 认识 void 指针性质。

解题分析：

void 指针是纯粹的内存地址，由于没有确定的数据类型不能进行指针偏移，因此任何指针都可以给 void 指针赋值。

算法描述：（略）。

程序源代码（SL8-4.c）：

```
#include <stdio.h>
void main( )
{
    int a[2]={65,66};
    double dv;
    char as[10];
    void *p=a;   //无类型指针
    p=&dv;       //（-1-）
    p=as;        //（-2-）
    p++;         //无类型指针不能进行指针偏移
}
```

源代码中，p++似乎想做指针变量自加 1，由于 p 是无类型指针（void*），没有数据类型不能进行指针偏移，也不能通过无类型指针引用内存数据，无类型指针是纯粹的内存地址。注释为（-1-）和（-2-）的两句能无障碍编译。指针即地址，&dv 为 double 型地址，as 为 char 型地址，这两句基于地址赋值，编译无障碍。

8.3　指针引用内存数据

内存数据可以用指针引用。在例 8.1～例 8.3 中已使用过。

指针引用内存数据的一般格式如下：

*　指针变量名

假设代码结构为：

```
1    double *pD,dv=123.4;
2    pD=&dv;
3    *pD=45.67;
4    …
```

第 1 行，定义 double *pD，表明 pD 是 double*指针变量，pD 内存存放 double 型数据地址，pD 指向内存数据为 double 型的数据。

第 2 行，pD=&dv，变量 dv 的内存地址存放到 pD 内存中，这时 pD 指针指向 dv 内存。

第 3 行，*pD=45.67，pD 指针引用内存数据，将 45.67 存入 pD 指向的内存。

*pD 这样的表达格式称为指针引用内存数据。就代码结构而言，语句*pD=45.67 之前的语句都是在为执行这一句做铺垫，是*pD=45.67 得以执行的必要条件，pD 值必须是 double 型数据内存地址。

数组下标引用元素其实是指针引用数据，见例 8.5。

【例 8.5】对数组 double ds[5]={1,2,3,4,5}逐字节与 0x1d 异或两次，并输出异或前后的元素值。

解题分析：

字节数据与同一个字符型数据异或，第一次异或为加密，再异或为解密。数组 double ds[5]，ds 内存长度为 5×8=40 个字节，ds 内存虽然存储的是 5 个 double 型数据，但其内存可以逐字节引用，将 ds 强制转换为 char*指针 pc，用字符指针引用 ds 内存的每个字节，再与 0x1d 异或，然后输出这 5 个实数。pc 再次指向 ds 内存，又一次逐字节与 0x1d 进行异或，输出这 5 个实数。

算法描述：

Step1：定义 double ds[5]={1,2,3,4,5}，char *pc=NULL，double *pd=NULL，并令 pd=ds。

Step2：用 pd 指针输出内存的每个数据。

Step3：强制转换指针类型，pc=(char*)ds。

Step4：pc 指向字节数据并与 0x1d 异或，*pc^=0x1d。pc 向后推 1 个字节。

Step5：如果 pc<(char*)(ds+5)成立，转 Step4。

Step6：pd 指向 ds，用 pd 指针输出内存的每个数据；再令 pc=(char*)ds。

Step7：pc 指向字节数据并与 0x1d 异或，*pc^=0x1d。pc 向后推 1 个字节。

Step8：如果 pc<(char*)(ds+5)成立，转 Step7。

Step9：pd 指向 ds，用 pd 指针输出内存的每个数据。

Step10：程序结束。

程序源代码（SL8-5.c）：

```c
#include <stdio.h>
void main()
{
double ds[5]={1,2,3,4,5};
char *pc=NULL;
double *pd=NULL;
 const char cXor=0x1d;
pd=ds;
printf("原实型数: ");
for(pd=ds;pd<ds+5;pd++)
 printf("%f\t",*pd);
printf("\n");
for(pc=(char*)ds;pc<(char*)(ds+5);pc++)
 *pc^=cXor;//加密
printf("加密后实型数: ");
for(pd=ds;pd<ds+5;pd++)
 printf("%f\t",*pd);
printf("\n");
for(pc=(char*)ds;pc<(char*)(ds+5);pc++)
 *pc^=cXor;//解密
printf("还原后实型数: ");
for(pd=ds;pd<ds+5;pd++)
```

```
  printf("%f\t",*pd);
 printf("\n");
 }
```

程序运行，输出：

原实型数：1.000000　　2.000000　　3.000000　　4.000000　　5.000000

加密后实型数：

0.000000　3467015470249838100000000000000000000000000000000000000000000
0000000000000000000000000000000000000000000000000000000000000000.000000

…

还原后实型数：1.000000　2.000000　3.000000　4.000000　5.000000

程序源代码（SL8-5.c）中 const char cXor=0x1d;定义的变量 cXor 被 const 限定为"常量"，cXor 的值只能使用不能修改，编译器要审查 cXor 的安全性。数组 ds 中的 5 个实型数占用 40 个字节的内存，每 8 个字节为一个实型数。不按实型数阶码计数规则而单独引用 ds 内存中的每个字节，实型数将被破坏。利用异或运算的特性，对 ds 内存数据按字节进行加密破坏，再根据相同的异或规则还原字节数据，从而使 ds 内存数据得以还原。

阅读以下代码，理解指针变量名替代数组名。

程序源代码（SL8-5-1.c）：

```
#include <stdio.h>
void main()
{
 double dds[]={100.5,200.5,-300.5};
 double *pQdds;
 int No;
 for(No=0,pQdds=dds;No<sizeof(dds)/sizeof(double);No++)
  printf("%8.1f",pQdds[No]);
}
```

程序运行，输出：

```
   100.5   200.5  -300.5
```

程序输出数组元素值正确。循环初始表达式 pQdds=dds 将数组名 dds（内存地址）赋给 pQdds，pQdds 与 dds 值相同，Qdds[No]与 dds[No]引用的是同一个元素，pQdds[No]与 dds[No]为等价表达式。pQdds[No]可表达为*(pQdds+No)，dds[No]可表达为*(dds+No)，pQdds 与 dds 值相同，pQdds+No 与 dds+No 算出的是同一元素的地址。

8.4　指针数组和数组指针

指针数组和数组指针两个概念容易混淆。指针和数组两个名词构成复合名词，强调后一个名词。指针数组强调数组，数组元素值是指针；数组指针强调指针，即指向数组的指针。

8.4.1　指针数组

指针数组是有限个相同类型指针的有序集合。

定义指针数组的一般格式如下：

数据类型* 指针数组名 [指针个数] ；

例如：

```
char* pStrs[10];   //定义能存储10个字符型指针的数组
int* pInts[10];    //定义能存储10个整型指针的数组
double* pDs[10];   //定义能存储10个双精度实型指针的数组
```

以上 3 个数组的元素值都是指针，即无符号长整型数。

pStrs 数组占用内存长度为 40 个字节，10*sizeof(char*)，每 4 个字节为一个指针。

pInts 数组占用内存长度为 40 个字节，10*sizeof(int*)，每 4 个字节为一个指针。

pDs 数组占用内存长度为 40 个字节，10*sizeof(double*)，每 4 个字节为一个指针。

通过例 8.6 的程序源代码（SL8-6.c）剖析指针数组的定义、元素赋值和元素引用。

【例 8.6】已知数组 double dvs1[]={1,2,3,4}、double dvs2[5]={5}、double dvs3[3]={10,11,12}，构建指针数组引用 dvs1、dvs2、dvs3 数组中的每个元素。

解题分析：

已知数组 double dvs1[]={1,2,3,4}、double dvs2[5]={5}、double dvs3[3]={10,11,12}，它们的数据类型相同，数组长度不同，空间上 dvs1、dvs2、dvs3 没有必然联系。由于它们的数据类型相同，数组名是地址常量性质，用 double *pdPtrs[3]指针数组，通过 pdPtrs[0]=dvs1、pdPtrs[1]=dvs2、pdPtrs[2]=dvs3 进行构建，将离散的 dvs1、dvs2、dvs3 从数组逻辑上联系起来，这样构建 pdPtrs 指针数组得到的结果是：

pdPtrs[0]对应 dvs1 数组；

pdPtrs[1]对应 dvs2 数组；

pdPtrs[2]对应 dvs3 数组。

通过 pdPtrs 指针数组的元素下标引用 pdPtrs 数组元素，就是引用 dvs1、dvs2、dvs3 数组。构建 pdPtrs 指针数组仅确定了引用各数组元素的起点，不能确定各数组元素的终点，于是定义 int elements[3]数组，通过 elements[0]=sizeof(dvs1)/sizeof(double)、elements[1]=5、elements[2]=3 构建各数组元素个数。

通过 pdPtrs 指针数组引用 dvs1、dvs2、dvs3 数组元素的逻辑关系：

pdPtrs[0]对应 dvs1 数组，元素个数为 elements[0]；

pdPtrs[1]对应 dvs2 数组，元素个数为 elements[1]；

pdPtrs[2]对应 dvs3 数组，元素个数为 elements[2]。

用数组元素下标将 pdPtrs 数组和 elements 数组关联起来，如元素下标 0，pdPtrs[0]是 dvs1 数组的起点，elements[0]是 dvs1 数组的数据个数（元素个数）。

算法描述：（略）。

程序源代码（SL8-6.c）：

```c
#include <stdio.h>
void main()
{
    double dvs1[]={1,2,3,4};      //定义数组并赋初值
    double dvs2[5]={5};           //定义数组并赋初值
    double dvs3[3]={10,11,12};    //定义数组并赋初值
    double *pdPtrs[3];            //定义指针数组
    int elements[3];              //存放各数组元素个数
    int i,j;                      //循环变量
    pdPtrs[0]=dvs1;               //为数组 0 号元素赋值
    pdPtrs[1]=dvs2;               //为数组 1 号元素赋值
    pdPtrs[2]=dvs3;               //为数组 2 号元素赋值
    elements[0]=sizeof(dvs1)/sizeof(double);//dvs1 数组元素个数
    elements[1]=5;                //dvs2 数组元素个数
    elements[2]=3;                //dvs3 数组元素个数
    //遍历指针数组,输出元素
    for(i=0;i<3;i++)              //i 为指针数组序号
    {
```

```
    for(j=0;j<elements[i];j++)              //j-i 号指针内偏移量
      printf("%-8.1f",*(pdPtrs[i]+j)); //pdPtrs[i]+j 指针偏移计算
    printf("\n");
  }
}
```

程序运行，输出：

```
1.0     2.0     3.0     4.0
5.0     0.0     0.0     0.0     0.0
10.0    11.0    12.0
```

程序源代码（SL8-6.c）中的表达式*(pdPtrs[i]+j)中，pdPtrs[i]表示 pdPtrs 数组 i 号元素值是一指针；pdPtrs[i]+j 表示从 pdPtrs[i]指针偏移 j 个数据；*(pdPtrs[i]+j)表示引用 pdPtrs[i]+j 内存数据。

8.4.2　数组指针

指向数组的指针叫作数组指针。

一般数组指针用于指向一维数组；针对二维数组，数组指针又称行指针，二维数组是一维数组的有序集合，一维数组是二维数组的一行。

定义数组指针的格式如下：

数据类型 (*数组指针名) [数组长度];

根据定义格式，定义如下数组指针：

```
double (*pDs)[10];       //定义用于指向数组长度为 10 的 double 型数组指针
int (*pIns)[4];          //定义用于指向数组长度为 4 的 int 型数组指针
char (*pStr)[80];        //定义用于指向数组长度为 80 的 char 型数组指针
```

如何理解数组指针？数组指针实际上是设计数据存储单元。

定义 double (*pDs)[10]，pDs 用于指向存储 10 个 double 型数据的内存，10 个 double 型数据为一个数据存储单元；pDs 指针偏移 1 个数据，地址偏移量是 10*sizeof(double)。

定义 int (*pIns)[4]，pIns 用于指向存储 4 个 int 型数据的内存，pIns 偏移 1 个数据，地址偏移量是 4*sizeof(int)。

定义 char (*pStr)[80]，pStr 用于指向存储 80 个 char 型数据的内存，pStr 偏移 1 个数据，地址偏移量是 80*sizeof(char)。

二维数组是一维数组的有序集合，二维数组名就是数组指针（常量），参见例 8.7。

【例 8.7】验证二维数组名是数组指针。

程序源代码（SL8-7.c）：

```
#include <stdio.h>
void main()
{
  int ds[3][6]={1,2,3,4,5,6,{31,32,33,34,35,36},20,21};
  printf("%d <--> %d\n",*(*ds+1),ds[0][1]);           //输出 ds 二维数组 0 行 1 号元素值 2
  printf("%d <--> %d\n",*(*(ds+1)+1),ds[1][1]);       //输出 ds 二维数组 1 行 1 号元素值 32
}
```

程序运行，输出：

```
2 <--> 2
32 <--> 32
```

程序源代码（SL8-7.c）分析：

ds 是二维数组名，也是一个数组指针。作为数组指针，ds 数据存储单元是 6 个 int 型数据。ds 是第 1 个存储单元地址，ds+1 是第 2 个存储单元地址，ds+2 是第 3 个存储单元地址；*ds 表示 ds 数据存储单元首数据地址，*(ds+1)表示 ds+1 数据存储单元首数据地址，*(ds+2)表示 ds+2 数据存储单元首数据地址；*(*ds+1)表示引用 ds 数据存储单元首数据之后 1 个数据值，*(*(ds+1)+1)

表示引用 ds+1 数据存储单元首数据之后 1 个数据值。

printf("%d <--> %d\n",*(*ds+1),ds[0][1])中，*(*ds+1)与 ds[0][1]引用同一元素，即*(*ds+1)与 ds[0][1]等价。

printf("%d <--> %d\n",*(*(ds+1)+1),ds[1][1])中，*(*(ds+1)+1)与 ds[1][1]引用同一元素，即 *(*(ds+1)+1)与 ds[1][1]等价。

在程序源代码（SL8-7.c）中引入数组指针，并进行对照编码如下。

程序源代码（SL8-7-1.c）：

```
#include <stdio.h>
void main()
{
 int ds[3][6]={1,2,3,4,5,6,{31,32,33,34,35,36},20,21};
 int (*pds)[6];           //定义数组指针 pds

 pds=ds; //将 pds 指向 ds 数组
 printf("%d <--> %d <--> %d\n",*(*ds+1),*(*pds+++1),pds[0][1]);
 printf("%d <--> %d <--> %d\n",*(*(ds+1)+1),*(*pds+++1),pds[1][1]);
}
```

程序运行，输出：

```
2 <--> 2 <--> 2
32 <--> 32 <--> 32
```

程序源代码（SL8-7-1.c）分析：

针对 ds 数组定义数组指针 int (*pds)[6]。pds 与 ds 数据类型 int 相同，数据存储单元数据个数相同（都为 6），在 pds=ds 后，pds 可取代 ds。

*(*ds+1)表达语义同前；*(*pds+++1)表达的语义较复杂，需要从括号里向外理解，*pds+++1 表达式是*pds+1 与 pds++两个表达式的简约表达。*pds+1 表示*pds 取 pds 数据存储单元首数据地址，再偏移 1 个数据，得到一个数据地址；pds++数组指针自动偏移 1 行，pds 偏移 1 行（1 个数组），偏移 6 个数据，即 6*sizeof(int)=24 个字节。pds[0][1]表示 pds 取代 ds，通过二维数组行、列下标引用元素表达格式。

同理可以理解表达式*(*(ds+1)+1)、*(*pds+++1)、pds[1][1]。

例 8.7 较清晰地介绍了引用二维组元素的两种方法，即数组元素下标法和数组指针法（行指针法）。

数组元素占用连续内存，一维数组元素和二维数组元素都是如此，正因为数组具有这一特性，所以在程序设计中得到广泛应用。通过以下代码进行验证。

程序源代码（SL8-7-2.c）：

```
#include <stdio.h>
void main()
{
 int ds[3][6]={1,2,3,4,5,6,{31,32,33,34,35,36},20,21};
 int *pd;           //定义 int 型指针 pd
 pd=(int*)ds;       //将 pd 指向 ds 数组
 printf("%d <--> %d <--> %d\n",*(*ds+1),*(pd+1),ds[0][1]);
 printf("%d <--> %d <--> %d\n",*(*(ds+1)+1),*(pd+1*6+1),ds[1][1]);
}
```

程序运行，输出：

```
2 <--> 2 <--> 2
32 <--> 32 <--> 32
```

程序源代码（SL8-8-2.c）中的 int *pd 用于指向存储 int 型数据的内存指针，表达式 pd=(int*)ds 将二维数组名强制转换为 int 型指针，为什么要进行强制转换？这是因为 pd 是 int 型指针，ds 是数组指针，pd 与 ds 不同类。为什么可以进行这种强制转换？ds 是数组指针，指针即地址，基于

pd、ds 的基本属性都是地址，可以执行这种转换。转换后 pd 引用的数据存储单元是 int 型，pd 指向 ds 数组首元素，二维数组 ds 的 18 个元素都能通过 pd 指针引用。

理解表达式*(*ds+1)、*(pd+1)、ds[0][1]：表达式*(*ds+1)中的 ds 为数组名作数组指针用，前面已作分析；*(pd+1)引用 pd 后 1 个元素值；ds[0][1]数组名通过元素行、列下标引用数组元素值。

理解表达式*(*(ds+1)+1)、*(pd+1*6+1)、ds[1][1]：*(*(ds+1)+1)中的 ds 为数组名，作为数组指针用，前面已作分析；*(pd+1*6+1)引用表达式，(pd+1*6+1)基于 pd 偏移 1*6+1 个数据得到数据地址。

8.5　指针函数和函数指针

指针函数是指返回数据类型为指针型的函数。

函数指针是指向函数的指针。

以上两个概念容易混淆。指针函数强调函数，函数指针强调指针。

8.5.1　指针函数

返回数据类型为指针型的函数称为指针函数。

例如，函数原型格式 double* FindData(double *pSource,int ids)，返回数据类型 double*，表达的语义为：FindData()函数执行后输出（返回）一个 double 型指针（存储 double 型数据的内存地址）。

7.1.4 节对指针函数的定义格式已作介绍，此处不再重复。设计指针函数时一定要保证返回指针后指针所指向的数据依然存在并有效，避免主调函数获得了指针而指针指向的数据已经无效或丢失。

例 8.8 的程序运行输出看似正确，而源程序是一个"带病"程序，试分析原因。

【例 8.8】　编写在数列中查找指定数列的函数，如果找到，返回找到的内存地址，没有找到，则返回 NULL。如在 1,2,3,4,5,1,2,3,1,2 数列中，存在 4.0,5.0,1.00004 数列，不存在 4,5,2 数列。

解题分析：

如果这些数列都是实型数列（实型数是近似计数，精度控制在 0.0001 以内），则 1,2,3,4,5,1, 2,3,1,2 数列存在 4.0,5.0,1.00004 数列。

定义数组 double TargetDatas[]={1,2,3,4,5,1,2,3,1,2}存放目标数列，double ds[3]={4.0,5.0,1.00004}存放查找数列。定位双方比较的起点，TargetDatas 中的 3 号数据与 ds 的 0 号数据近似；用 TargetDatas 的 4 号数据与 ds 的 1 号比较，如果不近似，则重新定位比较起点；如果连续近似的数据个数刚好等于 ds 数列数据的个数，表明 TargetDatas 数列存在 ds 数列，则返回 TargetDatas 数列 3 号数据的内存地址。

算法描述：

Step1：定义 double TargetDatas[]={1,2,3,4,5,1,2,3,1,2};double *pds;int i。

Step2：将 pds 指向 TargetDatas，计算 TargetDatas 数组的数据个数。

Step3：如果 pds 指向 TargetDatas 末端，转向 Step9。

Step4：从 i=0；开始确定 TargetDatas、ds 的起点元素。

Step5：如果 fabs(*(pds+i)-pSource[i])>0.0001 不成立，转 Step8。

Step6：i++，转 Step5。

Step7：如果 i=ids，则返回 pds。

Step8：pds++，转 Step3。

Step9：返回 NULL。

例 8.8 中的 double* FindData(double *pSource,int ids)函数及其测试用主调函数 C 语言表达如下。

程序源代码（SL8-8.c）：

```
#include <stdio.h>
#include <math.h>
void main()
{
 double ds[3]={4.0,5.0,1.00004};              //指定查找序列数据
 double ds1[3]={4,5,2};                        //指定查找序列数据
 double *pExist=NULL;                          //接收查找结果
 double* FindData(double *,int);              //函数原型声明
 pExist=FindData(ds,3);                        //调用查找函数，找出序列数据存在的内存地址
 if(pExist!=NULL)                              //如果找到，输出内存数据
  printf("%f\t%f\t%f\n",*pExist,*(pExist+1),*(pExist+2));
 else                                          //没有找到，则输出提示
  printf("The specified sequence data was not found\n");
}
double* FindData(double *pSource,int ids)
{
 double TargetDatas[]={1,2,3,4,5,1,2,3,1,2};  //目标序列数据
 double *pds;
 int i;
 for(pds=TargetDatas ; pds<TargetDatas+sizeof(TargetDatas)/sizeof(double) ;
pds++)
 {
  for(i=0;i<ids;i++)
  {
    //如果两数的绝对值>给定精度 0.0001，则中断 i 循环
    if(fabs(*(pds+i)-pSource[i])>0.0001)
      break;
  }
  if(i==ids)          //双方序列数相同
    return pds;
 }
 return NULL;
}
```

程序运行，输出：

```
4.000000        5.000000        1.000000
```

在 FindData()函数内定义 double TargetDatas[]={1,2,3,4,5,1,2,3,1,2};，TargetDatas 是局部数组，如果在 TargetDatas 数列中找到目标数列，返回的 pds 是 TargetDatas 的数据地址。当主调函数获得 FindData()函数返回的数据指针时，TargetDatas 数组占用的内存已经释放，其内存数据已是无效数据。

将 TargetDatas 数组定义修改为 static double TargetDatas[]={1,2,3,4,5,1,2,3,1,2};，其中 TargetDatas 数组是静态数组，TargetDatas 占用的内存固定不变，主调函数获得的数据指针是有效指针。

8.5.2 函数指针

指向函数的指针称为函数指针。

在 7.1 节中，明确指出函数名是地址常量，即函数名是函数程序块在内存中的起始地址。为

函数设计函数指针，函数指针指向函数，目的是通过函数指针调用函数。

一般不会为一个函数设计函数指针，而是针对相同原型格式的函数设计函数指针。

定义函数指针的格式如下：

返回数据类型 (*函数指针名)(形式参数列表)；

格式与数组指针极其相似，数组指针格式为：

数据类型 (*数组指针名) [数组长度]；

例如，定义指向函数原型格式为"int 函数名(int,int)"系列函数的函数指针，应这样定义：

```
int (* pFunName)(int ,int );
```

定义表达的语义为：pFunName 函数指针变量用于指向返回数据类型为 int、形式参数为两个 int 型数据的函数。

【例 8.9】 针对函数原型格式 int Add(int a,int b)和 int Mul(int a,int b)，通过函数指针分别调用函数输出结果。

解题分析：

int Add(int a,int b)和 int Mul(int a,int b)定义已经存在，函数功能不再说明。在编程技术上利用函数指针分别指向 Add 或 Mul，通过函数指针调用函数。

针对这两个函数的原型格式，除函数名不同外，其他部分相同，定义函数指针格式为：

```
int (*pFunName)(int,int);
```

格式中，pFunName 为函数指针变量名；(int,int)为 pFunName 所指函数形式参数的数据类型顺序表。

pFunName 函数指针调用函数表达格式如下：

接收返回值变量名=(*pFunName)(实参1,实参2)；

例 8.9 中的 int Add(int a,int b)、int Mul(int a,int b)和测试用主调函数 C 语言表达如下。

程序源代码（SL8-9.c）：

```
#include <stdio.h>
int Add(int,int);            //函数原型声明
int Mul(int,int);            //函数原型声明
void main()
{
 int a=2,b=3,Sum,Ji;
 int (*pFunName)(int,int);  //定义函数指针
 pFunName=Add;             //pFunName 指向 Add()函数
 Sum=(*pFunName)(a,b);     //函数指针 pFunName 调用执行函数
 printf("Add result of function pointer call:\n%d+%d=%d\n",a,b,Sum);
 pFunName=Mul;             //pFunName 指向 Mul()函数
 Ji=(*pFunName)(a,b);      //函数指针 pFunName 调用执行函数
 printf("Mul result of function pointer call:\n%d*%d=%d\n",a,b,Ji);
 }
int Add(int x,int y)        //Add()函数定义
{
 return x+y;
 }
int Mul(int k,int l)        //Mul()函数定义
{
 return k*l;
 }
```

程序运行，输出：

```
Add result of function pointer call:
```

```
2+3=5
Mul result of function pointer call:
2*3=6
```

程序源代码（SL8-9.c）中给出了重要语句的注释。int (*pFunName)(int,int)定义函数指针，定义函数指针与定义数组指针的格式极其相似，如定义数组指针 int (*pArray)[10]，指针名都用括号括起，括号后面部分不同，意义不同。

函数指针变量赋值是将函数名赋给指针变量，如 pFunName=Add 和 pFunName=Mul。

函数指针调用函数的一般格式如下：

接收返回值变量=(*函数指针)(实际参数列表);

如程序源代码（SL8-9.c）中，利用 pFunName 函数指针调用函数 Sum=(*pFunName)(a,b)和 Ji=(*pFunName)(a,b)语句，函数指针引用内存与数据指针不同，它是执行内存代码，因此不能利用函数指针向内存写入代码。

8.6   指针作形式参数的意义

如果函数原型格式的形式参数有指针变量，则函数可以实现"多个"输出。

一个函数只能返回一个值，即一个函数只能有一个输出。利用指针即内存地址这一特性，在函数的形式参数中设计指针，主调函数实参必须提供内存地址才能调用被调函数，主调函数与被调函数共享同一段内存、引用同一段内存数据。

主调函数、被调函数引用同一内存数据参见例 8.10。

【例 8.10】被调函数对主调函数的内存数据进行平方计算。

解题分析：

将被调函数原型格式定义为 void Called_func(double *pStart,int ds)，pStart 接收到的输入值是主调函数指定的内存地址，pStart 内存中存储的是 double 型数据，数据个数为 ds。Called_func 函数有权引用 pStart 内存中的数据。pStart 内存是将主调函数指派给 Called_func()函数，主调函数当然可以引用 pStart 内存数据。相当于学生让父母向学生指定的银行卡转账，父母转账后，学生银行卡余额的变化学生是知道的，这里学生是"主调函数"，学生父母是"被调函数"。

算法描述：

Step1：定义函数原型格式为 void Called_func(double *pStart,int ds)。

Step2：定义循环变量 int i=0，i 既是循环变量，又是指针偏移量。

Step3：如果 i<ds 不成立，转 Step6。

Step4：对内存中的 i 号数据进行平方，将结果存入 i 号数据内存。

Step5：i++，准备处理下一条数据，转 Step3。

Step6：返回主调函数。

例 8.10 中的被调函数 Called_func()、测试用主调函数 main()及其程序结构的 C 语言表达如下。

程序源代码（SL8-10.c）：

```
#include <stdio.h>
void Called_func(double *,int);
void main()
{
 double m_ds[]={1,3,5,7,9};                          //给定数据
 int i;
 Called_func(m_ds,sizeof(m_ds)/sizeof(double));      //调用函数处理 m_ds 内存数据
 for(i=0;i<sizeof(m_ds)/sizeof(double);i++)          //输出内存数据
```

```
    printf("%6.1f",*(m_ds+i));
 }
 void Called_func(double *pStart,int ds)
 {
  int i;
  //逐个内存数据平方
  for(i=0;i<ds;i++)
   pStart[i]=pStart[i]**(pStart+i);
 }
```

程序运行，输出：

```
    1.0  9.0 25.0 49.0 81.0
```

程序源代码（SL8-10.c）中的 pStart[i]**(pStart+i)属于生僻表达式格式，其等价表达式可以是 pStart[i]*pStart[i]或*(pStart+i)**(pStart+i)，这就是 C 语言表达式"灵活善变"的特点，抓住 pStart 的本质特征 double 型指针、i 指针偏移量，才能理解表达式 pStart[i]*pStart[i]、*(pStart+i)**(pStart+i)、pStart[i]**(pStart+i)。

函数实现"多个"输出，需要主调函数与被调函数达成内存共享"协议"。

8.7　数组元素指针

数组元素是连续内存，数组名是连续内存的起始地址，内存上界由数组元素的个数决定。如果数组是相同类型数据的有序集合，数组元素的内存地址是指针，数组名是常指针。那么，数组元素指针如何表达？

8.7.1　一维数组元素指针与指针引用元素值

以具体数组推算一维数组各元素指针和指针引用元素值。

定义 ds 数组格式如下：

```
 int ds[6];
```

ds 数组占用内存被固定，ds 为起始地址，内存段长度为6*sizeof(int)=6×4=24 个字节，ds 内存地址下界为 ds，上界为 ds+6，各元素指针基于 ds 常指针（数组名）通过指针偏移算出。

ds 数组各元素指针为：ds、ds+1、ds+2、ds+3、ds+4、ds+5。

元素指针引用的元素值（指针引用内存数据）依序表达为：*ds、*(ds+1)、*(ds+2)、*(ds+3)、*(ds+4)、*(ds+5)。

元素指针引用的元素值与数组元素下标引用的元素值等价表达式如下：*ds 等价于 ds[0]、*(ds+1)等价于 ds[1]、*(ds+2)等价于 ds[2]、*(ds+3)等价于 ds[3]、*(ds+4)等价于 ds[4]、*(ds+5)等价于 ds[5]。

8.7.2　二维数组元素指针与指针引用元素值

二维数组是一维数组的有序集合，数组名是常数组指针（行指针），每一行是一个一维数组地址，或一个数组指针。数组名是二维数组占用内存的起始地址，既是首行地址，也是首元素地址。

如定义局部数组 int ds[2][4]，二维数组 ds 的内存信息如图 8.4 所示，ds 值为 0x0098fe90，是 ds 内存的起始地址，ds 由 ds[0]、ds[1]两行构成（两个一维数组），ds[0]值为 0x0098fe90、ds[1]值为 0x0098fea0，它们是行地址（数组指针，即行指针），也是行内首元素（0 号数据）的地址，根据行地址能算出行内各元素的指针（元素地址）。

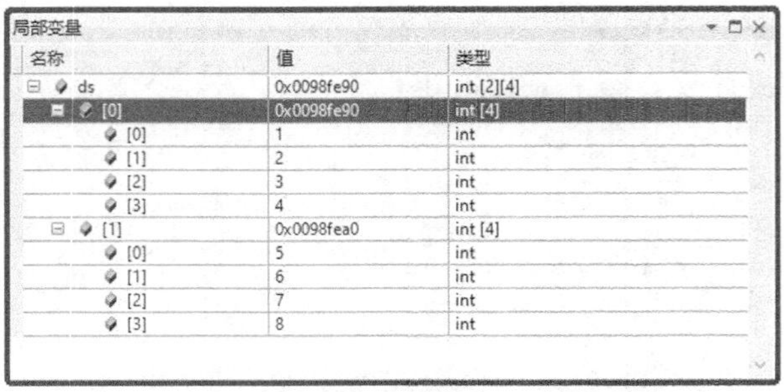

图 8.4　二维数组 ds 的内存信息

1．二维数组 ds 的数组指针（行指针或者行地址）

0 行（第 1 行）指针 ds，ds 值 0x0098fe90 由定义决定。

1 行（第 2 行）指针 ds+1，+1 向后偏移 1 行，定义 int ds[2][4]决定其数据存储单元为 4 个 int 型数据，实际地址偏移量为 4*sizeof(int)=16(0x10)字节，ds+1 值为 0x0098fe90+0x10=0x0098fea0。

2．二维数组 ds 各元素指针（内存地址）

0 行各元素指针依序表达为*ds+0、*ds+1、*ds+2、*ds+3。

ds 为二维数组名，常数组指针（行指针），引用*ds 指针得到数组首元素指针，以此为基指针进行指针偏移得到元素指针。

1 行各元素指针依序表达为*(ds+1)+0、*(ds+1)+1、*(ds+1)+2、*(ds+1)+3。

ds 为二维数组名，是常数组指针（行指针），ds+1 基于数组指针 ds 偏移 1 行，偏移一个数据存储单元，即偏移 16 个字节，ds+1 为数组指针，引用*(ds+1)数组指针得到数组首元素指针，以此为基础进行指针偏移得到其他元素指针。

int ds[2][4]二维数组各元素指针和指针引用元素值表达式格式如表 8.1 所示。

表 8.1　int ds[2][4]二维数组各元素指针和指针引用元素值表达式格式

表达式格式说明	二维数组 ds 下标表达	常数组指针 ds 表达式
0 行数组指针	ds[0]	ds
1 行数组指针	ds[1]	ds+1
0 行各元素指针	ds[0]+0,ds[0]+1,ds[0]+2,ds[0]+3	*ds,*ds+1,*ds+2,*ds+3
1 行各元素指针	ds[1]+0,ds[1]+1,ds[1]+2,ds[1]+3	*(ds+1),*(ds+1)+1,*(ds+1)+2,*(ds+1)+3
指针引用 0 行各元素值	ds[0][0],ds[0][1],ds[0][2],ds[0][3]	**ds,*(*ds+1),*(*ds+2),*(*ds+3)
指针引用 1 行各元素值	ds[1][0],ds[1][1],ds[1][2],ds[1][3]	**(ds+1),*(*(ds+1)+1),*(*(ds+1)+2),*(*(ds+1)+3)

二维数组名是常数组指针，通过数组指针引用元素值实例程序见例 8.11。

【例 8.11】 利用二维数组名是常数组指针，计算出二维数组 int ds[2][4]={1,2,3,4,5,6,7,8}的数组指针（行指针）、各元素指针，并用元素指针引用元素输出元素值。

解题分析：

int ds[2][4]二维数组各行指针、各元素指针、元素指针引用元素值的表达式见表 8.1。针对 ds 二维数组原型格式，定义 int (*pLine)[4]数组指针，pLine=ds，pLine++则是加 1 行（4 个数据），地址偏移 4*sizeof(int)=4×4=16 个字节。已知数组指针，可从数组指针引用出数组首元素指针*pLine，再以*pLine 为基本指针偏移出其他元素指针。

程序源代码（SL8-11.c）：

```
#include <stdio.h>
void main()
```

```
{
  int ds[2][4]={1,2,3,4,5,6,7,8},i,j;
  int (*pLine)[4];                    //定义数组指针
  pLine=ds;
  printf("0 Line pointer:%p\n1 Line pointer:%p\n",ds[0],ds[1]);
  for(i=0;i<2;i++,pLine++)
  {
    printf("Pointer of each element in line %d:\n",i);
    for(j=0;j<4;j++)
      printf("%10p",*pLine+j);        //计算 pLine 行各元素指针
    printf("\n");
  }
  for(pLine=ds,i=0;i<2;i++,pLine++)
  {
    printf("Value of each element in row %d:\n",i);
    for(j=0;j<4;j++)
      printf("%6d",*(*pLine+j));      //*pLine+j 指针引用内存值并输出
    printf("\n");
  }
}
```

程序运行，输出：

```
0 Line pointer:010FFC08
1 Line pointer:010FFC18
Pointer of each element in line 0:
  010FFC08 010FFC0C 010FFC10 010FFC14
Pointer of each element in line 1:
  010FFC18 010FFC1C 010FFC20 010FFC24
Value of each element in row 0:
    1    2    3    4
Value of each element in row 1:
    5    6    7    8
```

输出证实，二维数组占用内存的起始地址、首行地址、首个数据地址（首元素地址）是同一内存地址，行地址与行内首个数据地址也是同一内存地址。

程序源代码（SL8-11.c）中的几个关键表达式如下：ds[0]为第 1 个数组指针或 0 行指针；ds[1]为第 2 个数组指针或 1 行指针；pLine=ds 即数组指针 pLine 指向 ds 首数组；pLine++指针自动偏移 1 行；*pLine+j 是在数组指针首元素指针基础上偏移 j 个数据，得到一个新指针；*(*pLine+j)是引用*pLine+j 指针目标数据。

8.8 动态分配内存与内存释放

定义变量或数组是申请获得一段固定长度内存的使用权，内存长度由数据类型和数据个数确定，并不负责释放变量或数组占用的内存。

在 C 程序中可以自由使用内存，切忌滥用内存！通过 C 语言库函数 void * malloc(size_t _Size)可以申请获得一段内存的使用权，申请失败返回 NULL，申请成功则获得内存地址，内存的用途由申请者指定。由 malloc 申请的内存，不再使用时一定要调用 void free(void* _Memory)函数释放。

动态申请内存、使用内存、释放内存的范例见例 8.12。

【例 8.12】 动态申请存储 double 型 2 行 4 列二维数组的内存。

解题分析：

题意说明了申请内存的用途。需要申请内存的长度为 2*4*sizeof(double)。调用语句 pDoubles=(double*)malloc(sizeof(double)*2*4)实现内存申请，malloc()函数返回无类型指针，需要强制转换为需要的类型指针，不再使用 pDoubles 内存时，则调用 free()函数释放。

算法描述:

Step1: 定义 double *pDoubles=NULL,*pUse; double (*p2l4e)[4]; int i,j; pDoubles 记申请内存的起始地址, pUse 过程使用指针变量, p2l4e 为数组指针; i、j 为循环变量, 也作二维数组行、列下标使用。

Step2: pDoubles=(double*)malloc(sizeof(double)*2*4)申请内存。

Step3: 如果 pDoubles==NULL, 内存申请失败, 转 Step14。

Step4: i=0, pUse=pDoubles。

Step5: scanf("%lf",pUse); 向 pUse 内存输入双精度实型数。

Step6: i++, pUse++; 如果 i<2*4, 转 Step5。

Step7: p2l4e=(double(*)[4])pDoubles; 将 pDoubles 强制转换为数组指针。

Step8: i=0。

Step9: j=0。

Step10: printf("%8.2f",*(*p2l4e+j)), 输出数据, 由数组指针、偏移量算出数据地址, 再进行引用。

Step11: j++, 如果 j<4, 转 Step10。

Step12: i++, p2l4e++, 如果 i<2, 转 Step9。

Step13: 调用 free 函数, 释放内存, free(pDoubles)。

Step14: 程序结束。

程序源代码(SL8-12.c):

```c
#include <stdio.h>
#include <malloc.h>
void main()
{
 double *pDoubles=NULL,*pUse;
 double (*p2l4e)[4];
 int i,j;
 //申请能存储 2×4=8 个 double 型数据的内存
 pDoubles=(double*)malloc(sizeof(double)*2*4);
 if(pDoubles==NULL)
  return;
 p2l4e=(double(*)[4])pDoubles;          //强制转换为数组指针
 printf("Enter real data for pDoubles:\n");
 for(pUse=pDoubles,i=0;i<2*4;i++,pUse++)
  scanf("%lf",pUse);
 printf("Memory data Value is:\n");
 for(i=0;i<2;i++,p2l4e++)                //按二维数组格式输出
 {
  for(j=0;j<4;j++)
    printf("%8.2f",*(*p2l4e+j));         //数组指针 p2l4e 引用元素
  putchar('\n');
 }
 if(pDoubles)                            //如果 pDoubles 不为 NULL, 则释放内存
  free(pDoubles);
}
```

程序运行, 输入:

```
Enter real data for pDoubles:
5 6 7 8
9 10 11 12
```

输出:

```
Memory data Value is:
```

```
        5.00    6.00    7.00    8.00
        9.00   10.00   11.00   12.00
```
动态申请的内存不再使用时一定要主动释放。

程序源代码（SL8-12.c）中以下几点值得关注。

（1）数据输入并没有按二维数组格式编码，而是采用一层循环，在指针变化范围内移动 pUse 指针，向指针指向的内存直接输入数据。

（2）语句 p2l4e=(double(*)[4])pDoubles：指针类型进行强制转换，将 double*型指针 pDoubles 强制转换为 double(*)[4]型指针，double(*)[4]是一种指针类型。

（3）表达式*(*p2l4e+j)：深入理解这个表达式需要融会贯通数组指针、数组指针首元素指针和指针引用内存数据知识点。

8.9　本章小结

指针是数据类型化地址，囊括了数据类型、地址、内存数据的引用方法，指针的本质都是地址。以字节为存储单元对内存的编号为地址，以 1 种数据类型为存储单元对内存的编号为指针，每个地址对应 1 个字节内存，每个指针指示 1 种类型数据存储单元。

指针可以偏移，偏移量以数据类型的数据个数计量，指针偏移结果决定内存地址。

内存是数据和数据处理程序生存的环境，C 语言是直接操作内存的程序设计语言，通过指针操作内存。认识、掌握并使用指针是学习 C 语言程序设计必须跨越的门槛。

理解地址和指针并不难，但复杂多样的指针表达式难以理解，只有多读编写成功的代码，认真编程调试，才能深入认识指针。

指针常常与数组关联，一定要明确数组占用连续内存，且数组元素地址就是指针，二维数组还涉及数组指针。

指针是 C 语言的魅力，也是 C 语言长存的基石。

习题 8

一、选择题

1. 下列程序的输出结果是（　　　　）。

```c
#include <stdio.h>
void f(int*x,int*y)
{
 int t;
 t=*x,*x=*y;*y=t;
}
void main()
{
 int a[8]={1,2,3,4,5,6,7,8},i,*p,*q;
 p=a;q=&a[7];
 while(p<q)
 {
  f(p,q);
  p++;
  q--;
 }
 for(i=0;i<8;i++)
  printf("%d,",a[i]);
}
```

A. 8,2,3,4,5,6,7,1 B. 5,6,7,8,1,2,3,4 C. 1,2,3,4,5,6,7,8 D. 8,7,6,5,4,3,2,1

2. 下列程序的输出结果是（ ）。

```c
#include <stdio.h>
void main()
{
 int a[]={1,2,3,4,5,6,7,8,9,0},*p;
 for(p=a;p<a+10;p++)
  printf("%d,",*p);
}
```

 A. 1,2,3,4,5,6,7,8,9,0,   B. 2,3,4,5,6,7,8,9,10,1,

 C. 0,1,2,3,4,5,6,7,8,9,   D. 1,1,1,1,1,1,1,1,1,1,

3. 下列程序的输出结果是（ ）。

```c
#include <stdio.h>
void main()
{
 char s[]="159",*p;
 p=s;
 printf("%c",*p++);
 printf("%c",*p++);
}
```

 A. 15   B. 16   C. 12   D. 59

4. 下列程序运行后的输出结果是（ ）。

```c
#include<stdio.h>
void main()
{
 int a[10]={1,2,3,4,5,6,7,8,9,10},*p=&a[3],*q=p+2;
 printf("%d\n",*p+*q);
}
```

 A. 16   B. 10   C. 8   D. 6

5. 下列程序运行后的输出结果是（ ）。

```c
#include <stdio.h>
void main()
{
 int a[]={2,4,6,8,10},y=0,x,*p;
 p=&a[1];
 for(x=1;x<3;x++)y+=p[x];
 printf("%d\n",y);
}
```

 A. 10   B. 11   C. 14   D. 15

6. 若有下列程序，其中函数 f() 的功能是将多个字符串按字典顺序排序。

```c
#include <stdio.h>
void main()
{
 int a=1,b=3,c=5;
 int*p1=&a,*p2=&b,*p=&c;
 *p=*p1*(*p2);
 printf("%d\n",c);
}
```

程序运行后的输出结果是（ ）

 A. 1   B. 2   C. 3   D. 4

7. 下列程序运行后的输出结果是（ ）。

```c
#include <stdio.h>
#include <string.h>
void f(char*s,char*t)
{
 char k;
```

```
k=*s;*s=*t;*t=k;
s++;t--;
if(*s) f(s,t);
}
void main( )
{
char str[10]="abcdefg",*p;
p=str+strlen(str)/2+1;
f(p,p-2);
printf("%s\n",str);
}
```

  A．abcdefg   B．gfedcba   C．gbcdefa   D．abedcfg

8. 下列程序运行后的输出结果是（ ）。

```
#include <stdio.h>
void main()
{
int i,s=0,t[]={1,2,3,4,5,6,7,8,9};
for(i=0;i<9;i+=2)
 s+=*(t+i);
printf("%d\n",s);
}
```

  A．45   B．20   C．25   D．36

9. 下列程序运行后的输出结果是（ ）。

```
#include <stdio.h>
void fun1(char* p)
{
char* q;
q=p;
while(*q!='\0')
 {
  (*q)++;q++;
 }
}
void main()
{
char a[]={"Program"},*p;
p=&a[3];
fun1(p);
printf("%s\n",a);
}
```

  A．Prohsbn   B．Prphsbn   C．Progsbn   D．Program

10. 若有下列定义和语句：

```
char str[20]="Program",*p;
p=str;
```

则下列叙述正确的是（ ）。

  A．*p 与 str[0]的值相等

  B．str 与 p 的类型完全相同

  C．str 数组长度与 p 所指向的字符串长度相等

  D．数组 str 中存储的内容和指针变量 p 中存储的内容相同

11. 下列程序运行后的输出结果是（ ）。

```
#include <stdio.h>
#include <string.h>
void main()
{
char*a="you";
char*b="Welcome you to Beijing!";
char*p;
p=b;
```

```
while(*p!=*a) p++;
p+=strlen(a)+1;
printf("%s\n",p);
}
```

    A. Beijing!   B. you to Beijing!

    C. Welcome you to Beijing!   D. To Beijing!

12. 下列程序运行后的输出结果是（　　　）。

```
#include <stdio.h>
#include <stdlib.h>
void fun(int a[],int n)
{
int i,j=0,k=n-1,b[10];
for(i=0;i<n/2;i++)
{
 b[i]=a[j];
 b[k]=a[j+1];
 j+=2;k--;
}
for(i=0;i<n;i++)
 a[i]=b[i];
}
void main()
{
 int c[]={10,9,8,7,6,5,4,3,2,1},i;
 fun(c,10);
 for(i=0;i<10;i++)
  printf("%d,",c[i]);
 printf("\n");
}
```

    A. 10,8,6,4,2,1,3,5,7,9,   B. 10,9,8,7,6,5,4,3,2,1,

    C. 1,2,3,4,5,6,7,8,9,10,   D. 1,3,5,7,9,10,8,6,4,2,

13. 下列程序运行后的输出结果是（　　　）。

```
#include <stdio.h>
#include <stdlib.h>
void main()
{
 char s[]={"aeiou"},*ps;
 ps=s; printf("%c\n",*ps+4);
}
```

    A. a   B. e   C. u   D. 元素 s[4]的地址

14. 下列程序运行后的输出结果是（　　　）。

```
#include <stdio.h>
#include <stdlib.h>
void fun(int*p1,int*p2,int*s)
{
 s=(int*)malloc(sizeof(int));//重新分配内存
 *s=*p1+*p2;
 free(s);//释放分配的内存
}
void main()
{
 int a=1,b=40,*q=&a;
 fun(&a,&b,q);
 printf("%d\n",*q);
}
```

    A. 42   B. 0   C. 1   D. 41

15. 下列程序运行后的输出结果是（　　　）。

```
int main(void)
```

```
{
int a[10] = {0,1,2,3,4,5,6,7,8,9}, *p = a+3;
printf("%d", *++p);
return 0;
}
```
    A. 3   B. 4   C. a[4]的地址   D. 非法

二、判断题

1. 指针变量中存储的是地址值，因此指针变量只能是 int 型的。

2. 在 C 语言中，所谓指针型数据，是指该数据是一个地址。

3. 若有一个一维数组 a[10]，那么 a 与&a[0]等价。

4. 若有如下说明：int b[10], *p = b;，于是，在使用时 b 与 p 就完全等价了。

5. 数组中的每一个元素相当于一个变量。若要让一个指针变量指向它，必须用 "&数组元素" 的方法为该指针变量赋值。

6. 若有如下程序段：

```
int i, j = 2, k, *p = &i;
k = *p + j;
```
这里出现的两个 "*" 号，语义是一样的。

7. 在 C 语言中，每一个变量占用内存的单元数都是相同的。

8. 通过指针变量能够间接得到其所指向变量的值。

9. 若有说明：

```
int *p;
```
且 p 指向地址为 1500 的单元，那么经过操作 "p++;" 后，p 将指向 1501 单元。

10. 设 P 是指向数组 A 的指针变量，则 A[i]与 P[i]等价。

11. 指向某变量指针的值就是该变量的地址。

12. 若定义 int **p，则程序中调用*p 时，它代表的是 p 的地址。

13. 一个指针变量加 1 表示将该指针变量的原值（地址）加 1。

14. int *p( );表示定义一个指向函数的指针变量 p。

15. *p++等价于(*p)++。

16. 对于指向函数的指针变量，进行 p+n、p++、p--等运算是无意义的。

17. 在 int a[3][4];中，a+i 与*(a+i)的含义是不一样的。

18. main(int argc,char *argv[])中的参数 argc 表示命令行中参数的个数。

19. 主调函数将单个数组元素传递给修改该元素值的被调函数时，就能得到修改后的值。

20. 定义语句：

```
int *p, p1, p2;
```
只定义了一个能指向 int 型变量的指针。

三、综合题（注意：以下各题要求用指针处理。在/*BLANK*/处填写适当的代码）。

1. 完善程序，并写出程序的输出结果。

```
#include <stdio.h>
int main()
{
int x=1,y=2;
int func(int* a,int *b);     //函数原型说明
y=func(&x,&y);               //调用 func, 将变量 x, y 的地址传给 func 中的 a, b
x=func(&x,&y);
printf("%d,%d\n",x,y);
return 0;
}
int func (int *a, int *b)
```

```
{
  if(*a>*b)                      //a 内存的值>b 内存的值
   *a-=*b;                       //a 内存的值-b 内存的值的结果放入 a 内存
  else
   (*a)--;                       //a 内存的值自减 1
  return /*BLANK*/;              //返回 a 内存值+b 内存值的和
}
```

2. 按要求完善程序。

```
#include <stdio.h>
int main()
{
 int s[6][6],i,j;
 //以下双重循环中的 i 为行下标号，j 为列下标号
 for(i=0;i<6;i++)
  for(j=0;j<6;j++)
   *(*(s+i)+j)=i-j;              //s+i 为行地址，*(s+i)为行内列的起始地址
 for(j=0;j<6;j++)
 {
  for(i=0;i<6;i++)
   printf("%4d",/*BLANK*/);      //输出 i 行、j 列元素值
  printf("\n");
 }
 return 0;
}
```

3. 有以下程序，经编译、链接后生成可执行文件 exam.exe，若在命令提示符窗口输入命令 exam 123，然后按回车键，则运行结果是什么？本题的目的是统计*argv[]字符串数组中第 2 个字符串中以空格分隔的项数。

```
#include <stdio.h>
int fun();
int argc=0;
char* argv[]={"exam.exe","Param1 Param2 Param3"};
int main()
{
 int i=0,fgi=0;
 while(argv[1][i]!='\0')
 {
  if(argv[1][i]==' ' && argv[1][i+1]!=' ')//不能连续 2 个空格
  {
    argc=fun();
    fgi=i;
  }
  i++;
 }
 if(/*BLANK*/)//如果 i 大于 fgi 上次空格位置，说明还有参数项
  argc=fun();
 printf("Run %s Params is %d\n",argv[0], argc);
 return 0;
}
int fun()
{
 static int s=0;
 s+=1;
 return s;
}
```

4. 完善程序，在数组中同时查找最大元素和最小元素的下标，并分别存储在 main()函数的 max 和 min 变量中。

```
void find(int *, int, int *, int *);
```

```
int main(void)
{
 int max, min, a[]={5,3,7,9,2,0,4,1,6,8};
 find(_a, 10, &max, &min_);
 printf("%d,%d\n", max, min);
 return 0;
}
void find(int *a, int n, int *max, int *min)
{
 int i;
 *max=*min=0;
 for (i = 1; i < n; i++)
 {
   if (a[i] > a [*max])  /*BLANK*/;
   if (a[i] < a [*min])  /*BLANK*/;
 }
}
```

5. 完善程序，将 x 插入一维数组 a 中下标为 i（i>=0）的元素前。如果 i>=元素的个数，则 x 插入末尾。原有的元素个数存储在指针 n 指向的变量中，插入后元素个数加 1。

```
void insert(double a[ ], int *n, double x, int i)
{
 int j;
 if /*BLANK*/
 for (j=*n-1; /*BLANK*/; j--)
 /*BLANK*/ = a[j];
 else
 i = *n;
 a[i]= /*BLANK*/;
  (*n)++;
}
```

四、编程题

1. 输入 5 个字符串，由大到小排序后输出。输入输出格式要求如下。

输入 5 个字符串：

```
Sichuan
Chongqing
Shanghai
Beijing
Tianjin
```

排序后：

```
Tianjin
Sichuan
Shanghai
Chongqing
Beijing
```

2. 编写一个求字符串长度的函数。要求在 main() 函数中输入字符串，并输出其长度。输入输出格式要求如下。

```
University of China
```

调用函数输出：

```
University of China 的长度是: 19
```

3. 输入 10 个整数，将其中最小的数与第一个数交换，将最大的数与最后一个数交换。编写 3 个函数：①输入 10 个数；②进行处理；③输出 10 个数。输入输出格式要求如下。

输入：

```
5 4 3 2 1 10 6 7 9 8
```

输出：

```
1.00  4.00  3.00  2.00  5.00  8.00  6.00  7.00  9.00  10.00
```

4. 将 n（n<20）个双精实型数据按输入顺序通过函数实现逆序输出。输入输出格式要求如下。

输入数据个数 5：

```
1  2  3  4  5
```

输出：

```
5.00  4.00  3.00  2.00  1.00
```

5. 编写一个函数，将一个 3×3 的实数矩阵转置。输入输出格式要求如下。

输入：

```
1  2  3
4  5  6
7  8  9
```

输出：

```
1.00000  4.000000  7.000000
2.00000  5.000000  8.000000
3.00000  6.000000  9.000000
```

6. 编写一个函数，从 n 个实型数据中求最大值和次大值。输入输出格式要求如下。

输入 n（n≤10）个实型数：

```
6
11.5 12.5 13.5 50.5 60.5 70.5
```

输出：

```
Maxest is 70.500000
Max is 60.500000
```

7. 编写一个函数 "cq_strcat(char *p1,char *p2,int n)"，设 p1 指向字符串 s1，p2 指向字符串 s2。要求将 s2 中的前 n 个字符添加到 s1 的尾部。输入输出格式要求如下。

输入两个字符串：

```
12345
7891abcd
```

输出：

```
取第 2 个字符串的字符数: 5
123457891a
```

8. 编写一个函数，实现两个字符串的比较。即自己编写一个 cq_strcmp() 函数，函数原型为：

```
int cq_strcmp(char *p1, char *p2);
```

设 p1 指向字符串 s1，p2 指向字符串 s2。要求当字符串 s1=s2 时，返回值为 0；若 s1≠s2，返回它们二者第 1 个不同字符的 ASCII 差值（如 "BOY" 与 "BAD"，第 2 个字母不同，"O" 与 "A" 之差为 79-65=14）。如果 s1>s2，则输出正值；如果 s1<s2，则输出负值。输入输出要求如下。

分别输入两个字符串：

```
BOY
BAD
```

字符串比较结果：

```
BOY>BAD 差:14
```

9. n 个人围成一圈，按顺序排号。从第 1 个人开始报数（报数 1~6），凡报到 6 的人退出圈子，问最后留下的是原来第几号的那位？输入输出格式要求如下。

输入队列人数（<10）：

```
6
```

输出：

```
最后留下的是原来的 4 号
```

10. 编写一个函数 "itoa(int I,char s[])"，将一个整型数 i 转换为字符串放到数组 s[10]中。输入输出格式要求如下。

输入一个整型数：

```
-54321
```

转换后的字符串：

```
 -54321
```

11．编写函数原型 Insert(int a[], int size,int i, int k)的函数，将整型数 k 插入整型数组 a 的第 i 位。输入输出格式要求如下。

输入元素数（<9）：

```
 11 12 34 15 16 17 18
```

插入位置和被插入数：

```
 4 50
 11 12 34 50 15 16 17 18
```

12．输入一个字符串，内有数字和非数字字符，例如 A123X456_17960?302tab5876，将其中连续的数字作为一个整数，依次存储到数组 a 中。例如，123 放入 a[0]，456 放入 a[1]……统计共有多少个整数，并输出这些整数。输入输出要求如下。

输入带数字并非连续的字符：

```
 0123ABC67? 56  89abcd  89b4
```

获取 6 个整型数：

```
 123 67 56 89 89 4
```

13. 函数指针的定义与使用。假设通过函数 int add(int x, int y)实现 x+y，通过函数 int mul(int x, int y)实现 x*y，根据给出的代码线索编程。此题中两函数的类型和形式参数相同。

第 9 章
结构体

关键词

- 结构体、定义结构体、结构体变量、结构体变量内存长度、结构体变量值
- 结构体变量内存对齐、结构体数据值存储格式
- 单元数据存储格式、引用结构体变量数据成员

难点

- 结构体概念、构造数据类型、结构体变量数据成员、结构体指针
- 结构体单元数据存储格式、结构体数组

C 程序中任何数据都有数据类型。数据类型是同类数据的属性，决定数据计数形式、占用内存长度、值存储结构（值存储顺序）。

C 语言将数据类型分为基本数据类型和构造数据类型两大类。基本数据类型标识符为 char、short、int、long、float、double、*、void，构造数据类型用关键字 struct 或 union 构造，用关键字 struct 构造出的数据类型称为结构体，用 union 构造出的数据类型称为共用体。

结构体是将相关数据集成（封装）在一起构造出一种新的数据类型。构造数据类型是为数据设计属性，仅是数据概念设计，将结构体实例化为结构体变量才有实际意义。

结构体是一种数据类型，结构体数据（整体）占用连续内存。结构体又称数据格式、单元数据存储格式（单元数据存储顺序）。

9.1　定义结构体

用关键字 struct 将相关数据集成（封装）在一起构造出一种新的数据类型称为结构体。

定义结构体即为一类数据设计属性，包括数据计数形式、数据占用内存长度、数据值存储结构（单元数据存储顺序）。

结构体与数组的比较：结构体是将相关数据集成为一个整体，占用连续内存；数组是将同类型数据集成为一个整体，占用连续内存。

9.1.1　定义结构体的一般格式

定义结构体的一般格式如下：

```
struct 结构体名称
{
   数据成员列表;
};
```

结构体名称：由编程者取名，且要符合标识符规则。

数据成员列表：包括数据类型标识符和数据成员名。

例如，将学号、姓名、年龄、成绩集成在一起构造出结构体 StudentInfo。

```
struct StudentInfo
{
 char m_StuID[12]; //学号
 char m_Name[30];  //姓名
 float m_age;       //年龄
 double m_score;    //成绩
};
```

由关键字 struct 引出结构体名称 StudentInfo，花括号内为数据成员，分号标识结构体定义结束。

这个定义设计出 StudentInfo 类型数据的属性，每个 StudentInfo 类型数据（单元数据）都有自己的 char m_StuID[12]、 char m_Name[30]、float m_age、double m_score 数据成员；数据值在内存中的存储结构顺序为 m_StuID[12]、m_Name[30]、m_age、m_score，与 StudentInfo 结构体内封装的数据成员顺序一致。

这仅是结构体 StudentInfo 的定义，如果不用 StudentInfo 结构体定义变量（StudentInfo 结构体实例化），这个定义就没有任何意义。

StudentInfo 是结构体名称，不是数据类型标识符，struct 关键字与 StudentInfo 结合，即 struct StudentInfo 才是结构体数据类型标识符，标识一种数据类型。

实现 StudentInfo 结构体实例化，用结构体数据类型标识符定义结构体变量的格式如下：

```
struct 结构体名 变量名;
```

例如：

```
struct StudentInfo Var1,Objs[10];
```

变量 Var1 和数组 Objs 的数据类型为 StudentInfo，数据类型标识符为 struct StudentInfo。

结构体变量与基本数据类型变量一样，包括数据类型、计数形式、变量内存、变量"值"，变量内存长度由结构定义决定，结构体变量的值（内存数据）不是单一值，而是一个"复数值"（数据成员值），内存计数形式取决于数据成员的数据类型。

下面通过例 9.1 介绍结构体的编程（使用）过程。

【例 9.1】 阅读代码，理解结构体定义、结构体变量、变量内存、变量值及其存储结构。

解题分析：

理解结构体定义、结构体变量、结构体数据成员。

算法描述：（略）。

程序源代码（SL9-1.c）：

```
#include <stdio.h>
#include <string.h>
#pragma pack()
void main()
{
 struct StudentInfo
 {
 char m_StuID[12];        //学号
 char m_Name[30];         //姓名
 float m_age;             //年龄
 double m_score;          //成绩
 };
 struct StudentInfo Val1,Objs[10];
 printf("Val1 Memory Address:%p\t Memory Size: %d\n",&Val1,sizeof(struct StudentInfo));
 printf("Objs Memory Address:%p\t Memory Size: %d\n",Objs,sizeof(Objs));
 strcpy(Val1.m_StuID,"2020440001");
 strcpy(Val1.m_Name,"C.study");
 Val1.m_age=18.5;
 Val1.m_score=98.5;
 printf("Val1.m_StudID:\t%s\nVal1.m_Name:\t%s\nVal1.m_age:\t%f\nVal1.m_score:\t%f\n",Val1.m_StuID,Val1.m_Name,Val1.m_age,Val1.m_score);
 }
```

程序运行，输出：

```
Val1 Memory Address:008FFA10   Memory Size: 56
Objs Memory Address:008FFA48   Memory Size: 560
Val1.m_StudID:  2020440001
Val1.m_Name:    C.study
Val1.m_age:     18.500000
Val1.m_score:   98.500000
```

1．结构体变量占用内存长度

StudentInfo 结构体定义在 main()函数内，数据类型标识符 struct StudentInfo 的作用域仅在本函数内，其他地方不能使用 struct StudentInfo 数据类型标识符。

struct StudentInfo Val1,Objs[10];即定义变量 Val1、数组 Objs。

变量 Val1 内存长度为 56，内存地址为&Val1。

数组 Objs 内存长度为 560，内存地址为 Objs。

结构体变量需要的内存长度为各数据成员占用内存长度之和。

变量 Val1 的内存长度=数据成员 char m_StuID[12]的内存长度 12+数据成员 char m_Name[30]的
内存长度 30+数据成员 float m_age 的内存长度 4+数据成员 double m_score
的内存长度 8
=54（字节）

而 sizeof(struct StudentInfo)或 sizeof(Val1)测出内存长度为何为 56？

这是因为编译器预置有结构体整体对齐规则（#pragma pack()）。StudentInfo 定义中涉及的基本数据类型为 char、float、double，其中 double 型数据占用内存最长为 8，而 StudentInfo 结构体变量内存长度必须是 8 的倍数，因此测出内存长度为 56。

2．结构体变量数据成员及其引用

结构体变量是由若干个数据成员组成的一个"复杂"数据（强调整体性），变量 Val1 是 1 个数据，Objs[10]有 10 个数据，每个数据有自己的数据成员，如何引用数据成员？需要使用结构体数据运算符"."，如表达式 Val1.m_StuID、Val1.m_Name、Val1.m_age=18.5、Val1.m_score=98.5，分别引用 Val1 变量的 m_StuID、m_Name、m_age、m_score 数据成员。

3．构造数据类型的目的

数据类型是同类数据的属性。C 语言将数据类型的构造权交给程序设计者，程序设计者按 struct 语句规则，基于基本数据类型构造出需要的数据类型，本质是利用基本数据类型的单元数据存储结构，构造更复杂的单元数据存储结构，单元数据整体使用内存。

9.1.2　定义结构体并同时定义结构体变量

定义结构体并同时定义结构体变量的一般格式如下：

```
struct 结构体名称
{
    数据成员列表;
}变量名列表;
```

如将程序源代码（SL9-1.c）定义结构体与定义结构体变量合并为：

```
...
struct StudentInfo
{
 char m_StuID[12]; //学号
 char m_Name[30];  //姓名
 float m_age;      //年龄
 double m_score;   //成绩
}Val1,Objs[10];
...
```

在定义 StudentInfo 结构体的同时还定义了结构体变量 Val1 和数组 Objs，变量 Val1 和数组 Objs 的数据类型为 Student 结构体。

又如：

```
struct Point { int x,y ;}p1,p2,p3[10];
```

在定义 Point 结构体时还使用 struct Point 数据类型标识符定义了变量 p1、p2 和数组 p3。

9.1.3　定义无名结构体变量

定义无名结构体变量的一般格式如下：

```
struct
{
    数据成员列表;
}变量名列表;
```

如下为结构体定义：

```
struct
{
 int x,y ;
}p1,p2,p3[10];
```

关键字 struct 后没有给出结构体名称，因此为无名结构体。结构体无名，不能确定结构体数据类型标识符，离开无名结构体的定义域，不能再定义结构体变量。

无名结构体一般用于数据临时集成，方便准确引用数据。例 9.2 将全局变量 a、局部变量 b 和 c 的内存地址用无名结构体变量 Vals 进行封装，通过指针准确引用变量 a、b、c。

【例 9.2】 使用无名结构体集成变量（int a、double b、char c）指针，直接引用变量。

解题分析：

根据 int a、double b、char c 的数据类型，将变量指针封装到无名结构体变量 Vals 中，引用 Vals 的数据成员实现直接变量操作。

算法描述：

Step1：定义全局变量 int a，在 main 内定义变量 double b,char c。

Step2：针对 a、b、c 的数据类型，定义无名结构体封装 int*m_p1、double*m_p2、char*m_p3 指针，并定义无名结构体变量 Vals。

Step3：为 Vals 的数据成员赋值，Vals.m_p1=&a,Vals.m_p2=&b,Vals.m_p3=&c。

Step4：引用 Vals 变量数据成员，分别向指向的内存赋值，*Vals.m_p1+=5、*Vals.m_p2*=1.5、*Vals.m_p3+=32。

Step5：输出 a、b、c 的值，直观感受它们被改变的过程。

Step6：程序结束。

程序源代码（SL9-2.c）：

```
#include <stdio.h>
int a;
void main()
{
 double b=20;
 char c=65;
 struct
 {
  int *m_p1;
  double *m_p2;
  char *m_p3;
 }Vals;
 //将变量地址赋给结构体数据成员
 Vals.m_p1=&a,Vals.m_p2=&b,Vals.m_p3=&c;
 //通过结构体数据成员引用内存数据
 *Vals.m_p1+=5;     //变量 a 值+5，Vals.m_p1 的语义是引用 Vals 变量的 m_p1 成员
 *Vals.m_p2*=1.5;   //变量 b 值*1.5，Vals.m_p2 的语义是引用 Vals 变量的 m_p2 成员
 *Vals.m_p3+=32;    //变量 c 值+32，Vals.m_p3 的语义是引用 Vals 变量的 m_p3 成员
 printf("a is: %d\t b is: %f\tc is: %d\n",a,b,c);
}
```

程序运行，输出：

```
 a is: 5  b is: 30.000000  c is: 97
```

程序源代码（SL9-2.c）中的变量 Vals 是无名结构体变量，不是无数据类型变量。结构体无名，没有数据类型标识符，不能在定义结构体外再定义变量，无名结构体一般用作临时数据集成。

9.1.4　结构体重命名

typedef 语句的功能是为数据类型标识符重新命名，或为存在的数据类型标识符取别名。

1. 定义结构体并重命名

定义结构体并重命名的一般格式如下：

```
typedef struct 结构体名称
{
  数据成员列表;
}结构体类型名;
```

在定义结构体的同时，还将结构体数据类型标识符"struct 结构体名称"重新命名为"结构

体类型名"。注意与定义结构体并同时定义变量的区别，例如：

```
typedef struct Point                struct Point1
{                                   {
   int x;                              int x;
   int y;                              int y;
}POINT_A;                           }POINT_B;
```

POINT_A 是结构体数据类型标识符，是 struct Point 数据类型标识符的别名。

POINT_B 是 Point1 结构体的变量名，其数据类型标识符是 struct Point1。

POINT_A 可作为数据类型标识符使用，如使用其定义变量：

```
POINT_A p1,p2,ps[5];
```

变量 p1、p2 和数组 ps 的真实数据类型标识符为 struct Point，使用 POINT_A 比使用 struct Point 简便。

2. 存在的数据类型标识符重命名

typedef 语句功能是对存在的数据类型（标识符）取别名。如已存在 struct Point1 结构体定义，使用 typedef 语句可将 struct Point1 重命名为 CPoint。

```
typedef struct Point1 CPoint;
```

由此定义，CPoint 可作为数据类型标识符使用。如用 CPoint 定义变量：

```
CPoint p1,p2,ps[5];
```

将例 9.1 中程序源代码的结构体定义使用 typedef 重命名，程序源代码修改为（SL9-3.c）。

程序源代码（SL9-3.c）：

```
#include <stdio.h>
typedef struct StudentInfo
{
 char m_StuID[12]; //学号
 char m_Name[30];  //姓名
 float m_age;       //年龄
 double m_score;    //成绩
}Stu_Info;
void main()
{
 struct StudentInfo Val1,Objs[10];
 Stu_Info Val2,Stus[10];
 printf("Val1 Memory Address:%p\t Memory Size: %d\n",
 &Val1,sizeof(struct StudentInfo));
 printf("Objs Memory Address:%p\t Memory Size: %d\n",Objs,sizeof(Objs));
 printf("Val2 Memory Address:%p\t Memory Size: %d\n",&Val2,sizeof(Val2));
 printf("Stus Memory Address:%p\t Memory Size: %d\n",Stus,sizeof(Stus));
}
```

程序运行，输出：

```
Val1 Memory Address:007FFA78    Memory Size: 56
Objs Memory Address:007FF840    Memory Size: 560
Val2 Memory Address:007FF800    Memory Size: 56
Stus Memory Address:007FF5C8    Memory Size: 560
```

输出证明，变量 Val1 和 Val2 占用内存长度相同，数组 Objs 和 Stus 占用内存长度也相同，定义语句 struct StudentInfo Val1,Objs[10]和 Stu_Info Val2,Stus[10]功能相同。定义语句 Stu_Info Val2,Stus[10]比 struct StudentInfo Val1,Objs[10]简略。

与程序源代码（SL9-1.c）比较，程序源代码（SL9-3.c）的结构体定义置于函数之外，扩大了结构体定义的作用域。

9.1.5 结构体嵌套定义

结构体内再定义结构体称为结构体嵌套。

例如，将前面的 StudentInfo 结构体扩展为可以存储 40 门课程成绩的结构体，定义格式如下：

```
typedef struct StudentInfoEx
{
 char m_StuID[12];       //学号
 char m_Name[30];        //姓名
 float m_age;            //年龄
 double m_score;         //成绩
 struct Course_info      //课程信息
 {
  char CourseCode[10];   //课程编号
  char CourseName[50];   //课程名称
  float CourseScore;     //课程成绩
 }m_CourseInfo[40];
}Stu_InfoEx;
```

StudentInfoEx 结构体内还定义了 Course_info 结构体数组 m_CourseInfo[40]。

如果被嵌套的结构体仅是一个定义，不用其定义变量，那么这种结构体嵌套毫无意义！例如：

```
typedef struct StudentInfoEx
{
 char m_StuID[12];       //学号
 char m_Name[30];        //姓名
 float m_age;            //年龄
 double m_score;         //成绩
 struct Course_info      //课程信息
 {
  char CourseCode[10];   //课程编号
  char CourseName[50];   //课程名称
  float CourseScore;     //课程成绩
 }
}Stu_InfoEx;
```

内嵌结构体 Course_info 只有定义，没有结构体变量，因此内嵌结构体 Course_info 结构体定义没有意义，浪费内存。读者如有兴趣，可用程序源代码（SL9-4.c）验证程序有、无 m_CourseInfo[40] 时，输出变量内存的长度分别是多少。

程序源代码（SL9-4.c）：

```
#include <stdio.h>
typedef struct StudentInfo
{
 char m_StuID[12];       //学号
 char m_Name[30];        //姓名
 float m_age;            //年龄
 double m_score;         //成绩
 struct Course_info      //课程信息
 {
  char CourseCode[10];   //课程编号
  char CourseName[50];   //课程名称
  float CourseScore;     //课程成绩
 }m_CourseInfo[40];
}Stu_InfoEx;
void main()
{
 Stu_InfoEx Val2,Stus[10];
 printf("Val2 Memory Address:%p\t Memory Size: %d\n",&Val2,sizeof(Val2));
 printf("Stus Memory Address:%p\t Memory Size: %d\n",Stus,sizeof(Stus));
}
```

程序运行，输出：

```
Val2 Memory Address:00AFEF64    Memory Size: 2616
Stus Memory Address:00AF892C    Memory Size: 26160
```

当删除 m_CourseInfo[40]后，程序运行输出：

```
Val2 Memory Address:00AFF638    Memory Size: 120
Stus Memory Address:00AFF6B0    Memory Size: 1200
```

相较无 m_CourseInfo[40]时，变量 Val2 的内存长度为 120 个字节，而可用内存仅为 54 个字节，66 个字节无法使用。

StudentInfoEx 结构体是 StudentInfo 结构体的扩展，观察对比 StudentInfo 结构体与 StudentInfoEx 结构体，StudentInfoEx 结构体前面的数据成员与 StudentInfo 结构体的数据成员，其数据类型、成员顺序相同，可以推断 StudentInfoEx 结构体包含 StudentInfo 结构体，结构体是数据存储单元，存储 StudentInfoEx 类型数据的内存地址（指针）可以强制转换为 StudentInfo 结构体指针，实现代码如下：

```
Stu_InfoEx data1;
struct StudentInfo* pData;
pData=(struct StudentInfo*)&data1
```

9.1.6　结构体变量赋初值

用结构体数据类型定义出的变量有若干个数据成员（若干个分量）。结构体变量赋初值是指为结构体变量的数据成员赋初值。

定义结构体变量并赋初值与定义数组并赋初值相似，需要提供初值表，且初值表数据顺序要与结构体数据成员顺序一致。如定义 StudentInfo（定义见例 9.1）结构体变量 Val1 并赋初值的表达语句如下：

```
struct StudentInfo Val1={"20214401","赵钱孙",18.5,99.5};
```

变量 Val 数据成员获得的赋值如下：

Val1.m_StuID 的值是字符串"20214401"；

Val1.m_Name 的值是字符串"赵钱孙"；

Val1.m_age 的值是 18.5；

Val1.m_score 的值是 99.5。

又如，例 9.3 针对班级信息（班级代码、班级名称、班级人数、女生人数、建班日期）定义 _Professional_class_结构体，并重命名为 ProClassInfo，再为 m_Admission_Date 变量赋初值。

【例 9.3】　定义结构体及其变量并赋初值。

解题分析：

定义结构体变量并赋初值语句如下：

```
ProClassInfo Myclass={"20214401","物联网工程",65,14,{2021,9,10}};
```

其中初值表为{"20214401","物联网工程",65,14,{2021,9,10}}，初值表数据顺序与结构体数据成员顺序一致。初值表中的{2021,9,10}显然是 Myclass.m_Admission_Date 的初值表。

定义结构体变量 Myclass 并赋初值，Myclass 数据成员的值如下：

Myclass.m_Classcode 被赋值"20214401"；

Myclass.m_Classname 被赋值"物联网工程"；

Myclass.m_Classsize 被赋值 65；

Myclass.m_Girls 被赋值 14。

Myclass.m_Admission_Date 数据成员的值如下：

Myclass.m_Admission_Date.m_Year 被赋值 2021；

Myclass.m_Admission_Date.m_Month 被赋值 9;

Myclass.m_Admission_Date.m_Day 被赋值 10。

程序源代码（SL9-5.c）:

```c
#include <stdio.h>
typedef struct _Professional_class_    //班级信息
{
 char m_Classcode[10];                 //班级代码
 char m_Classname[40];                 //班级名称
 int m_Classsize;                      //班级人数
 int m_Girls;                          //班级女生人数
 struct
 {
  short m_Year;
  char m_Month;
  char m_Day;
 }m_Admission_Date;                    //建班日期
}ProClassInfo;
void main()
{
 ProClassInfo Myclass={"20214401","物联网工程",65,14,{2021,9,10}};
 printf("Member variable value of structural variable Myclass:\n");
 printf("Myclass.m_Classcode is:%s\n",Myclass.m_Classcode);
 printf("Myclass.m_Classname is:%s\n",Myclass.m_Classname);
 printf("Myclass.m_Classsize is:%d\n",Myclass.m_Classsize);
 printf("Myclass.m_Girls is:%d\n",Myclass.m_Girls);
 printf("Myclass.m_Admission_Date is: %d-%d-%d\n",
  Myclass.m_Admission_Date.m_Year,   Myclass.m_Admission_Date.m_Month,
  Myclass.m_Admission_Date.m_Day);
}
```

程序运行，输出:

```
Member variable value of structural variable Myclass:
Myclass.m_Classcode is:20214401
Myclass.m_Classname is:物联网工程
Myclass.m_Classsize is:65
Myclass.m_Girls is:14
Myclass.m_Admission_Date is: 2021-9-10
```

9.1.7　结构体指针

由结构体定义的指针即为结构体指针。如源代码（SL9-5.c）中的定义语句:

```c
ProClassInfo Myclass={"20214401","物联网工程",65,14,{2021,9,10}};
```

再定义一个指针变量并指向 Myclass 变量:

```c
ProClassInfo *pPtr=&Myclass;
```

pPtr 是一个指针变量，指针 pPtr 所指向的内存存储的是一个 ProClassInfo 类型数据。

结构体指针引用数据成员用 "->" 运算符，如用指针 pPtr 引用指向内存 ProClassInfo 型数据的数据成员，其表达式为: pPtr->m_Classcode、pPtr->m_Classname、pPtr->m_Classsize、pPtr->m_Girls、pPtr->m_Admission_Date.m_Year、pPtr->m_Admission_Date.m_Month、pPtr->m_Admission_Date.m_Day。

以下通过例 9.4 介绍结构体指针定义、引用数据成员方法。

【例 9.4】 利用结构体封装圆内接正多边形面积计算方法。

解题分析:

圆内接正四边形边长几何意义如图 9.1 所示。已知圆半径 r、内接正多边形的边数 n，求圆内接正多边形面积。求出中心角 $\alpha=360/(2\times n)$，正多边形边长 $b=2\times r\times\sin(\alpha)$，三角形半周长

$s = (2r+b)/2$, 由海伦公式求三角形面积 $S_q = \sqrt{s(s-r)(s-r)(s-b)}$，$n$ 个三角形面积和为圆内接正 n 边形面积 $n \times S_q$。

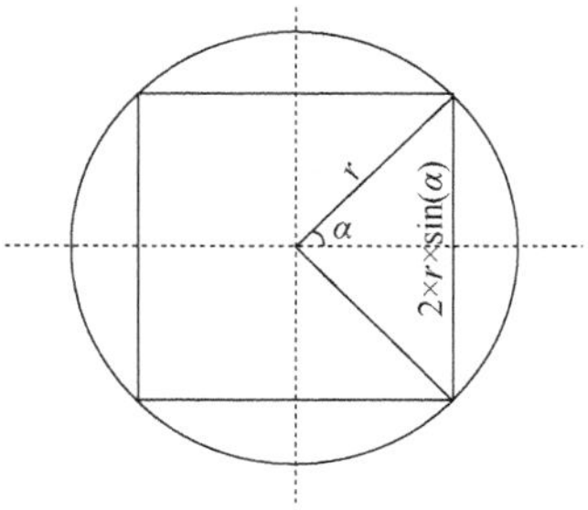

设计 void Cal_Cir_Reg_Area(InsRegPol* pObj)函数，计算圆内接正多边形面积。函数形式参数为 InsRegPol* pObj，pObj 指向的内存存储 InsRegPol 型数据，pObj->m_Pol_Area 成员为正多边形面积。InsRegPol 结构体定义如下：

图 9.1　圆内接正四边形边长几何意义

```
typedef struct _Ins_reg_pol_
{
 double m_R;                //圆半径（已知）
 int m_Sides;              //边数（已知）
 double m_Pol_Area;         //面积（函数算出值）
 void (*pCAL_Area)(struct _Ins_reg_pol_*);     //计算圆内接正多边形面积函数指针
}InsRegPol;
```

InsRegPol 结构体将数据与数据处理函数封装在了一起。

算法描述：

Step1：设计函数原型格式为 void Cal_Cir_Reg_Area(InsRegPol* pObj)。

Step2：定义 double 型变量：bc 为边长，s 为三角形半周长，angle 为中心角。

Step3：如果指针 pObj 为空，转 Step6。

Step4：算出中心角 angle=2*PI/pObj->m_Sides，边长 bc=2*pObj->m_R*sin(angle/2)，三角形半周长 s=(2*pObj->m_R+bc）/2。

Step5：根据海伦公式计算出圆内接正 pObj->m_Sides 边形面积为

```
pObj->m_Pol_Area=pObj->m_Sides*(s-pObj->m_R)*sqrt(s*(s-bc))
```

Step6：程序结束。

void Cal_Cir_Reg_Area(InsRegPol* pObj)函数定义、测试用主调函数定义的 C 语言表达如下。

程序源代码（SL9-6.c）：

```
#include <stdio.h>
#include <math.h>
#define PI 3.1415926
typedef struct _Ins_reg_pol_
{
 double m_R;              //圆半径
 double m_Pol_Area;       //正多边形面积
 int m_Sides;             //内接正多边形边数
 void (*pCAL_Area)(struct _Ins_reg_pol_*);
}InsRegPol;
void Cal_Cir_Reg_Area(InsRegPol* pObj)
{
 double bc;              //内接正多边形边长
 double s;               //三角形半周长
 double angle;           //边的中心角
 if(pObj==NULL)
   return;
 angle=2*PI/pObj->m_Sides;       //正多边形中心角。->指针引用结构体成员运算符
 bc=2*pObj->m_R*sin(angle/2);    //正多边形边长。->指针引用结构体成员运算符
 s=(2*pObj->m_R+bc)/2;           //三角形半周长。->指针引用结构体成员运算符
 pObj->m_Pol_Area=pObj->m_Sides*(s-pObj->m_R)*sqrt(s*(s-bc));
}
void main()
{
```

```
InsRegPol CircleObj={0,0,0,Cal_Cir_Reg_Area};//定义并赋初值
printf("Enter the radius of the circle and the number of sides:");
scanf("%lf%d",&CircleObj.m_R,&CircleObj.m_Sides);
if(CircleObj.m_Sides>2 && CircleObj.m_R>0.0)
{
(*CircleObj.pCAL_Area)(&CircleObj);     //函数指针调用执行函数
printf("Area of inscribed regular polygon in circles is %f\n",
      CircleObj.m_Pol_Area);
}
else
  printf("error\n");
}
```

程序运行，输入：

```
Enter the radius of the circle and the number of sides:10 20000
```

输出：

```
Area of inscribed regular polygon in circle is 314.159255
```

程序运行输出表明 Cal_Cir_Reg_Area()函数算法准确可靠，半径为 10，圆内接正 20000 边形面积为 314.159255，接近圆的面积。

1．理解 Cal_Cir_Reg_Area()函数形式参数 InsRegPol* pObj

函数原型格式 void Cal_Cir_Reg_Area(InsRegPol* pObj)中，形式参数 InsRegPol* pObj 是由主调函数指定的，存储结构体 InsRegPol 单元数据的内存地址，主调函数与 Cal_Cir_Reg_Area 函数共享 pObj 内存，内存数据的存储结构遵循 InsRegPol 结构体，因此数据结构体不仅是数据属性，还是单元数据的存储结构。pObj->m_Pol_Area 成员记录的面积值主调函数可以引用。

2．Cal_Cir_Reg_Area()函数内结构体指针引用数据成员表达式

Cal_Cir_Reg_Area()函数中指针引用数据成员的表达式为 pObj->m_Sides、pObj->m_R、pObj->m_Pol_Area。

3．结构体封装函数指针的意义

结构体是相关数据集成（封装）在一起构成的新的数据类型，函数指针是记录函数代码占用内存的起始地址（一个无符号长整型数）。

InsRegPol 结构体封装 void (*pCAL_Area)(struct _Ins_reg_pol_*)函数指针的意义是将数据和处理数据的函数封装在一起，体现了面向数据（对象）的程序设计技术。

通过例 9.5 实现复数相乘，再介绍结构体变量数据成员的引用方法。

【例 9.5】 阅读代码，掌握结构体数据成员引用运算符“.”和“->”。

解题分析：

针对复数设计结构体 _complex_ ，将实现复数相乘的函数原型格式定义为 Complex Complex_mul(Complex a,Complex* pb)。

算法描述：

Step1：设计函数原型格式为 Complex Complex_mul(Complex a,Complex* pb)，函数返回数据类型为 Complex，形式参数 Complex a 为已知复数，形式参数 Complex* pb 为已知复数存在的内存地址。

Step2：定义 Complex retC 复数变量 retC。

Step3：根据复数乘法计算 retC 的实部和虚部为 retC.m_r=a.m_r*pb->m_r-a.m_i*pb->m_i，retC.m_i=a.m_r*(*pb).m_i+a.m_i*(*pb).m_r。

Step4：返回复数 retC。

程序源代码（SL9-7.c）：

```
#include <stdio.h>
```

```
typedef struct _complex_
{
 double m_r;  //实部
 double m_i;   //虚部
}Complex;
void main(void)
{
 extern Complex Complex_mul(Complex,Complex*);      //函数原型声明
 Complex a,b,c;
 scanf("%lf%lfi",&a.m_r,&a.m_i);
 scanf("%lf%lfi",&b.m_r,&b.m_i);
 c=Complex_mul(a,&b);
 printf("(%g%c%gi)*(%g%c%gi)=%g%c%gi\n",
        a.m_r,a.m_i>=0?'+':'-',a.m_i>=0?a.m_i:-a.m_i,
        b.m_r,b.m_i>=0?'+':'-',b.m_i>=0?b.m_i:-b.m_i,
        c.m_r,c.m_i>0?'+':'-',c.m_i>=0?c.m_i:-c.m_i);
}
Complex Complex_mul(Complex a,Complex* pb)
{
 Complex retC;
 retC.m_r=a.m_r*pb->m_r-a.m_i*pb->m_i;        //实部值
 retC.m_i=a.m_r*(*pb).m_i+a.m_i*(*pb).m_r;     //虚部值
 return retC;
}
```

程序运行，输入：

```
1+2i
1-2i
```

输出：

```
(1+2i)*(1-2i)=5-0i
```

函数原型格式 Complex Complex_mul(Complex a,Complex* pb)的功能如下：

（1）Complex_mul 返回一个 Complex 类型的数据。

（2）参数 a 是实参的复制品，参数 pb 是主调函数（主动调用方）提供的保存 Complex 类型数据的内存地址。参数 a 所占用的内存是 Complex_mul()函数的，pb 指向的内存是主调方的，主调方与 Complex_mul()函数共享 pb 指向的内存。

在赋值语句 retC.m_r=a.m_r*pb->m_r-a.m_i*pb->m_i 中，a 是结构体变量，引用 a 的数据成员用运算符"."；pb 是结构体指针，引用 pb 内存结构体数据的数据成员用运算符"->"。

在赋值语句 retC.m_i=a.m_r*(*pb).m_i+a.m_i*(*pb).m_r 中，表达式(*pb)中*pb 所表达的语义为 pb 内存数据——Complex 类型数据。

9.2 同类型结构体变量赋值

同类型结构体变量与变量可以整体赋值。

例如，如下结构体定义：

```
typedef struct StudentInfo
{
 char m_StuID[12]; //学号
 char m_Name[30];  //姓名
 float m_age;       //年龄
 double m_score;   //成绩
}Stu_Info;
```

定义变量：

```
Stu_Info stuAry[10]={{"2018442116","赵钱孙",16.8f,99.5}},stu2;
```

stuAry 中的 10 个元素和变量 stu2 是同类型变量，它们之间可以整体赋值，表达如下：

stu2=stuAry[0]：将 stuAry[0]元素各数据成员的值赋给变量 stu2 对应的数据成员；

stuAry[9]=stuAry[0]：将 stuAry[0]元素各数据成员的值赋给 stuAry[9]元素对应的数据成员。

通过例 9.6 验证同一结构体变量间的整体赋值。

【例 9.6】 验证同类型结构体变量间的整体赋值。

解题分析：

同类型结构体变量有自己的内存，内存地址不同，内存长度相同，数据存储格式顺序相同，同类型结构体变量间的整体赋值是内存数据拷贝。

程序源代码（SL9-8.c）：

```c
#include <stdio.h>
#include <memory.h>
void main()
{
 typedef struct _student_info_
 {
  char m_StuID[12];      //学号
  char m_Name[30]; //姓名
  float m_age;//年龄
  double m_score;  //成绩
 }StuInfo;
 StuInfo stuAry[10]={{"2021442116","赵钱孙",16.8f,99.5}},stu2;
 stu2=stuAry[0];
 memcpy(&stuAry[9],&stu2,sizeof(stu2));
 printf("stuAry[0] value is:\t%s,%s,%g,%g\n",stuAry[0].m_StuID,
    stuAry[0].m_Name,stuAry[0].m_age,stuAry[0].m_score);
 printf("   Stu2 value is:\t%s,%s,%f,%f\n",stu2.m_StuID,
    stu2.m_Name,stu2.m_age,stu2.m_score);
 printf("stuAry[9] value is:\t%s,%s,%g,%g\n",stuAry[9].m_StuID,
    stuAry[9].m_Name,stuAry[9].m_age,stuAry[9].m_score);
}
```

程序运行，输出：

```
stuAry[0] value is:    2021442116,赵钱孙,16.8,99.5
    Stu2 value is:    2021442116,赵钱孙,16.799999,99.500000
stuAry[9] value is:    2021442116,赵钱孙,16.8,99.5
```

程序源代码（SL9-8.c）中结构体变量间整体赋值语句为 stu2=stuAry[0]，将 stuAry 数组 0 号元素值赋给变量 stu2。memcpy(&stuAry[9],&stu2,sizeof(stu2))语句将变量 stu2 内存数据复制到 stuAry 数组 9 号元素的内存中，并输出各自的数据成员值，表明都实现了结构体变量的整体赋值。

9.3   特殊结构体——位段

操作二进制数计数位的结构体称为位段，也称位域。所谓位段是指将一个二进制数的计数位划分为几个不同的段，并指明每个段的段名和占用位数，在程序中按段名引用计数位。

位段将多个不同的信号合并为一个整型数存储在内存中，既节省内存，又方便引用计数位。

位段定义的一般格式如下：

```
struct 位段结构名
{
 整型标识符  位段名1：位长度；
 整型标识符  位段名2：位长度；
 ...
};
```

与结构体定义格式比较，位段定义在数据成员后，用冒号引出位数。

例如，按位操作 int 型内存，其位段定义如下：

```
struct packed
{
 unsigned int one:1;    //1 位(0 号位)命名为 one
 unsigned int two:2;    //2 位(1~2 号位)命名为 two
 unsigned int three:3;  //3 位(3~5 号位)命名为 three
 unsigned int four:4;   //4 位(6~9 号位)命名为 four
}Memdigits;
```

定义的位段变量 Memdigits 内存长度为 4 个字节 32 位，只使用低 10 位，高 22 位未使用，位段变量 Memdigits 使用的计数位如图 9.2 所示，引用变量 Memdigits 的计数位与引用变量一样方便，引用位段变量计数位见例 9.7。

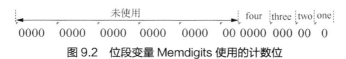

图 9.2　位段变量 Memdigits 使用的计数位

【例 9.7】 定义位段变量并引用变量的计数位。

程序源代码（SL9-9.c）：

```
#include <stdio.h>
struct packed//定义位段并同时定义变量 Memdigits
{
 unsigned int one:1;   //one 占 1 位,0 号位    0000 0000 0000 0000 0000 0000 0000 0001
 unsigned int two:2;   //two 占 2 位,1~2 号位   0000 0000 0000 0000 0000 0000 0000 0110
 unsigned int three:3; //three 占 3 位,3~5 号位   0000 0000 0000 0000 0000 0000 0011 1000
 unsigned int four:4;  //four 占 4 位,6~9 号位    0000 0000 0000 0000 0000 0011 1100 0000
}Memdigits;
void main( )
{
 Memdigits.one=1;          //1 被保存到 0 号位
 Memdigits.two=3;          //3 被保存到 1~2 号位
 Memdigits.three=6;        //6 被保存到 3~5 号位
 Memdigits.four=15;        //5 被保存到 6~9 号位
 printf("变量 Memdigits 占用内存 %d 个字节\n 整型数,值为 %d,其中:\n  0 位值为:%d\n"
   "1-2 位值为:%d\n3-5 位值为:%d\n6-9 位值为:%d\n10-31 位未使用\n\n",
 sizeof(Memdigits),Memdigits,Memdigits.one,Memdigits.two,
   Memdigits.three,Memdigits.four);
}
```

程序运行，输出：

变量 Memdigits 占用内存 4 个字节

整型数,值为 1015,其中:

　0 位值为:1

1-2 位值为:3

3-5 位值为:6

6-9 位值为:15

10-31 位未使用.

位段是对二进制数计数位的操作，每个位段的计数位可能不同，应注意其计数范围。

9.4　结构体编程示例

结构体是将相关数据集成（封装）在一起构造出新的数据类型。构造数据类型就是设计数据，或者为同类数据设计数据属性。数据属性包括数据计数形式、数据占用内存长度、数据内存地址、值（内存数据）。学习和使用结构体要重视结构体单元数据存储结构。

【例 9.8】 设计记录平面坐标点的结构体，再设计三角形结构体记录 3 个点坐标、三角形周长和三角形面积。用点(10,10)、(30,30)、(50,10)构成三角形，并计算三角形周长和面积。

解题分析：

针对题意，记录平面坐标点的数据设计为：

```
typedef struct _point_
{
 double x;             //x 方向距离
 double y;             //y 方向距离
}POINT;
```

一个 POINT 数据包括两个数据成员，数据成员 x 记录 x 坐标值，数据成员 y 记录 y 坐标值。

三角形数据设计为：

```
typedef struct _triangle_
{
 POINT Points[3]; //POINT 数组，记录三角形 3 个顶点坐标
 void (*pCalc_Area)(struct _triangle_*);
 double a,b,c;         //三边长
 double s;             //三角形面积
 double l;             //三角形周长
}Tria;
```

一个 Tria 数据包括 7 个数据成员，其中 POINT Points[3]数据成员是已知的三角形顶点坐标，数据成员 a、b、c、s、l 的值由函数指针 void (*pCalc_Area)(struct _triangle_*)指向的函数算出。

函数指针原型格式 void (*pCalc_Area)(struct _triangle_*)的形式参数为 struct _triangle_指针（即 Tria 指针），意味着函数收到的输入是三角形数据，已知三角形顶点坐标就能算出三角形边长和面积。

算法描述：

Step1：设计平面坐标数据结构体及三角形数据结构体。

Step2：设计已知三角形数据计算三角形面积的函数原型格式 void Calc_TriangleArea(Tria* pObject)。

Step3：根据 pObject 指向的三角形数据的 Points[3]数据成员，分别算出三角形 3 个边长 a、b、c 和周长 l，再通过海伦公式算出三角形面积 s。

Step4：不带值返回。

程序源代码（SL9-10.c）：

```c
#include <stdio.h>
#include <math.h>
typedef struct _point_
{
 double x;      //x方向距离
 double y;      //y方向距离
}POINT;
typedef struct _triangle_
{
 POINT Points[3]; //Points数组名，记录三角形3个顶点坐标
 void (*pCalc_Area)(struct _triangle_ *);
 double a,b,c;    //三边长
 double s;        //三角形面积
 double l;        //三角形周长
}Tria;
void main()
{
 void Calc_TriangleArea(Tria* pObject);   //函数原型声明
 Tria TriaObj={{{10,10},{30,30},{50,10}},Calc_TriangleArea};
 Calc_TriangleArea(&TriaObj);//调用函数计算已知三角形数据的数据成员
 printf("边长为%8.2f%8.2f%8.2f\n",TriaObj.a,TriaObj.b,TriaObj.c);
 printf("面积为%8.2f\n",TriaObj.s);
 printf("周长为%8.2f\n",TriaObj.l);
}
void Calc_TriangleArea(Tria* pObject)
{
 double  L,x,y;
 //计算a边长
 x=pObject->Points[1].x-pObject->Points[0].x;
 y=pObject->Points[1].y-pObject->Points[0].y;
 pObject->a=sqrt(x*x+y*y);
 //计算b边长
 x=pObject->Points[2].x-pObject->Points[1].x;
 y=pObject->Points[2].y-pObject->Points[1].y;
 pObject->b=sqrt(x*x+y*y);
 //计算c边长
 x=pObject->Points[2].x-pObject->Points[0].x;
 y=pObject->Points[2].y-pObject->Points[0].y;
 pObject->c=sqrt(x*x+y*y);
 //计算周长
 pObject->l=pObject->a+pObject->b+pObject->c;
 L=0.5*pObject->l;
 //通过海伦公式计算三角形面积
 pObject->s=sqrt(L*(L-pObject->a)*(L-pObject->b)*(L-pObject->c));
}
```

程序运行，输出：

```
边长为   28.28   28.28   40.00
面积为   400.00
周长为   96.57
```

　　程序源代码中，主调函数 Tria TriaObj={{{10,10},{30,30},{50,10}},Calc_TriangleArea}定义三角形变量 TriaObj 并赋初值，初值表中的{{10,10},{30,30},{50,10}}提供给 TriaObj 的 Points 数据成员，这正是数组赋初值的格式。Tria TriaObj 定义变量就是构造一个三角形数据 TriaObj，或称为 Tria 单元数据，其单元数据的存储顺序就确定了，用 TriaObj 变量内存地址调用 Calc_TriangleArea(&TriaObj)

函数，主调函数和被调函数共享 TriaObj 变量内存，双方按 TriaObj 数据类型引用数据成员（解析数据成员）。

　　void Calc_TriangleArea(Tria* pObject)函数中，形式参数 Tria* pObject 是指针，是主调函数指派的 Tria 数据类型数据的内存地址，Calc_TriangleArea 函数基于 pObject->Points[0]、pObject->Points[1]、pObject->Points[2]三个已知坐标点，实施计算过程。

9.5　单向链表

　　链表是常用的数据管理方法，由一系列节点组成，每个节点包括两个部分：存储数据的数据域，存储下节点的指针域。单向链表是链表的一种，其特点是链表的链接方向是单向的，查询链表节点要从头部首节点开始。图 9.3 所示为单向链表结构。

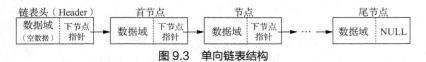

图 9.3　单向链表结构

　　从图 9.3 中可以看出，链表头（Header）必须固定，指向链表首节点指针，由表头管理整个链表节点。链表增加节点、删除节点必须维持链式存储结构关系，链表尾节点的"下节点指针"必须用 NULL 标识链尾。

　　以学号、姓名、成绩为数据，构建管理学生信息的单向链表（简称学生链表）。下面分析介绍学生链表节点的增、删、改、查功能函数设计。

1．定义节点数据类型（定义结构体）

使用节点数据记录学号、姓名、成绩和下一个节点指针的定义如下：

```
typedef struct _stu_info_
{
char m_studenID[11];          //学号
char m_studentName[13];       //姓名
double m_score;               //成绩
struct _stu_info_ *m_pNext;   //下一个节点的指针
}StuInfo;
```

StuInfo 结构体为节点数据，char m_studenID[11]、char m_studentName[13]、double m_score 为节点数据域，m_pNext 为节点指针域，即下个节点数据的内存地址。

2．追加节点函数

单向链表增加节点有三种方式：将新节点作为首节点加入链表；将新节点插入链表；将新节点追加到链尾，新节点为链尾。

　　链表增加节点的过程一般由函数完成，链表增加节点函数原型格式设计为 StuInfo *Tail(StuInfo *pHeader,StuInfo Obj)，形式参数 StuInfo *pHeader 记录链表头指针，StuInfo Obj 增加节点数据，节点增加方式为将新节点追加到链尾，新节点为尾节点。

算法描述：

Step1：设计函数原型格式及其形式参数 StuInfo *Tail(StuInfo *pHeader,StuInfo Obj)，pHeader 为已知链表头的内存地址，Obj 为已知需加入的节点数据。

Step2：从 pHeader 找出链表首节点。

Step3：从链表首节点递推，找出尾节点 pTail。

Step4：申请存储 StuInfo 数据所需的内存，pNewNote=(StuInfo*)malloc(sizeof(StuInfo))。

Step5：为结构体变量整体赋值，将 Obj 值赋给*pNewNote，并使 pNewNote->=NULL。

Step6：如果 pTail 为空，链尾节点不存在，则节点*pNewNote 是链表首节点，pNewNote 应填入 pHeader->m_pNex，pHeader->m_pNext=pNewNote，转 Step8。

Step7：构建新的链式结构，pTail->m_pNext=pNewNote。

Step8：返回新节点指针 pNewNote。

向单向链表追加节点函数 Tail()定义如下：

```
StuInfo *Tail(StuInfo *pHeader,StuInfo Obj)
{
 StuInfo *pTail=NULL,*pNewNote;
 pTail=pHeader->m_pNext;
 while(pTail && pTail->m_pNext!=NULL)          //找到链尾节点 pTail
 pTail=pTail->m_pNext;                         //指针后移
 pNewNote=(StuInfo*)malloc(sizeof(StuInfo));   //申请内存，存储一个节点数据
 *pNewNote=Obj;               //为结构体整体赋值
 pNewNote->m_pNext=NULL;      //链尾标识
 if(pTail==NULL)
 pHeader->m_pNext=pNewNote;   //首节点指针须指向头节点
 else
 pTail->m_pNext=pNewNote;     //新节点追加到链尾
 return pNewNote;             //返回追加的新节点指针
}
```

3．查找节点函数

在链表中查找节点，必须约定关键项，指定关键值，从链表首节点开始，逐节点将关键项值与关键值比对，比对成功的节点则为找到的节点，否则不存在指定值的节点。

一般在单向链表中查找节点，不仅要找出节点，还要找出节点的前节点指针。查找节点函数原型格式设计为 StuInfo *FindNote(StuInfo* pHeader,char *pKeyword,StuInfo** pBefore)，函数找到节点，返回节点指针，否则返回 NULL，形式参数 StuInfo* pHeader 为链表头指针，char *pKeyword 为指定关键值，StuInfo** pBefore 保存找到节点的前节点指针（**指针的指针）。

算法描述：

Step1：设计 FindNote()函数原型格式 StuInfo *FindNote(StuInfo* pHeader,char *pKeyword, StuInfo** pBefore)，已知条件：链表头指针 pHeader，查找关键值 pKeyword；输出，找到关键值存在的节点，找到节点的前节点指针，存入*Before 内存，否则*pBefore 内存置 NULL。

Step2：定义指针，StuInfo *pLoop=NULL,*pObj=NULL,*pUp=NULL，并将 pLoop 指向链表首节点。指针变量的用途为递推变量 pLoop，找到节点指针变量 pObj 及其前节点指针变量 pUp。

Step3：如果 pLoop==NULL 成立，转 Step8。

Step4：如果 strcmp(pLoop->m_studenID,pKeyword)==0 成立，pObj=pLoop，转 Step7。

Step5：pUp=pLoop；pUp 为节点的前节点。

Step6：pLoop=pLoop->m_pNext，转 Step3。

Step7：如果 pObj 不为 NULL（空），将 pUp 存入*pBefore 内存。

Step8：返回 pObj 指针。

在单向链表中查找节点函数 FindNote()的定义如下：

```
StuInfo *FindNote(StuInfo* pHeader,char *pKeyword,StuInfo** pBefore)
{
 StuInfo *pLoop=NULL,*pObj=NULL,*pUp=NULL;
 if(pHeader==NULL||pKeyword==NULL)
   return NULL;
 pLoop=pHeader->m_pNext;
```

```
while(pLoop)
{
  if(strcmp(pLoop->m_studenID,pKeyword)==0)   //字符串比较
  {
   pObj=pLoop;
   break;                    //找到节点，强制循环结束
  }
  pUp=pLoop;                 //当前节点将变为前节点指针
  pLoop=pLoop->m_pNext;      //下一节点指针
}
if(pObj) //找到节点
  *pBefore=pUp;             //pObj 的前节点指针
return pObj;               //找到节点，返回节点指针
}
```

形式参数 StuInfo** pBefore 说明，其格式为指针的指针，pBefore 是 FindNote()函数的局部变量，pBefore 内存中存储的是一个指针（内存地址），引用表达式*pBefore 仍然是指针，函数中表达式*pBefore=pUp 实现将 pUp 指针存入调用者指定的指针变量的内存，FindNote()函数的调用者不仅获得了节点指针，还获得了前节点指针。

4．删除节点函数

删除链表节点包括三种情况：删除首节点、删除中间节点和删除尾节点。删除链表中间节点操作示意如图 9.4 所示。

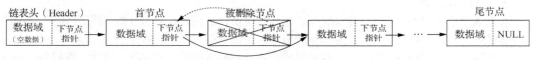

图 9.4　删除链表中间节点操作示意

删除首节点，首节点的"下节点指针"要赋给链表头。

删除中间节点，删除节点的"下节点指针"要赋给前节点的"下节点指针"。

删除尾节点，删除节点的前节点的"下节点指针"要置为 NULL。

学生链表节点删除函数原型格式为 int DeleteNote(StuInfo* pHeader,char *pKeyword)。

算法描述：

Step1：节点删除函数原型格式设计为 int DeleteNote(StuInfo* pHeader,char *pKeyword)，函数返回数据类型 int，如果删除成功，返回 1，否则返回 0。形式参数 StuInfo*pHeader 为链表头指针，char *pKeyword 为删除节点的关键值，查找节点的依据。

Step2：定义指针变量，StuInfo *pDelete=NULL,*pBefore=NULL，pDelete 删除节点，pBefore 删除节点的前节点。

Step3：用 pKeyword 调用查找函数　pDelete=FindNote(pHeader,pKeyword,&pBefore)，删除节点 pDelete 及其前节点 pBefore。

Step4：如果 pDelete==NULL，没有找到删除节点，返回 0。

Step5：若 pBefore 为 NULL，pDelete 为首节点，执行 pHeader->m_pNext=pDelete->m_pNext。

Step6：如果 pDelete->m_pNext 为 NULL，pDelete 为尾节点，将 pBefore->m_pNext 置 NULL，转 Step8。

Step7：若 pDelete 节点为中间节点，执行 pBefore->m_pNext=pDelete->m_pNext。

Step8：释放 pDelete 内存。

Step9：返回 1。

单向链表删除节点函数 DeleteNote()定义如下：

```
int DeleteNote(StuInfo* pHeader,char *pKeyword)
{
 StuInfo *pDelete=NULL,*pBefore=NULL;
 pDelete=FindNote(pHeader,pKeyword,&pBefore); //找出删除节点和前节点
 if(!pDelete)             //未找到
   return 0;
 if(pBefore==NULL)        //前节点为空,pDelete 为首节点
   pHeader->m_pNext=pDelete->m_pNext;//pDelete->m_pNext 为首节点
 else if(pDelete->m_pNext==NULL)
   pBefore->m_pNext=NULL;             //前节点为尾节点
 else
   pBefore->m_pNext=pDelete->m_pNext;//构建新链式关系
 free(pDelete);        //释放节点
 return 1;             //删除成功
}
```

5．修改节点数据

修改节点数据，需要指定查找节点关键值，找出修改节点，并实施节点数据成员值的修改。如修改学生链表学号为"2019442108"的节点，其实现步骤如下：

```
...
if((pCurObj=FindNote(&Header,"2019442108",&pBefore)))
{
 strcpy(pCurObj->m_studentName,"姓名被修改");
 pCurObj->m_score=59.6;
}
...
```

6．撤销链表函数

链表节点数是可伸缩的，节点占用内存按需申请，链表不再使用时一定要主动释放链表节点占用的内存。链表中单个节点占用的内存是孤立的，孤立节点通过数据指针线性链接，在逻辑上形成链式结构。

撤销链表，从首节点递推遍历链表中每个节点，释放节点占用的内存，并将链表头"下节点指针"置为 NULL。

撤销学生链表函数原型设计为 void FreeLink(StuInfo *pHeader)，函数从首节点开始遍历链表中的节点，释放每一个节点占用的内存，并将链表头的 m_pNext 成员置空。

算法描述：

Step1：函数原型格式设计为 void FreeLink(StuInfo *pHeader)，函数无返回值，形式参数 StuInfo *pHeader 为表头指针，从表头查找链表首节点指针。

Step2：定义 StuInfo *pDelete=NULL 指针。

Step3：从链表头提取首节点指针，pDelete=pHeader->m_pNext。

Step4：如果 pDelete 为 NULL，转 Step7。

Step5：暂时记住 pDelete 节点的下节点指针 StuInfo *pNext=pDelete->m_pNext；释放 pDelete 节点占用的内存，free(pDelete)；pDelete 变为下节点 pDelete=pNext，转 Step4。

Step6：将链表头"下节点指针"置为 NULL，pHeader->m_pNext=NULL。

Step7：返回。

函数源代码：

```
void FreeLink(StuInfo *pHeader)
{
 StuInfo *pDelete=NULL;
```

```
if(!pHeader)
 return;
pDelete=pHeader->m_pNext;
while(pDelete)                    //循环找出每个节点（遍历）
{
 StuInfo *pNext=pDelete->m_pNext;   //下一节点指针暂存
 free(pDelete);                   //释放 pDelete 内存
 pDelete=pNext;                   //pDelete 变为下一个节点
 }
pHeader->m_pNext=NULL;            //链表头的 m_pNext 置空
}
```

7．节点数据显示函数

一般针对节点设计显示函数，基于示范特设计链表数据显示函数 DisplayLink，函数原型格式为 void DisplayLink(StuInfo* pHeader)，功能从首节开始递推显示每个节点数据。DisplayLink()函数定义如下：

```
void DisplayLink(StuInfo* pHeader)
{
while(pHeader && pHeader->m_pNext!=NULL)
{
pHeader=pHeader->m_pNext;      //指针递推
printf("%s\t%s\t%.2f\n",pHeader->m_studenID,pHeader->m_studentName,
       pHeader->m_score);
}
}
```

8．单向链表应用示例

针对学生链表节点的增、删、改、查已设计出功能函数，节点增加函数 Tail()、节点查询函数 FindNote()、节点删除函数 DeleteNote()、链表数据显示函数 DisplayLink()、链表释放函数 FreeLink()，通过例 9.9 将这些函数串起来，形成操作学生链表的完整程序。

【例 9.9】实现学生信息单链表节点的增加、删除、修改和查询。

解题分析：

以主函数 main()为主调函数，调用 Tail、FindNote、DeleteNote、DisplayLink、FreeLink 示范链表节点的增加、删除、修改、查询和释放。

在 main()函数内，定义 StuInfo Header 变量作为固定节点，Header 作为链表头使用，Header.m_pNext 为首节点指针；定义 StuInfo Obj={"2019442116","ZhangShan",90.5,NULL}，即定义变量 Obj 并赋初值，以 Obj 为基础数据，创建 6 个节点的 Header 链表。

针对 Header 链表进行头节点删除、中间节点删除、尾节点删除、节点数据修改和 Header 链表释放。

程序源代码（SL9-11.c）：

```
void main()
{
 int i=0;
 //单独定义变量 Header，其 m_pNext 为链表头节点指针
 StuInfo Header;
 StuInfo *pBefore=NULL,*pCurObj=NULL;
 //定义并初始化 Obj，以此批量追加节点
 StuInfo Obj={"2019442116","ZhangShan",90.5,NULL};
 Header.m_pNext=NULL;
 //向 Header 链表追加 6 个节点
 for(i=0;i<6;i++)
 {
  sprintf(Obj.m_studenID,"20194421%02d",i+1);
```

```
        sprintf(Obj.m_studentName,"Student_%c",i+'A');
        Obj.m_score=85+i;
        pCurObj=Tail(&Header,Obj);        //追加到链表中
    }
    //显示链表节点
    printf("1.原链表节点:\n");
    DisplayLink(&Header);
    //删除首节点关键字学号为 2019442101 的节点
    if(DeleteNote(&Header,"2019442101"))
    {
        printf("2.删除首节点后的链表节点:\n");
        DisplayLink(&Header);
    }
    //删除中间节点
    if(DeleteNote(&Header,"2019442103"))
    {
        printf("3.删除中间节点后的链表节点:\n");
        DisplayLink(&Header);
    }
    //删除尾节点
    if(DeleteNote(&Header,"2019442106"))
    {
        printf("4.删除尾节点后的链表节点:\n");
        DisplayLink(&Header);
    }
    //找出关键字存在的节点,实施数据修改
    if((pCurObj=FindNote(&Header,"2019442105",&pBefore)))
    {
        strcpy(pCurObj->m_studentName,"姓名被修改");
        pCurObj->m_score=59.6;
        printf("5.修改节点数据后的链表节点:\n");
        DisplayLink(&Header);
    }
    FreeLink(&Header);        //释放链表节点占用的内存
}
```

程序运行,输出:

1.原链表节点:

2019442101	Student_A	85.00
2019442102	Student_B	86.00
2019442103	Student_C	87.00
2019442104	Student_D	88.00
2019442105	Student_E	89.00
2019442106	Student_F	90.00

2.删除首节点后的链表节点:

2019442102	Student_B	86.00
2019442103	Student_C	87.00
2019442104	Student_D	88.00
2019442105	Student_E	89.00
2019442106	Student_F	90.00

3.删除中间节点后的链表节点:

2019442102	Student_B	86.00
2019442104	Student_D	88.00
2019442105	Student_E	89.00
2019442106	Student_F	90.00

4.删除尾节点后的链表节点:

2019442102	Student_B	86.00
2019442104	Student_D	88.00
2019442105	Student_E	89.00

5.修改节点数据后的链表节点:

2019442102	Student_B	86.00
2019442104	Student_D	88.00
2019442105	姓名被修改	59.60

9.6   本章小结

数据类型是同类数据的属性，决定数据计数形式、占用内存长度、值存储结构。

使用 struct 关键字构造新的数据类型，其本质是设计数据属性，按 struct 规则，基于基本数据类型构造出新的数据类型，以基本数据类型数据属性为基础构造出更复杂的数据类型。struct 一旦构造了结构体数据类型，数据的计数形式、数据占用内存长度、数据值存储结构就已被定义，不可更改。

定义结构体只是设计数据属性的手段，目的是确定数据值的存储结构，只有这样才能准确解读内存数据。

数据是抽象的，一切数据都需要根据具体的数据结构体进行解析。

习题 9

一、选择题

1. 在 C 程序中，使用结构体的目的是（   ）。

    A. 将一组相关的数据作为一个整体，以便程序使用

    B. 将一组相同数据类型的数据作为一个整体，以便程序使用

    C. 将一组数据作为一个整体，以便其中的成员共享存储空间

    D. 将一组数值一一列举出来，该类型变量的值只限于列举的数值范围内

2. 已知如下结构类型定义：

```
typedef struct ex
{
    long int num;
    char sex;
    struct ex *next;
}student;
```

下列叙述错误的是（   ）。

    A. struct ex 是结构类型   B. student 是结构类型的变量名

    C. ex 可省略   D. student 不可省略

3. 若有如下定义，则正确的赋值语句为（   ）。

```
struct date2
{
 long i;
 char c;
}two;
struct date1
{
 int cat;
 struct date2 three;
} one;
```

    A. one.three.c='A';   B. one.two.three.c='A';

    C. three.c='A';   D. one.c='A';

4. 已知如下结构类型的定义和变量声明：

```
struct student
{
    int num;
    char name[10];
} stu={1,"marry"},*p=&stu;
```

则下列语句中错误的是（　　　）。

  A. printf("%d",stu.num);   B. printf("%d",(&stu)->num);

  C. printf("%d",&stu->num);   D. printf("%d",p->num);

5. 已知如下结构类型定义和变量声明：

```
struct sk
{ int a;float b; } data[2], *p;
```

若有 p=data，则以下对 data[0]成员 a 的引用中错误的是（　　　）。

  A. data[0]->a   B. data->a   C. p->a   D. (*p).a

6. 已知如下结构类型定义和变量声明：

```
struct person
{
 int num;
 char name[20],sex;
 struct{int class;char prof[20];} in;
} a={20,"li ning",'M',{5,"computer"}}, *p=&a;
```

下列语句中正确的是（　　　）。

  A. printf("%s",a->name);   B. printf("%s",p->in.prof);

  C. printf("%s",*p.name);   D. printf("%c",p->in->prof);

7. 下列程序的输出结果为（　　　）。

```
#include <stdio.h>
struct s
{
 int a;
 struct s *next;
};//链表中的一个节点
main( )
{
 int i;
 static struct s x[2]={5,&x[1],7,&x[0]},*ptr;
 ptr=&x[0];
 for(i=0;i<3;i++)
 { printf("%d",ptr->a); ptr=ptr->next;}
}
```

  A. 575   B. 757   C. 555   D. 777

8. 下列程序的输出结果为（　　　）。

```
#include <stdlib.h>
#include <string.h>
struct date  { int a; char s[5];} arg={27,"abcd"};
void main( )
{
 arg.a -=5;
 strcpy(arg.s, "ABCD");
 printf("%d,%s\n", arg.a, arg.s);
}
```

  A. 22, ABCD   B. 27, abcd   C. 22, abcd   D. 27, ABCD

9. 下列程序的输出结果是（　　　）。

```
#include <stdio.h>
#include <stdlib.h>
#include <string.h>
struct st_type {char name[10]; float score[3];};
union u_type  {int i; unsigned char ch; struct st_type student;} t;
void main( )
{
 printf("%d\n", sizeof(t));
}
```

A. 24　　　　　　B. 12　　　　　　C. 3　　　　　　D. 22

10. 下列关于 typedef 语句的描述，错误的是（　　　）。

A. typedef 只是对原有的类型起个新名，并没有生成新的数据类型

B. typedef 可以用于变量的定义

C. 用 typedef 定义类型名可嵌套定义

D. 用 typedef 定义类型名可以增加程序的可读性

11. 若有 typedef char STRING[255]; STRING s;，则 s 是（　　　）。

A. 字符指针数组变量　　　　　　　　B. 字符数组变量

C. 字符变量　　　　　　　　　　　　D. 字符指针变量

12. 在位运算中，操作数每右移一位，其结果相当于（　　　）。

A. 操作数乘以 2　　　　　　　　　　B. 操作数除以 2

C. 操作数除以 4　　　　　　　　　　D. 操作数乘以 4

13. 表达式 0x13|0x17 的值是（　　　）。

A. 0x13　　　　　　B. 0x17　　　　　　C. 0xE8　　　　　　D. 0xc8

14. 若有语句：

```
char x=3, y=6, z;   // 异或相同为 0, 不同为 1
z=x ^ y<<2;          // ^为按位异或运算符, <<为左移位运算符, <<高于^
```

则 z 的二进制值是（　　　）。

A. 00010100　　　　B. 00011011　　　　C. 00011100　　　　D. 00011000

15. 若有以下说明：

```
struct packed
{
    unsigned one:1;      //one 占 1 位, 0 号位
    unsigned two:2;      //two 占 2 位, 1~2 号位
    unsigned three:3;    //three 占 3 位, 3~5 号位
    unsigned four:4;     //four 占 4 位, 6~9 号位
} data;
```

占用的位编号 ⋯ 15 14 13 12 11 10 9 8 7 6 5 4 3 2 1 0，则以下位段数据的引用中不能得到正确数值的是（　　　）。

A. data.one=4　　　B. data.two=3　　　C. data.three=2　　　D. data.four=1

16. 下列定义结构体变量的语句中，错误的是（　　　）。

A. struct student { int num; char name[20]; } s;

B. struct   { int num; char name[20]; } s;

C. struct student { int num; char name[20]; }; struct student s;

D. struct student { int num; char name[20]; }; student s;

17. 若有定义语句：

```
struct { int x, y; } s[2] = { { 1, 3 }, { 2, 7 } };
```

则语句 printf("%d\n", s[0].y/s[1].x); 的输出结果为（　　　）。

A. 0　　　　　　　　B. 1　　　　　　　　C. 2　　　　　　　　D. 3

18. 根据下列定义，能输出字母 M 的语句是（　　　）。

```
struct person
{
char name[10];
int age;
} c[10] = {"John", 17, "Paul", 19, "Mary", 18, "Adam", 16 };
```

A.　printf("%c", c[3].name); 　　　　　　B.　printf("%c", c[3].name[1]);

C.　printf("%c", c[2].name[0]); 　　　　　D.　printf("%c", c[2].name[1]);

19. 若有下列定义，则对 data 中 a 成员的正确引用是（　　　）。

```
struct sk{ int a; float b; } data, *p=&data;
```

A.　(*p).data.a 　　　B.　(*p).a 　　　C.　p->data.a 　　　D.　p.data.a

20. 若有下列结构定义，(*p)->str++中的++加在（　　　）。

```
struct { int len; char *str; } *p;
```

A.　指针 str 上 　　　　　　　　　　　B.　指针 p 上

C.　str 指向的内容上 　　　　　　　　D.　语法错误

二、判断题

1. 结构体变量 stu1 占用内存的长度不得低于 54 个字节。

```
struct student
{
 char m_StuID[12];//记录学号
 char m_Name[30];//记录姓名
 float m_age;//记录年龄
 double m_score;//记录成绩
}stu1={"2018443117","五好生",17.9f,98.5};
```

2. 若结构体定义为 struct point { int　x, y; };，则如下代码：

```
struct point pts[10]; struct point *padr=pts; pts=pts+9;
```

9 的含义为偏移 9 个数据。

3. 当定义一个结构体变量时，系统为其分配的内存空间是结构中各成员所需内存容量之和。

4. 定义结构体类型 struct s { int a; char b; float f; };，则语句 printf ("%d", sizeof (struct s)) 的输出结果为 9。

5. 若程序中有下列说明和定义：

```
struct abc { int x; char y; }
struct abc s1,s2;
```

则会发生错误的原因是没有结构体定义结束标识符分号。

6. 若有以下说明语句：

```
typedef struct { int n; char ch[8]; }per;
```

则 per 是结构体变量名。

7. 若有以下定义：

```
struct link { int data; struct link *next ;};
```

则结构体 struct link 变量间可以构成单向链表。

8. 下列程序的输出结果为 4。

```
#include <stdio.h>
void main( )
{
 struct st {int x; unsigned a:2; unsigned b:2; }st1,st2;
 printf("%d\n",sizeof(struct st));
}
```

9. 如果函数的定义为 void func(struct student Stu);，则调用时形参 Stu 是实参的一个拷贝。

10. 如果函数的定义为 void func(struct student *pStu);，则调用时形参*pStu 就是实参本身。

三、综合题（在/*BLANK*/处填写适当的代码）

1. 完善程序，计算 2 名学生的平均成绩。

```
#include <stdio.h>
#include <string.h>
struct student
{
```

```
 int num;
 char name[20];
 int score;
};
struct student stud[10];
int main(void)
{
 int i , sum = 0 ;
 for(i = 0; i < 2; i++)
 {
  scanf("%d%s%d", &stud[i].num,/*BLANK*/, &stud[i].score);
  sum += stud[i].score;
 }
 printf("aver = %d \n", sum/2);
 return 0;
}
```

2. 完善程序，并写出下列程序的运行结果。

```
#include <stdio.h>
struct s1
{
 char c1, c2;
 int n;
};
struct s2
{
 int n;
 struct s1 m;
};
int main(void)
{
 struct s2 m= {1, {'A', 'B', 2} };
 printf(/*BLANK*/, m.n, m.m.n, m.m.c1, m.m.c2);
 return 0;
}
```

3. 完善程序，并写出下列程序的运行结果。

```
#include <stdio.h>
struct abc
{
 int a;
 float b;
 char *c;
};
int main(void)
{
 struct abc x = {23,98.5,"wang"};
 struct abc *px = &x;
 printf("%d, %s, %.1f, %s\n", x.a, x.c,/*BLANK*/);
 return 0;
}
```

4. 完善以下嵌套结构，给出李明的姓名、年龄（20岁）、性别（男）、生日（1976年5月6日）、语种（C）及系别（计算机系）的信息，并输出这些信息。

```
#include <stdio.h>
struct date
{
 int month;
 int day;
 int year;
};
struct student
{
 /*BLANK*/ name[20];
 /*BLANK*/ age;
```

```
  char sex;
  /*BLANK*/ date_birthday;
  /*BLANK*/ language;
  /*BLANK*/ department[30];
};
void main()
{
  struct student s1=/*BLANK*/;
  printf(/*BLANK*/);
}
```

5. 完善程序，用于读入时间数值，将其加 1s 后输出。时间格式为 hh∶mm∶ss，即时∶分∶秒，当小时数等于 24 时，置为 0。

```
#include <stdio.h>
struct { int hour, minute, second; }time;  //无名结构体
void main(void)
{
  scanf("%d:%d:%d",/*BLANK*/);
  time.second++;
  if(/*BLANK*/==60)
  {
    time.minute++;
    time.second=0;
    if(/*BLANK*/==60)
    {
      time.hour++;
      time.minute=0;
      if(/*BLANK*/)
        time.hour=0;
    }
  }
  printf("%d:%d:%d\n",time.hour,time.minute,time.second);
}
```

四、编程题

1. 计算两个复数之积。编写程序，用结构变量求解两个复数之积：(3+4i)×(5+6i)。提示：求解(a1+a2i)×(b1+b2i)，乘积的实部为 a1×b1-a2×b2，虚部为 a1×b2 + a2×b1。输入输出格式要求如下。

```
3+4i
5+6i
(3+4i)*(5+6i)=-9+38i
```

2. 建立一个通讯录结构，包括姓名、生日、电话号码及住址。编写程序，输入 n（n≤10）个联系人信息，按照年龄从大到小依次显示他们的信息。输入输出格式要求如下。

```
2
ChengY   51   18923453456   Daxuecheng
ZhangP   45   18965023729   Yangjiaping

ZhangP   45   18965023729   Yangjiaping
ChengY   51   18923453456   Daxuecheng
```

第 10 章
共用体和枚举型

关键词

- 共用体概念、共用体数据成员的有效性、引用共用体数据成员
- 枚举型的概念、枚举值

难点

- 共用体变量占用内存长度的计算
- 共用体数据成员的有效性

　　共用体和枚举型也是构造数据类型的方法。共用体之所以称为共用体，是因为其变量（数据体）占用的内存归变量的所有数据成员共有，数据成员没有专属内存，共用体变量占有的内存何时、何处归哪个数据成员使用，完全由编程者决定，数据成员可以引用变量内存数据，但只有一个数据成员的值是"正确"值。利用共用体的特性可以将内存数据引用为不同类型的数据。

　　枚举型是将可能使用的整型数一一列出来，集成为一种数据类型，供选择使用。

10.1 共用体

为共享同一段内存将相关数据集成（封装）在一起所构造出的数据类型称为共用体。

10.1.1 定义共用体

用关键字 union 构造共用体，共用体又称联合体。利用共用体的特性可以将内存数据引用为不同类型的数据。

定义共用体的一般格式如下：

```
union 共用体名称
{
  数据成员列表;
};
```

例如，定义 mix_cid 共用体：

```
union  mix_cid
{
  char  m_char;      //字符
  int  m_int;        //整型数
  double  m_double; //双精度实型数
};
```

用 union 构造 mix_cid 共用体，数据类型标识符为 union mix_cid，mix_cid 共用体有数据成员 char m_char、int m_int、double m_double。

用标识符 union mix_cid 定义变量 a，表达为：

```
union mix_cid a;
```

变量 a 的数据类型为 union mix_cid，内存长度为 8 个字节。共用体变量 a 使用内存示意如图 10.1 所示，变量 a 的内存要么 m_char 使用，要么 m_int 使用，要么 m_double 使用，三个成员不能同时使用，哪个数据成员使用变量 a 的内存由编程者决定。

变量 a 的数值可解析为 char 型数据、int 型数据或 double 型数据。

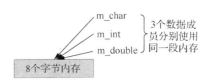

图 10.1 共用体变量 a 使用内存示意

1．共用体变量内存长度

共用体变量占用的内存为变量所有数据成员共有（共享），数据成员没有自己的内存。共用体变量内存的长度由需要内存最多的数据成员决定。

如定义：

```
union mix_cid
{
  char m_char;      //1 个字节
  int m_int;        //4 个字节
  double m_double; //8 个字节
};
```

则 mix_cid 共用体变量占用的内存长度为 8 个字节。

如定义 mix_cid 共用体变量 Obj、数组 Objs[10]：

```
union mix_cid Obj,Objs[10];
```

变量 Obj 占用的内存长度为 8 个字节，数组 Objs 有 10 个 mix_cid 型数据，占用内存 80 个字节。编译器预置有共用体对齐规则（#pragma pack()）。mix_cid 定义中涉及的基本数据类型为

char、int、double 型，double 型数据占用的最大内存为 8，mix_cid 共用体变量的内存长度必须是 8 的倍数。

2．引用共用体数据成员

根据共用体变量存在的环境、时间和意义，确定有效数据成员（由哪个数据成员使用变量内存）。在明确共用体变量有效数据成员的情况下，引用共用体变量数据成员。

引用共用体变量数据成员用"．"运算符。

共用体指针引用共用体数据成员用"->"运算符。

【例 10.1】 阅读并运行程序，理解共用体变量数据成员的有效性。

解题分析：

下面直接给出程序源代码，根据源代码给出的注释理解语句。

程序源代码（SL10-1.c）：

```c
#include "stdio.h"
typedef union mix_cid
{
  char m_char;        //字符
  int m_int;          //整型数
  double m_double;    //双精度实型数
}M_CID;
int main()
{
  union mix_cid Obj={'a'};                               //根据第一个成员数据类型赋初值
  M_CID * pObj=&Obj;                                     //定义一个指针,指向 Obj
  char buf[40];
  printf("%18s%12s %20s %25s\n","","有效成员值","无效成员值","无效成员值");
  printf("%18s","此时 m_char 有效:");
  printf("%10c",Obj.m_char);                             //.引用成员
  sprintf(buf,"以 int 型引用,值为:%d",Obj.m_int);        //.引用成员
  printf("%26s",buf);
  sprintf(buf,"以 double 型引用,值为:%.4f",Obj.m_double); //.引用成员
  printf("%32s\n",buf);
  Obj.m_int=13000;                                       //这里使用 m_int 成员
  printf("%18s","此时 m_int 有效:");
  printf("%10d",Obj.m_int);
  sprintf(buf,"以 char 型引用,字符是%c",Obj.m_char);      //.引用成员
  printf("%26s",buf);
  buf[0]=0;
  sprintf(buf,"以 double 型引用,值为:%.4f",Obj.m_double); //.引用成员
  printf("%32s\n",buf);
  Obj.m_double=3.1415926;                                //这里使用 m_double 成员
  printf("%18s","此时 m_double 有效:");
  printf("%10.6f",pObj->m_double);                       //->指针引用成员
  sprintf(buf,"以 char 型引用,字符是%c",pObj->m_char);    //指针引用成员
  printf("%26s",buf);
  sprintf(buf,"以 int 型引用,值为:%d",pObj->m_int);       //指针引用成员
  printf("%32s\n",buf);
  printf("\n 各成员地址:\n");
  printf("%27s%p\n","变量 Obj 的地址:",&Obj);
  printf("%27s%p\n","变量 Obj 的成员 m_char 地址:",&Obj.m_char);
  printf("%27s%p\n","变量 Obj 的成员 m_int 地址:",&Obj.m_int);
  printf("%27s%p\n\n","变量 Obj 的成员 m_double 地址:",&Obj.m_double);
```

```
    return 0;
  }
```

程序运行，输出：

	有效成员值	无效成员值	无效成员值
此时 m_char 有效:	a	以 int 型引用,值为:97	以 double 型引用,值为:0.0000
此时 m_int 有效:	13000	以 char 型引用,字符是?	以 double 型引用,值为:0.0000
此时 m_double 有效:	3.141593	以 char 型引用,字符是 J	以 int 型引用,值为:1293080650

各成员地址：

    变量 Obj 的地址:00BBFEEC

    变量 Obj 的成员 m_char 地址:00BBFEEC

    变量 Obj 的成员 m_int 地址:00BBFEEC

    变量 Obj 的成员 m_double 地址:00BBFEEC

针对程序源代码（SL10-1.c）和程序输出，值得关注的问题如下。

（1）定义共用体变量并赋初值

定义并赋初值语句：union mix_cid Obj={'a'};。

初值表改用{1100}或{3.141592}都不行。定义共用体变量并赋初值只能根据第一个成员数据类型提供初值，共用体变量首成员默认为有效成员。

（2）共用体成员引用运算符 "." 和 "->"

表达式 Obj.m_char、Obj.m_int、Obj.m_double 使用成员引用运算符 "."，这是因为 Obj 是共用体变量。

表达式 pObj->m_char、pObj->m_int、pObj->m_double 使用指针引用共用体成员运算符 "->"，这是因为 pObj 是指针。应确切理解为，将 pObj 地址开始的内存数据作为 union mix_cid 类型数据供成员引用。

（3）共用体数据成员有效性

定义并赋初值语句 union mix_char_int_double Obj={'a'}，已明确 Obj 的成员 m_char 有效，则其他成员无效。

当执行 Obj.m_int=13000 时，Obj 变量的成员 m_int 有效，其他成员无效。

当执行 Obj.m_double=3.1415926 时，m_double 成员有效，其他成员无效。

可见，共用体变量成员的有效性由编程者决定，哪个成员是有效成员也只有编程者知道，共用体仅提供数据集成和数据值解析的方法。变量 Obj 可选择的成员有 char m_char、int m_int、double m_double，其意义为，变量 Obj 内存数据可以解析为一个字符型数据，也可以解析为一个整型数据，还可以解析为一个双精度实型数据。

（4）共用体变量地址就是成员地址

构造共用体的目的是将相关数据集成在一起共享同一段内存，成员自身没有内存，共用体变量拥有的内存就是成员的内存。变量 Obj 及其成员 m_char、m_int、m_double 的内存地址相同。

10.1.2　常见共用体定义格式

共用体的一般格式仅能定义出共用体及其数据类型标识符，编程者会根据需要衍生出不同的共用体定义格式。

1．定义共用体同时定义变量

如定义共用体 mix_char_int_double。

```
union mix_char_int_double
{
  char  m_char;      //字符
```

```
int  m_int;          //整型数
double m_double; //双精度实型数
}data,datas[5];
```

定义共用体 mix_char_int_double 时，还定义了 data 变量和 datas 数组。这种定义格式是以下定义的简约表达。

```
union mix_char_int_double
{
char  m_char;        //字符
int  m_int;          //整型数
double m_double;  //双精度实型数
};
union mix_char_int_double data;
union mix_char_int_double datas[5];
```

2．无名共用体

无名共用体即定义共用体时不给出共用体名，其定义环境决定其作用域。student 结构体的定义如下。

```
struct student
{
char Class[15];    //班级名
char Name[10];     //姓名
union              //无名共用体
{
 int Computer;     //计算机成绩
 char music;       //音乐成绩
}selective;        //计算机成绩或音乐成绩
}Stu_Obj;
```

在 student 结构体的定义中，student 的数据成员 selective 为无名共用体变量，其作用域仅在定义范围内，引用 selective 的数据成员 Computer 或 music 只能在 student 结构体内，如引用变量 Stu_Obj 中 selective 成员的 music 的表达式只能是 Stu_Obj.selective.music。

变量 Stu_Obj 需要的内存长度为 15+10+4=29 个字节，内存对齐分配给 Stu_Obj 的内存长度为 32。

3．共用体重命名

使用 typedef 为共用体重命名，可以分开进行，也可以合二为一。

如将前面定义的共用体 mix_cid 重命名为 CID：

```
typedef union mix_cid CID;
```

typedef 将数据类型标识符 union mix_cid 取别名为 CID，用 CID 定义变量比用标识符 union mix_cid 定义变量简洁，如：

```
CID Data_Obj1;
union mix_cid Data_Obj2;
```

合二为一定义格式如下：

```
typedef union mix_char_int_double
{
char  m_char;        //字符
int  m_int;          //整型数
double m_double;  //双精度实型数
}CID;
```

【例 10.2】 设计学号、姓名、英语、数学、选修课音乐或计算机成绩的结构体，其中音乐采用'A'、'B'、'C'、'D'、'E'五级计分制，其他采用百分制。使用该结构体管理 5 个学生成绩。

解题分析：

根据题意，学生成绩的结构体应设计为：

```
struct student
{
    char stuID[15];        //学号
    char name[10];         //姓名
    double english;        //英语成绩
    double math;           //数学成绩
    union
    {
    double computer;       //计算机成绩
    char music;            //音乐成绩
    }selective;            //计算机或音乐成绩
};
```

进行学生成绩输入格式的设计。面向用户进行程序设计时，数据输入格式要符合用户习惯。此题选修课程成绩输入是编程难点。以空格作为数据分隔符，其数据输入格式设计为：

2021442116　Beijing　　　90.5　70.9　　　90

2021442117　Shanghai　　95.5　95.5　　　A

最后一项作为选修课程成绩输入项，人能分辨出 90 是计算机成绩，A 是音乐成绩，但程序做不到直观分辨。将最后输入项（包括分隔符空格）作为一个字符串，交给函数 char IsMusic(char *pText)处理，如果字符串中包含'A'、'B'、'C'、'D'、'E'字符，就为音乐成绩，函数返回'A'、'B'、'C'、'D'、'E'之一的 ASCII 值；否则字符串是计算机成绩，函数返回 0，主调方调用 atof()函数，将数字字符串转换为 double 型数据。

算法描述：

（1）char IsMusic(char *pText)函数算法

Step1：定义 int i=0。

Step2：如果*(pText+i)是字符串结束标识符'\0'，转 Step5。

Step3：如果*(pText+i)字符是'A'、'a'、'B'、'b'、'C'、'c'、'D'、'd'、'E'、'e'，返回其大写字母的 ASCII 值。

Step4：i++，转 Step2。

Step5：返回 0。

（2）main()函数算法

Step1：定义 student 结构体及其数组 stud[CS]，循环变量 int i=0，接收缓存 char inbuf[20]。

Step2：如果 i>=5，转 Step7。

Step3：stud[i]元素成员 stud[i].stuID,stud[i].name,stud[i].english,stud[i].math 接收输入，最后输入项由 inbuf 接收。

Step4：用 inbuf 调用 IsMusic()函数，stud[i].selective.music=IsMusic(inbuf)。

Step5：如果 stud[i].selective.music 为 0，则执行 stud[i].selective.computer=atof(inbuf)。

Step6：i++，转 Step2。

Step7：输出数组 stud 各元素的值。

Step8：程序结束。

程序源代码（SL10-2.c）：

```
#include <stdio.h>
#include <stdlib.h>
#define CS 5  //符号常量,确定管理规模
```

```c
char IsMusic(char *pText)
{
 int i=0;
 for(i=0;*(pText+i)!='\0';i++)
   if(*(pText+i)=='A' ||*(pText+i)=='a')
   return 'A';
   else if(*(pText+i)=='B'||*(pText+i)=='b')
   return 'B';
   else if(*(pText+i)=='C'||*(pText+i)=='c')
   return 'C';
   else if(*(pText+i)=='D'||*(pText+i)=='d')
   return 'D';
   else if(*(pText+i)=='E'||*(pText+i)=='e')
   return 'e';
 return 0;
}
int main()
{
 struct student
 {
   char stuID[15], name[10];
   double english, math;
   union             //嵌入无名共用体
   {
   double computer;
   char music;
   }selective;        //计算机或音乐成绩, 由 select 确定
 }stud[CS];
 int i;
 char inbuf[20];
 for(i=0;i<CS;i++)
 {
   scanf("%s%s%lf%lf",stud[i].stuID,stud[i].name,
                     &stud[i].english,&stud[i].math);
   gets(inbuf);     //将最后一项作为一个字符串接收
   stud[i].selective.music=IsMusic(inbuf);
   if(stud[i].selective.music==0)
    stud[i].selective.computer=atof(inbuf);
 }
 //显示栏名, 为了数据对齐需进行格式宽度控制
 printf("\n%15s%10s%12s%12s%18s\n","class","name","english",
       "mathematic","music/computer");
 for(i=0; i<CS;i++)
 {
   printf("%15s%10s%12.0f%12.0f",stud[i].stuID,stud[i].name,
                               stud[i].english,stud[i].math);
   if(stud[i].selective.music>='A' && stud[i].selective.music<='E')
    printf("%12c\n",stud[i].selective.music);
   else
    printf("%12.0f\n",stud[i].selective.computer);
 }
 return 0;
}
```

程序运行, 输入:

```
2021442116 Beijing 90 90 90
2021442117 Shanghai 95 95 A
2021442118 Tianjing 90 85 90
2021442119 Chongqing 85 85 B
2021442120 Shengzeng 90 95 98
```

输出：

```
    class        name     english  mathematic  music/computer
    2021442116   Beijing    90        90           90
    2021442117   Shanghai   95        95           A
    2021442118   Tianjing   90        85           90
    2021442119   Chongqing  85        85           B
    2021442120   Shengzhen  90        95           98
```

10.2　枚举型

从编程应用角度看，枚举型是已知整型常量的符号化。用关键字 enum 构造枚举型。

10.2.1　定义枚举型的一般格式

定义枚举型的一般格式如下：

```
enum 枚举型名称 {符号标识符列表};
```

例如，用于穷举 12 个月份的枚举型定义：

```
enum monthtype {January=1, February, March, April, May , June , July ,August ,September ,
October , November , December};
```

monthtype 为枚举型名称，enum monthtype 是 monthtype 枚举型数据类型的标识符，使用 enum monthtype 才能定义 monthtype 枚举型变量。

这个定义给出 January、February、March、April、May、June、July、August、September、October、November、December 这 12 个属于 monthtype 的符号标识符（编程标识符），其中 January 标识为整数 1，February 标识为整数 2，March 标识为整数 3，……，后一个符号标识符的整数值为前一个基数值加 1。

如定义：

```
enum monthtype {January , February , March , April , May=5 , June , July , August ,
September , October=-30 , November , December};
```

January 符号标识符为整数 0，October 符号标识符为-30，November 符号标识符为-29。

枚举型变量值为确定整型数。

如定义枚举型变量并赋初值：

```
enum monthtype Month=May;
```

变量 Month 的初值为整型数 5，因为 May 是 5 的枚举符号。变量 Month 的值只能是枚举符号 January、February、March、April、May、June、July、August、September、October、November、December 中的某一个值。

例 10.3 验证枚举型是已知整型常量的符号化，读者可体验枚举型为编程和程序调试带来的方便。

【例 10.3】 使用枚举型，将输入数值月份转为中、英文形式。

解题分析：

预置两个字符型二维数组：

```
char Cmonth[12][7]={"一","二","三","四","五","六","七","八","九","十","十一","十二"};
char Emonth[12][20]={"January","February","March","April","May","June","July",
"August","September","October","November","December"};
```

假设输入月份为 mone，如果 1<=mone<=12，以 mone-1 为行下标，从 Cmonth 数组中取出中文，从 Emonth 取出英文。

算法描述：

Step1：定义 monthtype 枚举型，enum monthtype {January=1,February,March,April,May,June,

July,August,September,October,November,December}。

　　Step2：定义整型常量 const int size=20，字符型二维数组 char Cmonth[December][7]并赋初值（初值表见解题分析），char Emonth[December][20]并赋初值（初值表见解题分析）；定义枚举型变量 mone，enum monthtype mone=November。

　　Step3：mone 输入值，scanf("%d",&mone)。

　　Step4：如果 mone>=January &&mone<=December 成立，执行 printf("%d %s %s \n",mone,Emonth[mone-1],Cmonth[mone-1])，转 Step6。

　　Step5：执行 printf("输入错误\n")。

　　Step6：执行 printf("变量(enum monthtype mone)内存长度:%d\n",size)和 printf("变量(enum monthtype mone)值:%d\n",mone)。

　　Step7：程序结束。

程序源代码（SL10-3.c）：

```c
#include <stdio.h>
#define SIZE 20
//定义 monthtype 枚举型
enum monthtype {January=1,February,March,April,May,June,
 July,August,September,October,November,December};
int main()
{
 enum monthtype mone=November;    //定义变量 mone 并赋初值 November
 const int size=SIZE;              //定义 int 型常量并为常量 size 申请内存
 char Cmonth[December][7]={"一","二","三","四","五","六","七","八","九","十","十一","十二"};
 char Emonth[December][SIZE]={"January","February","March","April","May",
        "June","July","August","September","October","November","December"};
 int *p=(int*)&size;
 *p=sizeof(mone);       //直接向内存写入整型数
 printf("输入 1 至 12 的月份: ");
 scanf("%d",&mone);     //mone 作为一个整型变量使用
 if(mone>=January && mone<=December)
   printf("%d %s %s \n",mone,Emonth[mone-1],Cmonth[mone-1]);
 else
   printf("输入错误\n");
 printf("变量(enum monthtype mone)内存长度:%d\n",size);
 printf("变量(enum monthtype mone)值:%d\n",mone);
 return 0;
}
```

程序运行，输入：

```
输入 1 至 12 的月份: 8
```

输出：

```
8 August 八
变量(enum monthtype mone)内存长度:4
变量(enum monthtype mone)值:8
```

　　程序源代码（SL10-3.c）编码和程序输出表明枚举型就是整型。scanf("%d",&mone)以十进制整数为 mone 输入值，mone 内存长度为 4 个字节。

　　值得关注的语句：const int size=SIZE; int *p=(int*)&size;*p=sizeof(mone)。虽然定义 const int size=SIZE 已限定变量 size 值为整型常量，不能更改，但 size 变量内存地址可找出，通过内存指针引用内存数据，将 size 值由 20 修改为 sizeof(mone)结果。

10.2.2　定义无名枚举型

定义无名枚举型格式如下：

```
enum {符号标识符列表};
```

如定义：

```
enum {girl,boy};
```

这种定义格式强调枚举标识符为特定的整型数值。

这个无名枚举型的定义确立了符号标识符 girl 是整数 0，符号标识符 boy 是整数 1。编程时凡是出现整型常量 0 的地方都可用 girl 替代，凡是出现整型常量 1 的地方都可以用 boy 代替。好处是只需修改定义，如修改为 enum {girl=111,boy=222};，凡是引用枚举标识符 girl 的地方自动变为 111，引用枚举标识符 boy 的地方自动变为 222。

10.3　本章小结

数据类型是数据的属性（数据共有的性质），决定数据的内存计数形式、占用内存长度、数据值存储结构。基本数据类型的数据属性固定不变，程序设计者可由基本数据类型构造（设计）自己的数据类型。构造数据类型分为四种：数组、结构体、共用体、枚举型。无论哪种类型数据（单元数据），都占用连续内存，内存数据值按存储结构引用（解读或解析）。

共用体（过去称联合体）是指相关数据汇聚为整体，使用同一段内存，只有程序设计者才能决定内存数据值的有效性和可靠性。共用体不仅是数据构造方法，也是解析内存数据的基本方法。

枚举型是限定值的 int 型，为编程提供了便利。

习题 10

一、选择题

1. 下列对 C 语言共用体类型数据的描述，不正确的是（　　　）。

    A. 共用体变量占用内存的大小等于最大成员的容量

    B. 共用体类型可以出现在结构体类型定义中

    C. 共用体变量不能在定义时初始化

    D. 同一共用体中各成员的首地址相同

2. 下列代码的运行结果是（　　　）。

```
enum weekday {aa, bb=2, cc, dd, ee} week=ee;
printf("%d\n", week);
```

    A. 4　　　　　　　　　B. 5　　　　　　　　　C. ee　　　　　　　　　D. 0

3. 下列程序的运行结果是（　　　），内存记录为 | 00 | 00 | 01 | 0A | 字节顺序。

```
#include <stdio.h>
union un {  int i; char c[4]; };
void main(    )
{
    union un x;
    x.c[0]=10;
    x.c[1]=1;
    x.c[2]=0;
    x.c[3]=0;
    printf("\n%d",x.i);
}
```

  A. 266   B. 11   C. 265   D. 138

4. "."称为（ ）运算符，"->"称为（ ）运算符。

  A. 取结构体变量成员、-> 指针引用结构体成员

  B. 小数点、->指向运算符

  C. 引用对象的数据成员、->引用指向对象的数据成员

  D. 均为非法运行算符

5. 在说明一个共用体变量时系统分配给它的存储空间是（ ）。

  A. 该共用体中第一个成员所需存储空间

  B. 该共用体中最后一个成员所需存储空间

  C. 该共用体中占用最大存储空间的成员所需存储空间

  D. 该共用体中所有成员所需存储空间的总和

6. 共用体类型在任何给定时刻，（ ）。

  A. 所有成员一直驻留在内存中   B. 只有一个成员驻留在内存中

  C. 部分成员驻留在内存中   D. 没有成员驻留在内存中

7. 下列对枚举类型名的定义中正确的是（ ）。

  A. enum a= {one,two,three} ;   B. enum a {one=9,two= - 1,three} ;

  C. enum a={" one","two",three"};   D. enum a {"one"," two" ,"three "};

8. 下列程序的运行结果是（ ）。

```c
#include <stdio.h>
void main( )
{
union {long a; int b; char c;}m;
printf("%d\n",sizeof(m));
}
```

  A. 2   B. 4   C. 6   D. 8

9. 下列程序的运行结果是（ ）。

```c
#include <stdio.h>
union myun { struct { int x,y,z; } u; int k;} a;
void main ( )
{
 a.u.x=4;
 a.u.y=5;
 a.u.z=6;
 a.k=0;
 printf("%d\n",a.u.x);
}
```

  A. 4   B. 5   C. 6   D. 0

10. 下列程序的运行结果是（ ）。

```c
#include <stdio.h>
#include <stdlib.h>
#include <string.h>
struct st_type
{
 char name[10];
 float score[3];
};
union u_type
{
 int i;
```

```
  unsigned char ch;
  struct st_type student;
} t;
void main( )
{
  printf("%d\n", sizeof(t));
}
```
    A. 24   B. 12   C. 3   D. 22

11. 若有以下枚举类型定义：enum language { Basic=3 ,Assembly,Ada=100 ,Java,Python};，则枚举量 Python 的值为（   ）。

    A. 4   B. 7   C. 102   D. 103

12. 下列叙述中错误的是（   ）。

    A. 使用 typedef 可以定义各种类型名，但不能用于定义变量

    B. 使用 typedef 可以增加新类型

    C. 使用 typedef 只是将已存在的类型用一个新的标识符表示

    D. 使用 typedef 有利于程序的通用和移植

13. 下列叙述中错误的是（   ）。

    A. 共用体的所有变量都有一个相同的地址

    B. 结构体变量可以作为共用体的成员

    C. 共用体的成员一个时刻只有一个生效

    D. 传递共用体的成员通常采用函数

14. 若有以下说明和定义：union dt { int a; char b; double c; } data;，则以下叙述中错误的是（   ）。

    A. data 的每个成员起始地址都相同

    B. 变量 data 所占用内存字节数与成员 c 所占字节数相等

    C. 程序段 data.a=5; printf("%f\n",data.c）;的输出结果为 50.00000

    D. data 可以作为函数的实参

15. 下列程序的运行结果是（   ）。

```
void main( )
{
  union { int i[2]; long j; char m[4]; }r,*s=&r;
  s->i[0]=0x409;
  s->i[1]=0x407;
  printf("%d\n", s-> m[0]);
}
```
    A. 9   B. 49   C. 7   D. 47

二、判断题

1. 若共用体定义如下：

```
union mix_char_int_double
{
  char m_char;      //1 个字节
  int m_int;        //4 个字节
  double  m_double; //8 个字节
};
union mix_char_int_double valobj;
```
则变量 valobj 占用的内存长度为 13 个字节。

    2. 若共用体定义如下：

```
union mix_char_int_double
```

```
{
  double  m_double;// 8个字节
   char    m_char;  // 1个字节
  int m_int;         // 4个字节
};
```

则使用 union mix_char_int_double var={3.1415926};后，var 的 m_char,m_int 成员有意义。

3. 若枚举型定义如下：

```
enum monthtype { January , February , March , April , May , June , July , August , September ,
October , Noveember , December};
```

则符号 May 代表的值为 4。

4. 共用体与结构体相同，都是不同类型数据的集合。

5. 下列程序的 4 个输出值是相同的。

```
#include <stdio.h>
void main( )
{
 union { char a;int b;double c;}stu;
 printf("%p\n%p\n%p\n%p\n",&stu,&stu.a,&stu.b,&stu.c);
}
```

三、编程题

1. 使用共用体处理任意类型数据。设计一个变量，存储指定为 char、int、float、double、char*、int*、float*或 double*型的数据。使用共用体、结构体和枚举型，设计出针对不同类型变量的输入输出函数，输入输出格式要求如下。

输入格式：

```
输入1个字符 A
输入1个整型数 98
输入1个单精度实型数 3.14
输入1个双精度实型数 9.87654321
输入1个字符串(<20)Chongqing
输入1个双精度实型数(指针型)12345.6789
```

输出格式：

```
A 98 3.140000 9.87654321 Chongqing 12345.678900
```

2. 按给定结构体编写程序，统计输入字符串中出现的英文字母或中文次数。输入输出格式要求如下。

输入格式：

```
Weclome you 欢迎你 Welcome You 欢迎您!
```

输出格式：

```
W 2 e 4 l 2 c 2 o 4 m 2  y 1 u 2 欢2 迎2 你1 Y 1 您1 !1
typedef struct _count_
{
    short m_Code;              //文字编码
    int m_Count;              //文字个数
    struct _count_ *m_pNext; //下一个文字
}WCount;
```

第 11 章
文件操作

关键词

- 文件概念、缓冲文件结构体 FILE
- 文件打开或创建方式、文件数据读/写、FILE 指针移动、关闭文件

难点

- 缓冲文件结构体 FILE
- 文件数据存储结构、内存数据存储结构

文件是保存在外部存储设备上的数据集，操作系统的磁盘文件系统管理文件。

磁盘文件系统通过缓冲文件和非缓冲文件两种模式读写文件数据。缓冲文件又称标准文件。C 语言将操作文件封装为 FILE 结构体，提供缓冲文件操作功能函数，编程者通过调用函数实现文件数据读/写。

编程操作文件要遵循定义 FILE 指针、打开文件、读/写文件数据、关闭文件的步骤。

11.1 文件数据存储格式

文件与内存一样以字节为存储单元，是字节数据的有序集合，文件数据又称字节流（stream）。内存数据直接写入文件形成文件数据，文件字节数据存储结构与内存字节数据存储结构相同。

例如，int 型变量 a=123456，其内存 4 字节数据的存储结构为：

01000000　11100010　00000001　00000000

将 a 内存数据写入文件，字节数据的存储结构与内存数据的字节数据存储结构一致，内存到文件或者文件到内存不需要转换。操作代码如下：

```
FILE *fp=NULL;                      //定义 FILE 指针
int a=123456;                       //a 内存中置入数值
fp=fopen("Mydatafile.cqd","w");     //打开或创建文件用于写
if(fp!=NULL)                        //文件存在，fp 不为空
   fwrite(&a,sizeof(int),1,fp);     //将 a 内存数据 1 个 int 型数据写入文件
...
```

也可以将内存数据转换为字符序列，再将字符序列写入文件。如 int 型 a=123456 转换为字符序列"123456"，文件存储字符序列的存储结构为：

00110001　00110010　00110011　00110100　00110101　00110110

原内存数据为 4 个字节，写入文件后文件数据为 6 个字节，操作代码如下：

```
FILE *fp=NULL;                       //定义 FILE 指针
int a=123456,size;
char buf[128];                       //接收字符序列缓存
fp=fopen("Mydatafile.cqd","w");      //打开或创建文件，用于写
if(fp!=NULL)
  size=fprintf(fp,"%d",a);           //size 为写入文件的字符数
...
```

内存数据不转换直接写入文件，这样的文件叫作二进制文件。

内存数据中除控制字符（ASCII 表规定的控制字符）外的其他数据全部转换为字符序列，字符序列写入文件，这样的文件称为文本文件。文本文件可用记事本打开，具有可读性；二进制文件用记事本打开，不具有可读性。

11.2 打开文件和关闭文件

C 语言将操作文件定义为 FILE 结构体，提供缓冲文件操作功能函数，由功能函数实现文件数据的读/写。

缓冲文件数据读/写过程，系统自动在内存区为每个打开的文件开辟一个缓冲区（一块内存），从文件中读取数据时，一次从文件中读出一部分数据充满缓冲区，再从缓冲区逐个将数据传给内存；向文件写入数据时，先将内存数据传送到缓冲区，装满缓冲区后一起写入文件，或关闭文件时写入文件。

fopen()函数负责打开或创建文件，创建文件缓冲区，返回 FILE 指针。

FILE 结构体定义如下：

```
typedef struct _iobuf
```

```
{
    char *_ptr;        //下一个字节数据写入位置
    int   _cnt;        //当前缓冲区相对文件开始位置
    char *_base;       //基础位置，即文件开始位置
    int   _flag;       //文件操作模式标志
    int   _file;       //文件的有效性验证
    int   _charbuf;    //缓冲区状态，0 表示成功分配，可以正常操作
    int   _bufsiz;     //缓冲区的大小（字节），与具体的编译器有关，VC 编译器分配 4KB
    char *_tmpfname;   //临时文件名
}FILE;
```

数据成员记录缓冲区当前状态，通过 FILE 指针向缓冲区输入或输出数据，实现文件数据的读/写。

fopen 打开的文件，一定要调用 fclose()函数关闭文件，释放缓冲区内存。

如为读取 Mydatafile.cqd 文件数据，打开文件和关闭文件的操作代码如下：

```
FILE *fp=NULL;                      //定义 FILE 指针
fp=fopen("Mydatafile.cqd","r");     //打开文件读取数据
…
fclose(fp);                         //关闭打开的文件
```

fp=fopen("Mydatafile.cqd","r")，为打开文件读取 Mydatafile.cqd 文件数据，字符串"Mydatafile.cqd"为文件路径名（路径+文件名），"r"为文件打开方式，如果 Mydatafile.cqd 文件不存在，fopen 返回 NULL；如果文件 Mydatafile.cqd 存在，fopen 返回 FILE 指针。

fclose(fp)：关闭打开的 fp 文件指针，负责将缓冲区数据写入文件并释放缓冲区。

1．fopen()函数

fopen()函数原型格式：

```
FILE *fopen( const char *filename, const char *mode );
```

形式参数：const char *filename 为文件路径名（默认路径为当前工作文件夹），const char *mode 为文件操作方式，const char *mode 操作方式见表 11.1。

表 11.1　fopen()函数的 const char *mode 操作方式

文本文件（字符编码值）		二进制文件（Binary）	
使用方式	含义	使用方式	含义
"r"	打开文件用于读	"rb"	打开文件用于读
"w"	打开或创建文件用于写	"wb"	打开或创建文件用于写
"a"	创建或打开用于追加	"ab"	打开文件用于追加
"r+"	打开文件用于读和写，从文件头开始	"rb+"	打开文件用于读和写，从文件头开始
"w+"	创建或打开文件用于读和写，写为更新	"wb+"	创建或打开文件用于读和写，写为更新
"a+"	创建或打开文件用于读和写，写为追加	"ab+"	创建或打开文件用于读和写，写为追加

返回值：打开成功返回 FILE 指针，失败则返回 NULL。

2．fclose()函数

fclose()函数原型格式：

```
int fclose(FILE* stream);
```

功能：关闭文件，释放缓冲区，关闭前根据打开方式将缓冲区数据写回文件，释放缓冲区。

返回值：0 表示关闭成功，EOF(-1)表示关闭失败。

【例 11.1】 显示指定文本文件字符并统计行数。

解题分析：

文本文件数据全是字符编码，英文字符、数字字符、汉字字符统一使用 ANSI 字符编码，其中汉字为双字节码。如果指定的文本文件不是 ANSI 编码，则用记事本将其另存为 ANSI 编码文本文件。文本文件换行控制符是'\n'，需要统计文本文件'\n'的字符个数，如果最后字符不是'\n'，还需加一行。

本题需要逐字节读出文件字节数据，并进行换行符判断。需要调用 fopen() 函数打开文件，feof() 函数用于判断 FILE 指针是否指向文件结尾，fgetc() 函数用于读取 FILE 指针当前位置的字符。

算法描述：

Step1：定义 FILE 指针 FILE *fp=NULL，预置存放文件路径名内存 PathName[256]，接收字节数为 char fileByte，记录行数变量 int Lines=0。

Step2：输入文本文件路径名 PathName。

Step3：以读方式打开文件，fp=fopen(PathName,"r")。

Step4：如果文件指针 fp 位于文件结尾，转向 Step8。

Step5：从 fp 处读入 1 个字符（或 1 字节数据），fileByte=fgetc(fp)。

Step6：如果 fileByte 值与'\n'值相等，累加 1 行，执行 Lines++。

Step7：执行 putchar(fileByte)，显示字符，转 Step4。

Step8：如果 fileByte 不为'\n'（最后读出的字符），Lines 累加 1 行。

Step9：关闭文件指针 fp。

Step10：程序结束。

程序源代码（SL11-1.c）：

```c
#include <stdio.h>
void main()
{
FILE *fp=NULL;
char PathName[256]={0};     //文件的路径名
char fileByte;              //读入的字节数据
int Lines=0;                //行数
printf("Input PathName:");
gets(PathName);             //指定路径名
fp=fopen(PathName,"r");     //打开文件用于读数据
if(fp==NULL)               //文件不存在，fp 为 NULL
{
printf("%s 不存在.\n",PathName);
return;
}
while(!feof(fp))           //feof(fp)检测指针是否指向文件结尾
{
fileByte=fgetc(fp);        //调用 fgetc()函数，读出 fp 指向的字节数据，fp 向后移动 1 个字节
if(fileByte=='\n')        //fileByte 是换行控制符，则累计行数
 Lines++;
putchar(fileByte);         //显示字符
}
if(fileByte!='\n')
 Lines++;
fclose(fp);                //关闭文件，释放缓冲区
printf("\n%s 文件有%d 行\n",PathName,Lines);
}
```

程序运行要求输入存在的以 ANSI 编码的文本文件路径名。如输入：

```
Input PathName:d:\test.txt
```

输出：

```
typedef struct _iobuf
{
 char *_ptr;         //下一个字节数据写入位置
 int  _cnt;          //当前缓冲区相对文件开始位置
 char *_base;        //基础位置，即文件开始位置
 int  _flag;         //文件操作模式标志
 int  _file;         //文件的有效性验证
 int  _charbuf;      //缓冲区状态，0 表示成功分配，可以正常操作
 int  _bufsiz;       //缓冲区的大小（字节），与编译器有关, VC 编译器分配 4KB
 char *_tmpfname;    //临时文件名
}FILE;
...
```

d:\test.txt 文件有 16 行

程序源代码（SL11-1.c）中，fp=fopen(PathName,"r")即打开文件，创建文件缓冲区，获得 FILE 指针 fp；在 while(!feof(fp))循环体内执行 fileByte=fgetc(fp)，读取 fp 当前位置字符，并移动 fp 位置、判断 fileByte 是否为'\n'、输出字符。循环条件!feof(fp)：如果 FILE 指针 fp 没有指向文件结尾位置，循环继续。

feof()函数判断文件指针 fp 是否指向文件结尾位置，如 fp 指向结尾位置，返回 1，否则返回 0。

fgetc(fp)读出 fp 当前位置处的字节数据，之后 fp 指针位置自动后移 1 个字节。

需关注：定义 FILE 指针、打开文件、读/写文件数据、关闭文件四步骤的实现代码。

11.3　文件数据读取和写入

基于 FILE 指针（文件指针），文件写入数据可选 fwrite()、fput()、fputs()、fprintf()函数，读取文件数据可选 fread()、fgetc()、fgets()、fscanf()函数（说明，重要函数给出编程示例，其他函数说明功能、函数原型格式和形式参数，供参考）。

1．fwrite () 函数

fwrite()函数原型格式：

```
size_t fwrite( const void *buffer, size_t size, size_t count, FILE *stream )
```

功能：从文件指针 stream 指定位置开始写入内存数据，并移动文件指针。

形式参数：buffer 为内存地址，size 为单元数据长度（字节），count 为单元数，stream 为文件指针。写入字节长度= size*count。

返回值：写入成功，返回实际写入单元数；写入失败则返回文件操作错误码。

【例 11.2】 将 StuInfo Objs[5]数组保存到文件。

解题分析：

StuInfo 结构体定义见程序源代码（SL11-2.c），Objs 数组占用连续内存，内存的起始地址为数组名 Objs，Objs 内存长度为 5*sizeof(StuInfo)。

算法描述：

Step1：定义变量 int i=0、FILE 指针 FILE *fp，定义数组 StuInfo Objs[5]，定义字符数组 char PathName[128]，用于接收文件路径名。

Step2：向 Objs 数组输入数据（向 Objs 内存输入数据）。

Step3：输入并保存文件路径名，gets(PathName)。

Step4：打开或创建文件，fp=fopen(PathName,"wb")。

Step5：如果 fp 不为空，将 Objs 数组整体写入文件，fwrite(Objs,sizeof(StuInfo),5,fp)，并关闭文件。

Step6：程序结束。

程序源代码（SL11-2.c）：

```c
#include <stdio.h>
typedef struct _stu_info_
{
 char m_studenID[11];        //学号
 char m_studentName[13];     //姓名
 double m_score;             //成绩
 char m_Line_feed;           //存换行符
}StuInfo;
void main()
{
 int i=0;
 FILE *fp;
 StuInfo Objs[5]={0};   //定义数组，确定内存
 char PathName[128];    //存文件路径名
 for(i=0;i<5;i++)       //自动产生数组元素数据
 {
 sprintf(Objs[i].m_studenID,"20194421%02d",i+1);
 sprintf(Objs[i].m_studentName,"Student_%c",i+'A');
 Objs[i].m_score=85+i;
 Objs[i].m_Line_feed='\n';
 }
 printf("Input PathName:"); //提示输入文件路径名
 gets(PathName);            //获得路径名
 fp=fopen(PathName,"wb");   //打开/创建文件并写入二进制数据
 if(fp)
 {
 fwrite(Objs,sizeof(StuInfo),5,fp);//将 Objs 内存数据写入文件
 printf("Objs 内存数据写入成功.用记事本强制打开文件%s 看看.\n",PathName);
 fclose(fp);
 }
 else
 printf("不能创建%s 文件\n",PathName);
}
```

程序运行，输入：

```
Input PathName: g:\Testdat.cqu
```

输出：

```
Objs 内存数据写入成功.用记事本强制打开文件 g:\Testdat.cqu 看看.
```

程序源代码（SL11-2.c）中操作文件的关键代码如下：fp=fopen(PathName,"wb")，以写二进制数模式打开或创建 PathName 文件，如果成功，fp 指向数据开始处。fwrite(Objs,sizeof(StuInfo),5,fp)，从文件指针 fp 指定位置开始写入 Objs 内存数据，写入字节数为 sizeof(StuInfo)×5。关闭文件 fclose(fp)。

用记事本打开 g:\Testdat.cqu 显示结果如图 11.1 所示，每行为一个 StuInfo 数据，信息有的可读，有的不可读。

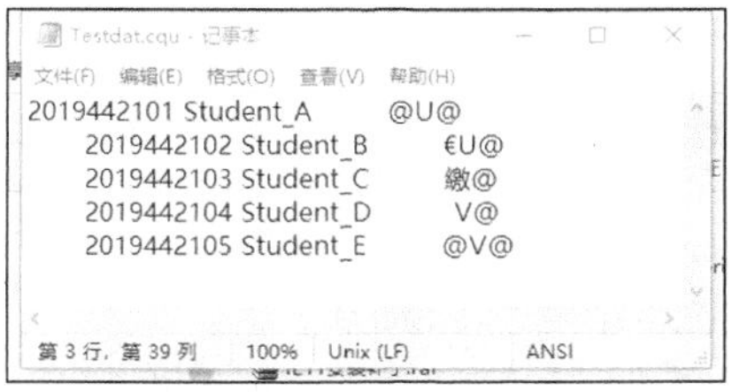

图 11.1 用记事本打开 g:\Testdat.cqu 显示结果

文件 g:\Testdat.cqu 保存的字节数据（用十六进制数表示）如图 11.2 所示，也是数组 Objs 内存记录的真实数据，结合结构体进行分析说明。

```
32 30 31 39 34 34 32 31   30 31 00 53 74 75 64 65
6E 74 5F 41 00 00 00 00   00 00 00 00 00 40 55 40
0A 00 00 00 00 00 00 00   32 30 31 39 34 34 32 31
30 32 00 53 74 75 64 65   6E 74 5F 42 00 00 00 00
00 00 00 00 00 80 55 40   0A 00 00 00 00 00 00 00
32 30 31 39 34 34 32 31   30 33 00 53 74 75 64 65
6E 74 5F 43 00 00 00 00   00 00 00 00 00 C0 55 40
0A 00 00 00 00 00 00 00   32 30 31 39 34 34 32 31
30 34 00 53 74 75 64 65   6E 74 5F 44 00 00 00 00
00 00 00 00 00 00 56 40   0A 00 00 00 00 00 00 00
32 30 31 39 34 34 32 31   30 35 00 53 74 75 64 65
6E 74 5F 45 00 00 00 00   00 00 00 00 00 40 56 40
0A 00 00 00 00 00 00 00
```

图 11.2 文件 g:\Testdat.cqu 保存的字节数据（用十六进制数表示）

结构体有内存整体对齐要求，StuInfo 结构体涉及的基本数据类型中，double 型数据需要的内存最长为 8 个字节，StuInfo 型数据占用的内存必须是 8 的倍数。

图 11.2 中，前 40 个字节记录 Objs[0]数据{"2019442101","Student_A", 85.00}。

[00 位置] 32 30 31 39 34 34 32 31 30 31 00，共 11 个字节，记录字符串"2019442101"；

[11 位置] 53 74 75 64 65 6E 74 5F 41 00 00 00 00，共 13 个字节，记录字符串"Student_A"；

[24 位置] 00 00 00 00 00 40 55 40，共 8 个字节，记录 double 型数据 85.00；

[32 位置] 0A，共 1 个字节，记录换行符'\n'；

[33 位置] 00 00 00 00 00 00 00 共 7 节，内存对齐补 7 个字节，占位不用；

[40 位置]下一数据记录开始。

2．fread()函数

fread ()函数原型格式：

```
size_t fread( void *buffer, size_t size, size_t count, FILE *stream )
```

功能：从文件指针 stream 指定位置开始读取 size*count 字节数据，送入 buffer 内存，并移动文件指针 stream。

形式参数：buffer 为内存地址，size 为单元数据长度（字节），count 为单元数，stream 为文件指针。

返回值：成功则返回实际读取单元数据个数；读取失败则返回 0。

【例 11.3】 将例 11.2 生成的文件数据读出显示。

解题分析：

例 11.2 生成的文件中有多少个 StuInfo 数据？不能确定，只能逐个读出 StuInfo 数据，直至不能完整读取 1 个 StuInfo 数据为止。

算法描述：

Step1：定义 int i,gs=0，FILE *fp 文件指针，StuInfo Obj 接收文件数据，char PathName[128]

接收指定路径名。

Step2：输入文件路径名 PathName。

Step3：打开 PathName 文件，读取二进制数据，fp=fopen(PathName,"rb")。

Step4：如果 fp 为空，转 Step10。

Step5：如果文件指针指向文件结尾，转 Step9。

Step6：读取 1 个 StuInfo 型数据，i=fread(&Obj,sizeof(StuInfo),1,fp)。

Step7：如果 i<1，转 Step9。

Step8：显示 Obj 数据，读取次数 gs++，转 Step3。

Step9：显示 gs。

Step10：程序结束。

程序源代码（SL11-3.c）：

```
include <stdio.h>
typedef struct _stu_info_
{
 char m_studenID[11];        //学号
 char m_studentName[13];     //姓名
 double m_score;             //成绩
 char m_Line_feed;
}StuInfo;
void main()
{
int i,gs=0;
FILE *fp;
StuInfo Obj;                //定义数组，确定内存
char PathName[128];         //存文件路径名
printf("Input PathName "); //提示输入文件路径名
gets(PathName);
fp=fopen(PathName,"rb");    //打开文件，读入二进制数据
if(!fp)
{
 printf("%s 不存在\n",PathName);
 return;
}
while(!feof(fp))
{
 i=fread(&Obj,sizeof(StuInfo),1,fp);//读出单元数据，fp 自动后移
 if(i<1)        //读入错误
  break;
 printf("%s  %s  %.2f%c",Obj.m_studenID,Obj.m_studentName,
  Obj.m_score,Obj.m_Line_feed);
 gs++;          //计组数
}
printf("读出 %d 组\n",gs);
fclose(fp);
}
```

程序运行，输入：

```
Input PathName G:\Testdat.cqu
```

输出：

```
2019442101  Student_A  85.00
2019442102  Student_B  86.00
2019442103  Student_C  87.00
```

```
2019442104  Student_D  88.00
2019442105  Student_E  89.00
```
读出 5 组

3．fputc () 函数

fputc()函数原型格式：
```
int fputc(int Ch, FILE *stream);
```
功能：在 stream 指定位置写入 1 个字节数据（char 型数据），并移动 stream 指针。

形式参数：Ch 为字节数据值，stream 为文件指针。

返回值：成功返回写入字节数据的值，失败返回 EOF(-1)。

4．fgetc () 函数

fgetc()函数原型格式：
```
int fgetc(FILE * stream)
```
功能：读取 stream 指定位置的 1 个字节数据（char 型数据），并移动文件指针。

形式参数：stream 为文件指针。

返回值：成功返回 1 个字节数据的值，失败返回 EOF(-1)。

5．fprintf () 函数

fprintf()函数原型格式：
```
int fprintf( FILE *stream, const char *format [, argument ]...)
```
功能：按格式限定符产生字符序列，从 stream 指定位置开始写入字符序列，并移动文件指针。

形式参数：stream 为文件指针，format 为字符序列限定符，[, argument]...为可变变量内存地址列表。

返回值：成功返回写入字符数，失败返回 EOF(-1)。

6．fscanf () 函数

fscanf()函数原型格式：
```
int fscanf( FILE *stream, const char *format [, argument ]... );
```
功能：从 stream 指定位置开始读取序列字符，按格式限定符转换为类型数据，送至变量内存，并移动文件指针。

形式参数：stream 为文件指针，format 为格式限定符，[, argument]...为可变变量内存地址列表。

返回值：成功返回读取的数据项数，失败返回 EOF(-1)。

例如，将文件数据'1', '2', '3', '4', '5', '6', 'a'字符序列读出，赋给 int 型变量 a 和 char 型变量 b。
```
fscanf(fp,"%d",&a);  //1
fscanf(fp,"%c",&b);  //2
```
第 1 句，'1', '2', '3', '4', '5', '6'读出后转换为整型数 123456 并赋给变量 a，'a'是非数字字符停止读入，fp 指向'a'；第 2 句将'a'读出并赋给变量 b。

7．fputs () 函数

fputs()函数原型格式：
```
int fputs( const char *string, FILE *stream )
```
功能：从 stream 指定位置开始写入字符串，并移动文件指针。

形式参数：string 为字符串内存地址，stream 为文件指针。

返回值：成功返回非负值，失败返回 EOF(-1)。

8．fgets () 函数

fgets()函数原型格式：
```
char * fgets( char *string, int n, FILE *stream );
```

功能：从 stream 指定位置读取 n-1 个字符，构成字符串，遇上'\n'换行符，结束读取，并移动文件指针 stream。

形式参数：string 接收字符串内存地址，n 接收内存长度，stream 为文件指针。

返回值：成功返回字符串首字符地址，失败返回 NULL，error 指示器标识错误代码。

【例 11.4】 fgets()函数使用示例。调用 fgets()函数，读取文本文件（*.txt）字符，并统计行数、fgets 调用次数、文件大小。

解题分析：

fgets()函数在读取字符数据过程中，遇上换行符时结束数据读取。如果接收内存足够长，利用 fgets()函数 1 次可以从文本文件中读取 1 行。

本题限定 fgets 最多读 10 个字符，如果读出的字符中包含"\n"，计 1 行；文件末行可能没有'\n'换行符，此种情况也要算 1 行。

文件指针指向文件结尾，其位置由 ftell(fp)获得，正是文件大小。

算法描述：

Step1：定义变量，int rdcs=0 为 fgets 调用次数，int Lines=0 为行数，int fileSize=0 为文件大小，FILE *fp 为流式文件指针，char PathName[128]为文件路径名，char* pOut=NULL 为 fgets 读出字符存放地址。

Step2：输入文本文件路径名，gets(PathName)。

Step3：打开文件 PathName，用于读取字符，fp=fopen(PathName,"r")。

Step4：如果 fp==NULL，文件 PathName 不存在，转 Step12。

Step5：如果 fp 指向文件结尾，转 Step10。

Step6：调用 fgets，读出 10 个字符构成字符串，存入 PathName，pOut=fgets(PathName,11,fp)。

Step7：rdcs++读出数累加，输出 PathName 字符串。

Step8：在 PathName 字符串中找子字符串"\n"，如果找到，行数累加 Lines++、pOut 置 NULL，表示已计行数。

Step9：转 Step5。

Step10：如果 pOut 不为 NULL，累加 1 行 Lines++。获取文件指针 fp 位置的文件大小。

Step11：输出行数、读取调用次数、文件大小。

Step12：程序结束。

程序源代码（SL11-4.c）：

```c
#include <stdio.h>
#include <string.h>
void main()
{
 int rdcs=0,Lines=0,fileSize=0;
 FILE *fp;
 char PathName[128];          //存文件路径名
 char* pOut=NULL;             //临时指针
 printf("Input PathName ");   //提示输入文件路径名
 gets(PathName);
 fp=fopen(PathName,"r");      //打开文件，读入数据
 if(!fp)
 {
  printf("%s 不存在\n",PathName);
  return;
 }
 PathName[0]='\0';            //以后用于接收缓存
```

```
while(!feof(fp))
{
 pOut=fgets(PathName,11,fp);
 rdcs++;                         //读取次数累加
 printf("%s",pOut);
 if(strstr(PathName,"\n")) //从 PathName 中找出'\n'
 {
  Lines++;
  pOut=NULL;
 }
}
fileSize=ftell(fp);              //文件指针最后位置，文件大小
fclose(fp);
if(pOut)                         //最后读出有无换行符情况
 Lines++;
printf("\n\n%d行，读%d次,文件大小%d字节\n",Lines,rdcs,fileSize);
}
```

程序运行前用记事本创建一个文本文件，供程序读取。

输入：

```
Input PathName g:\testa.txt
```

输出：

```
while(!feof(fp))
{
 pOut=fgets(PathName,11,fp);
 rdcs++;//读取次数累加
 printf("%s",pOut);
 if(strstr(PathName,"\n"))//从 PathName 中找出'\n'
 {
  Lines++;
  pOut=NULL;
 }
}
11行，读24次,文件大小189个字节
```

11.4 FILE 指针移动和状态检测函数

文件数据的每个字节从 0 开始的顺序号，称为位置，调用 fopen()函数打开文件时，FILE 指针（文件指针）位置编号为 0，文件指针可以在 0～文件长度（文件大小）之间任意移动位置编号，如文件大小为 200 个字节，文件指针位置为 0～199。

移动文件指针位置用 rewind()函数或 fseek()函数，文件指针位置移动，文件缓冲区随之移动。

获取文件指针当前位置用 ftell()函数。

判断文件指针是否处于文件结束位置用 feof()函数。

1．rewind()函数

rewind()函数原型格式：

```
void rewind( FILE *stream )
```

功能：文件指针重新移到文件的开始处，并清除文件指针错误标识和文件结尾标识。

形式参数：stream 为打开的文件指针。

返回值：无。

2．fseek()函数

fseek()函数原型格式：

```
int fseek( FILE *stream, long offset, int origin )
```

功能：文件指针按指定的方向和偏移量偏移。

形式参数：stream 为文件指针，offset 为偏移字节数，origin 为方向（从 SEEK_CUR 当前位置、SEEK_END 文件结束位置、SEEK_SET 文件开始位置，3 个符号常量中选其一）。

返回值：成功返回 0，失败返回非 0，error 指示器标识错误代码。

3．ftell ( ) 函数

ftell()函数原型格式：

```
long ftell( FILE *stream )
```

功能：获取文件指针当前位置。

形式参数：stream 为文件指针。

返回值：成功返回文件指针 stream 距文件开始处（文件首字节）的字节数，失败返回 EOF(-1)。

4．feof ( ) 函数：

feof()函数原型格式：

```
int feof( FILE *stream )
```

功能：检测文件指针是否指向文件结尾。

形式参数：stream 为文件指针。

返回值：非 0 指针指向文件结尾，0 未指向文件结尾。

【例 11.5】 体验文件指针的移动。假设文件数据为字符 1234567890abcdef，按要求编写实现以下功能的代码。

（1）读出全部字符。

（2）用 rewind 将文件指针重置到文件开始位置，并显示文件指针位置和与之对应的字符。

（3）用 fseek()函数将文件指针从当前位置后移 2 个字节，显示指针位置和与之对应的字符。

（4）从文件结尾处向前移 1 个字节，显示指针位置及其对应的字符。

解题分析：

（1）假设文件路径名为 E:\Test.my，建立接收内存 char pathname[128]，读出全部数据。建文件指针 FILE *fp，fp=fopen("E:\Test.my","rb")；读出全部数据 fread(pathname,1,128,fp)，文件指针 fp 已移到文件结束位置。

（2）调用 rewind(fp)，文件指针 fp 又移到文件开始位置，读出一个字符，fp 后移 1 个字节。

（3）调用 fseek(fp,2,SEEK_CUR)后移 2 个字节，fseek()函数需要指定基准点和移动方向，预定符号常量 SEEK_CUR 当前位置、SEEK_END 文件结束位置、SEEK_SET 文件开始位置。

（4）调用 fseek(fp,-1,SEEK_END)，文件结束位置向前移 1 个字节。

算法描述：（略）。

程序源代码（SL11-5.c）：

```c
#include <stdio.h>
void main()
{
 char pathname[128];
 FILE *fp=NULL;
 long currentpos,len;
 printf("Input PathName ");
 gets(pathname);
 if((fp=fopen(pathname,"rb"))==NULL)
  return;
 len=fread(pathname,1,128,fp);    //读出全部字符
 pathname[len]='\0';              //构成字符串
 printf("\n%s\n\n",pathname);
 rewind(fp);                      //文件指针重置到文件开始位置
```

```
    currentpos=ftell(fp);              //取当前位置
    printf("rewind(fp)执行后，位置 %d,字符是 %c\n",currentpos,fgetc(fp));
    fseek(fp,2,SEEK_CUR);              //当前位置后移 2 个字节
    currentpos=ftell(fp);              //取当前位置
    printf("fseek(fp,2,SEEK_CUR) 执行后,位置 %d,字符是 %c\n",
                            currentpos,fgetc(fp));
    fseek(fp,-1,SEEK_END);             //从文件结束位置向前移 1 个字节
    currentpos=ftell(fp);              //取当前位置
    printf("fseek(fp,-1,SEEK_END)执行后,位置 %d,字符是 %c\n",
                            currentpos,fgetc(fp));
    fclose(fp);                        //关闭文件
}
```

程序运行，输入：

输入文件路径名 E:\Test.my

输出：

```
1234567890abcdef
rewind(fp)执行后,位置 0,字符是 1
fseek(fp,2,SEEK_CUR) 执行后,位置 3,字符是 4
fseek(fp,-1,SEEK_END)执行后,位置 15,字符是 f
```

程序源代码（SL11-5.c）分析：

执行 len=fread(pathname,1,128,fp)后，fp 已到文件结束位置，再执行 rewind(fp)，fp 又指向文件开始位置，执行 currentpos=ftell(fp)，取 fp 位置给 currentpos（为 0），0 位置为字符'1'，执行 fgetc(fp)，取出 0 位置字符'1'，fp 位置后移 1 个字节，指向字符'2'。

执行 fseek(fp,2,SEEK_CUR)，fp 在当前位置后移 2 个字节，指向字符'4'，继续执行 fseek(fp,-1,SEEK_END)，从文件结束位置前移 1 个字节，使 fp 指向字符'f'。

5．ferror()函数

ferror()函数原型格式：

```
int ferror( FILE *stream )
```

功能：检测文件指针是否存在错误标识。

返回值：非 0 文件指针存在错误，0 文件指针不存在错误。

ferror()函数使用代码片段：

```
…
count = fread(buffer,sizeof(char),100,stream);  //尝试读取 100 个字节
if(ferror(stream))  //检查 stream 流存在的错误
 printf("读取错误\n");
…
```

6．clearerr()函数

clearerr()函数原型格式：

```
void clearerr( FILE *stream )
```

功能：清除文件指针错误标识（C 语言预定义文件指针包括 stdin 标准输入文件指针、stdout 标准输出文件指针、stderr 标准错误文件指针）。

形式参数：stream 为文件指针。

【例 11.6】 体验 ferror()、clearerr()函数、预定义标准输入文件 stdin 的使用。强制向 stdin 标准输入设备文件输出字符，产生文件错误，再检测并清除错误。

解题分析：

C 语言从 C89 标准开始，将标准输入设备（键盘）预定义为标准输入文件 stdin，将标准输出

设备（显示设备）预定义为标准输出文件 stdout，还预定义了文件操作标准错误信息文件 stderr。从标准输入设备输入数据、向标准输出设备输出数据、查找错误原因，统一为文件数据操作，文件数据被称为数据流，FILE 指针又称流式文件指针。这些技术知识是 C++的基础。

运行例 11.6 的程序，体验 stdin、stdout 和 stderr 文件的使用方法。putc('c',stdin);；putc()函数正确用法，向标准输出设备输出 1 个字符，这里向标准输入设备输出字符，必然导致 stdin 文件错误，检测并报告 stdin 错误用 ferror(stdin)，还要通过 clearerr(stdin)清除 stdin 文件错误，不然 stdin 文件不能正常使用。

程序源代码（SL11-6.c）：

```c
#include <stdio.h>
void main(void)
{
 int c;
 putc('c',stdin);        //向标准输入文件插入字符'c'
 if(ferror(stdin))       //从标准错误文件中提取 stdin 文件错误
 {
 printf("Write error\n");
 clearerr(stdin);        //清除 stdin 文件错误，否则 stdin 文件不能正常使用
 }
 printf("输入任意字符,检测键盘是否可用?\n");
 c = getc(stdin);  //从标准输入文件中提取 1 个字符
 if(ferror(stdin)) //从标准错误文件中提取 stdin 文件错误
 {
 perror("Read error");
 clearerr(stdin); //清除标准输入文件错误
 }
 else
 {
 printf("输出字符: ");
 putc(c,stdout);
 putc('\n',stdout);
 }
}
```

程序运行，输入和输出如下：

```
Write error
输入任意字符,检测键盘是否可用?
A
输出字符: A
```

如果将源代码中的下画线语句注释掉，程序运行输入和输出如下：

```
Write error
输入任意字符,检测键盘是否可用?
A
Read error: Bad file descriptor
```

11.5 编程操作文件示例

数据要按格式有序写入文件，提取文件数据也要按格式有序读取。一般文件数据格式用扩展名标识，如文件名 Chapter2.docx，扩展名 docx 标识文件数据格式。因为扩展名可以任意修改，所以扩展名标识文件数据格式并不可靠，标识文件数据格式的普遍做法是在文件头部写入文件数据格式标识码，俗称文件头，根据文件头识别文件数据格式。常见文件数据格式标识码

见表 11.2。

表 11.2　常见文件数据格式标识码

文件扩展名	文件头	文件扩展名	文件头
exe	0x4D5A	rar	0x52617221
bmp	0x424D	zip	0x504B030414
jpeg	0xFFD8FF	rtf	0x7B5C727466
png	0x89504E47	html	0x68746D6C3E
Office 97-2003	0xD0CF11E0	Office 2007 及以后版本	0x504B0304140006

【例 11.7】 设计程序读出文件头判断文件数据格式。如 Chapter2.docx，其数据格式标识码应为 0x504B0304140006，否则 docx 不能标识文件数据格式。

解题分析：

程序获得文件路径名，打开文件并读出文件头部 256 个字节，按表 11.1 文件数据格式标识码顺序逐字节进行判断。

算法描述：

Step1： 定义 FILE *fp=NULL;　char PathName[256]="";unsigned char buf[256]=""。

Step2： 输入文件路径名 PathName。

Step3： 打开文件，fp=fopen((char*)PathName,"rb")。

Step4： 如果 fp==NULL，转 Step17。

Step5： 读入文件数据前 256 个字节并存入 buf，fread(buf,sizeof(char),256,fp)。

Step6： 如果 buf[0]开始字节流为 0x89504e47，文件数据格式为 png，转 Step16。

Step7： 如果 buf[0]开始字节流为 0xD0CF11E0，文件数据格式为 Office 97-2003 文档文件，转 Step16。

Step8： 如果 buf[0]开始字节流为 0x52617221，文件数据格式为 rar，转 Step16。

Step9： 如果 buf[0]开始字节流为 0x7B5C727466，文件数据格式为 rtf，转 Step16。

Step10： 如果 buf[0]开始字节流为 0x504B0304140006，文件数据格式为 Office 2007 及以后版本文档文件，转 Step16。

Step11： 如果 buf[0]开始字节流为 0x504B030414，文件数据格式为 zip，转 Step16。

Step12： 如果 buf[0]开始字节流为 0xFFD8FF，文件数据格式为 jpeg，转 Step16。

Step13： 如果 buf[0]开始字节流为 0x4D5A，文件数据格式为 exe，转 Step16。

Step14： 如果 buf[0]开始字节流为 0x424D，文件数据格式为 bmp，转 Step16。

Step15： 文件数据格式不能确定。

Step16： 输出文件数据格式说明。

Step17： 程序结束。

程序源代码（SL11-7.c）：

```c
#include <stdio.h>
#include <string.h>
void main()
{
FILE *fp=NULL;
char PathName[256]="";
unsigned char buf[256]="";
printf("Input Path file name: ");
gets((char*)PathName);
```

```
fp=fopen((char*)PathName,"rb");
if(fp==NULL)
{
 printf("%s does not exist\n",PathName);
 return;
}
fread(buf,sizeof(char),256,fp);
fclose(fp);
if(buf[0]==0x89 && buf[1]==0x50 && buf[2]==0x4e && buf[3]==0x47)
 strcat(PathName," is Png format\n");
else if(buf[0]==0xD0 && buf[1]==0xCF && buf[2]==0x11 && buf[3]==0xE0)
 strcat(PathName," is Office97-2003 format\n");
else if(buf[0]==0x52 && buf[1]==0x61 && buf[2]==0x72 && buf[3]==0x21)
 strcat(PathName," is rar format\n");
else if(buf[0]==0x7B&&buf[1]==0x5C&&buf[2]==0x72&&buf[3]==0x74&&
        buf[4]==0x66)
 strcat(PathName," is rtf format\n");
else if(buf[0]==0x50&&buf[1]==0x4B&&buf[2]==0x03&&buf[3]==0x04
        && buf[4]==0x14&&buf[5]==0x00&&buf[6]==0x06)
 strcat(PathName," is Office2007 and later format\n");
else if(buf[0]==0x50&&buf[1]==0x4B&&buf[2]==0x03&&buf[3]==0x04
        && buf[4]==0x14)
 strcat(PathName," is zip format\n");
else if(buf[0]==0xFF && buf[1]==0xD8 && buf[2]==0xFF)
 strcat(PathName," is Jpeg format\n");
else if(buf[0]==0x4D && buf[1]==0x5A)
 strcat(PathName," is exe format\n");
else if(buf[0]==0x42 && buf[1]==0x4D)
 strcat(PathName," is bmp format\n");
else
 sprintf(PathName,"%s is Unrecognized\n",PathName);
printf("%s",PathName);
}
```

程序运行，输入：

```
Input Path file name: d:\Chen.rtg
```

输出：

```
d:\Chen.rtg is rtf format
```

例 11.7 证明，一般软件不是通过扩展名识别文件数据格式，而是通过文件数据格式标识码识别文件数据格式。

代码中，docx 文件的标识码为 0x504B0304140006，zip 文件的标识码为 0x504B030414，判断时要先判断长码，不满足时再判断短码。zip 和 docx 文件的标识码表明，docx 是 zip 压缩包。

11.6 本章小结

C 语言针对缓冲文件操作模式，提供 FILE 结构体和功能函数，使用户根据需要设计编写文件操作功能。

保存文件时，内存数据要按格式有序写入文件，打开文件时一定要按格式依序读取数据。文件以字节为存储单元，文件数据又称字节流，C 语言通过 FILE 结构体以缓冲文件操作模式实现文件数据的读/写，这种操作文件方式也叫作流式文件操作。

编写文件操作程序需要熟悉 FILE 文件指针移动、文件指针状态检测、文件数据读/写等功能函数。编程操作文件一定要遵循定义 FILE 指针、打开文件、读/写文件数据、关闭文件四个步骤。

习题 11

一、选择题

1. 系统的标准输入文件（设备）是指（　　）。

   A. 键盘　　　　　　　B. 显示器　　　　　　C. 硬盘　　　　　　　D. U 盘

2. 若执行 fopen() 函数时发生错误，则函数的返回值是（　　）。

   A. 地址值　　　　　　B. 0（NULL）　　　　C. 1　　　　　　　　D. EOF

3. 若要用 fopen() 函数打开一个新的二进制文件，要求该文件既能读也能写，则文件方式字符串应是（　　）。

   A. "ab+"　　　　　　B. "wb+"　　　　　　C. "rb+"　　　　　　D. "ab"

4. fscanf() 函数的正确调用方式是（　　）。

   A. fscanf(fp,格式字符串,输出表列);

   B. fscanf(格式字符串,输出表列,fp);

   C. fscanf(格式字符串,文件指针,输出表列);

   D. fscanf(文件指针,格式字符串,输入表列);

5. fgetc() 函数的作用是从指定文件读入一个字符，该文件的打开方式可以是（　　）。

   A. 只写　　　　　　　B. 追加　　　　　　　C. 读或写　　　　　　D. 创建

6. 函数调用语句 fseek(fp,-20L,SEEK_END) 的含义是（　　）。

   A. 将文件位置指针移到距离文件头 20 个字节处

   B. 将文件位置指针从当前位置向后移动 20 个字节

   C. 将文件位置指针从文件结束位置后退 20 个字节

   D. 将文件位置指针移到距离当前位置 20 个字节处

7. 在执行 fopen() 函数时，ferror() 函数的初值是（　　）。

   A. TURE　　　　　　B. -1　　　　　　　　C. 1　　　　　　　　D. 0

8. 若 fp 是指向某文件的指针，且已读到文件末尾，则函数 feof(fp) 的返回值是（　　）。

   A. EOF　　　　　　　B. -1　　　　　　　　C. 1　　　　　　　　D. NULL

9. 下列关于 C 语言数据文件的叙述，正确的是（　　）。

   A. 文件由 ASCII 字符序列组成，C 语言只能读写文本文件

   B. 文件由二进制数据序列组成，C 语言只能读写二进制文件

   C. 文件由记录序列组成，可按数据的存储形式分为二进制文件和文本文件

   D. 文件由数据流形式组成，可按数据的存储形式分为二进制文件和文本文件

10. 函数 fseek(pf,0L,SEEK_END) 中 SEEK_END 代表的起始点是（　　）。

    A. 文件开始　　　　　B. 文件末尾　　　　　C. 文件当前位置　　　D. 以上都不对

11. C 语言中，能识别处理的文件为（　　）。

    A. 文本文件和数据块文件　　　　　　　　B. 文本文件和二进制文件

    C. 流文件和文本文件　　　　　　　　　　D. 数据文件和二进制文件

12. 若调用 fputc() 函数输出字符成功，则其返回值是（　　）。

    A. EOF　　　　　　　B. 1　　　　　　　　C. 0　　　　　　　　D. 输出的字符

13. 已知函数的调用形式为 fread(buf,size,count,fp)，参数 buf 的含义是（　　）。

    A. 一个整型变量，代表要读入的数据项总数

    B. 一个文件指针，指向要读的文件

  C. 一个指针，指向要读入数据的存储地址

  D. 一个存储区，存储要读的数据项

14. 当顺利执行了文件关闭操作时，fclose()函数的返回值是（　　　）。

  A. -1　　　　　　　　B. TRUE　　　　　　　C. 0　　　　　　　　D. 1

15. 如果需要对非空文件"Demo"进行修改，下列选项正确的是（　　　）。

  A. fp=fopen("Demo","r");　　　　　　　　B. fp=fopen("Demo'","ab+");

  C. fp=fopen("Demo","w+");　　　　　　　D. fp=fopen("Demo","r+");

16. 关于文件理解不正确的为（　　　）。

  A. C 语言将文件看作字节的序列，即由一个个字节数据顺序组成

  B. 所谓文件一般是指存储于外部介质的数据的集合

  C. 系统在内存中自动为每一个正在使用的文件开辟一个缓冲区

  D. 每个打开文件都与文件结构体变量相关联，程序通过该变量访问该文件

17. 关于二进制文件和文本文件，描述正确的为（　　　）。

  A. 文本文件将每个字节做成一个 ASCII 值，只能存储字符或字符串数据

  B. 二进制文件将内存中的数据按其在内存中的存储形式原样输出到磁盘中存储

  C. 二进制文件可以节省外存空间和转换时间，不能存储字符形式的数据

  D. 一般中间结果数据需要暂时保存在外存中，以后又需要输入内存的，常用文本文件保存

18. 关于函数 fwrite (buffer, sizeof(Student) 3, fp)，描述不正确的（　　　）。

  A. 将 3 个学生的数据块按二进制形式写入文件

  B. 将由 buffer 指定的数据缓冲区内的 3* sizeof(Student)个字节的数据写入指定文件

  C. 返回实际输出数据块的个数，若返回 0 值，表示输出结束或发生了错误

  D. 若由 fp 指定的文件不存在，则返回 0 值

19. 正确检查由 fp 指定的文件读写时是否出错的函数调用是（　　　）。

  A. feof()　　　　　　B. ferror()　　　　　　C. clearerr (fp)　　　　D. ferror(fp)

20. 若 fp 是指向某文件的指针，文件操作结束之后，关闭文件指针应使用下列（　　　）语句。

  A. fp=fclose();　　　B. fp=fclose;　　　　　C. fclose;　　　　　　D. fclose(fp);

21. 函数 rewind()的作用是（　　　）。

  A. 使位置指针重新返回文件的开头　　　　B. 将位置指针指向文件中要求的特定位置

  C. 使位置指针指向文件的末尾　　　　　　D. 使位置指针自动移至下一个字符的位置

二、编程题

1. 一条学生的记录包括学号、姓名和成绩等信息。

（1）格式化输入多个学生记录。

（2）利用 fwrite 将学生信息按二进制方式写到文件中。

（3）利用 fread 从文件中读出成绩并求平均值。

（4）对文件中按成绩排序，将成绩单写入文本文件中。

2. 编写程序，统计某文本文件中包含的句子个数。

第 12 章
编程案例

关键词

- 📄 qsort()函数、函数指针
- 📄 定积分、线性回归、迭代算法

难点

- 📄 求解高次方程的一个实根

　　C 语言是表达算法的一种程序设计语言，前面主要介绍 C 语言语法和语义，本章以 qsort() 函数的具体使用、求定积分、线性回归（也叫线性拟合）和高次方程求实根为例，介绍 C 语言程序设计。

12.1   使用 qsort()函数对数据进行排序

qsort()函数是 C 语言提供的快速排序函数。排序方法有很多种：选择排序、冒泡排序、归并排序、快速排序等。快速排序是公认的一种高效的排序算法，qsort 声明在 stdlib.h 文件中。

qsort()函数原型格式：

```
void qsort(void *base, int _nmemb, int _size, int (*pfcompare)(const void *, const void *))
```

功能：

对占用连续内存的数据按关键字排序。注：数组或动态申请的内存块为连续内存。

形式参数：

void *base 数据占用内存的起始地址。

int nmemb 数组数（内存保存的数据个数）。

int size 单个数据（单组数据）占用内存长度。

int (*pfcompare)(const void *, const void *)函数指针及函数原型格式。使用者必须重定义具体的比较函数，函数原型格式必须为指定格式，函数返回值数据类型为 int，函数形式参数第一个参数 const void*为前一个数据内存地址，第二个参数 const void*为后一个数据内存地址；函数功能代码要按具体排序数据的类型编写。

返回值：无。但内存数据有序。

qsort()函数如何实现数据按关键字排序？qsort 仅知道数据内存的起始地址 base、排序数据个数 nmemb 和单个数据的内存长度 size，单个数据（类型数据）如何引用？qsort()函数不清楚，只有程序设计者才知道内存数据的类型，qsort()函数提供函数指针（接口）int (*pfcompare)(const void *, const void *)，让编程者提供数据比较函数进行数据排序，qsort 根据比较函数返回值交换内存数据，qsort()函数只是数据"搬运工"。

qsort()函数只提供快速排序实现方法，数据具体比较由编程者协助实现，属于泛型编程，在现代编程中广泛使用。使用 qsort()函数需要针对排序数据的类型定义比较函数。

12.1.1   对数值型数组排序

调用 qsort()函数对 char、int、float、double 型数组排序示例。

【例 12.1】 函数 qsort()的使用。对输入的整数进行升序排列，以−1 为输入结束标识，数据个数小于 30。

解题分析：

qsort()函数对连续内存数据排序，输入数据应存入 int 型数组。qsort()函数的比较函数定义为：

```
int compare(const void *a, const void *b)
{
 int *pa=(int*)a;  //强制指针数据类型转换
 int *pb=(int*)b;  //强制指针数据类型转换
 return *pa > *pb ? 1 : (*pa==*pb? 0:-1);
}
```

实现两个 int 型数据的比较，结果返回给 qsort()函数，根据比较结果"搬运"数据。

a 与 b 是 qsort()传来的两个数的内存地址，compare()函数将两数的内存地址强制转换为 int 型指针，int 型指针引用内存数据，进行 int 型数值比较。

如果对 char、float、double 型数据排序，无类型指针 a 和 b 应强制转换为相应的数据类型指针，强制指针类型转换的目的是正确引用内存数据。

测试函数 main()定义如下。

程序源代码（SL12-1.c）：

```
#include <stdio.h>
#include <stdlib.h>
int main ()
{
 int in,i,dcs=0;
 int values[30]={90,80,10,30,50,70};
 for(i=0;;i++)
 {
  scanf("%d",&in);
  if(in==-1)
   break;
  *(values+i)=in;
 }
 dcs=i;
 qsort(values, dcs,sizeof(int), compare); //对 Values 数组排序
 for (i=0; i<dcs; i++)
  printf ("%6d",*(values+i));
 printf("\n");
 return 0;
}
```

程序运行，输入和输出如下。

输入：

```
10 20 5 -100 -1
```

输出：

```
-100    5   10   20
```

测试函数定义中，调用函数语句 qsort(values, dcs,sizeof(int), compare)，实际参数 values 为数组名，即排序数据内存的起始地址，dcs 为数组实际数据个数，sizeof(int)为单个数据（类型数据）占用内存长度，compare 为比较函数名称（函数指针），供 qsort()函数调用。qsort()执行后，values 数据有序。

12.1.2　对字符串数组排序

字符串数组即字符型二维数组的每一个一维数组为字符串。二维数组占用连续内存，每个一维数组占用的内存长度相同，每个元素内存长度相同，数组名是数组内存的起始地址。

【例 12.2】使用 qsort()函数对输入的 6 个字符串按升序排列。

解题分析：

根据题意，假定列长度为 30，定义字符型二维数组，输入 6 个字符串并存入数组，调用 qsort()函数对字符串排序。需要为 qsort()函数提供字符串比较函数，字符串比较函数 compare()的定义如下：

```
int compare(const void* a, const void *b)
{
  char* pstr1=(char*)a;
  char* pstr2=(char*)b;
  return strcmp(pstr1,pstr2)>=0 ? 1 : -1;//升序排列
}
```

形式参数 a 与 b 是 qsort()函数传来的两个数据的内存地址（字符串地址），因要调用 strcmp()函数，进行字符串比较，所以将两个内存地址强制转换为字符指针，比较结果返回 qsort()函数。

测试用函数 main()定义如下。

程序源代码（SL12-2.c）：

```
#include <stdio.h>
#include <stdlib.h>
#include <string.h>
#define COLSIZE 30
int main ()
{
 int n;
 char str[6][COLSIZE]={"Chongqing"};
 printf("输入字符串:\n");
 for(n=0;n<6;n++)
  gets(str[n]);
 qsort(str,6,COLSIZE,compare);
 printf("qsort 排序后:\n");
 for(n=0; n<6; n++)
  printf("%s\n",str[n]);
 printf("\n");
 return 0;
}
```

程序运行，输入：

```
输入字符串:
重庆大学城
重庆  大学城 香炉山
Beijing Xiangshan
Zhongshan daxue
中原大地
曾母暗沙
```

输出：

```
qsort 排序后:
Beijing Xiangshan
Zhongshan daxue
曾母暗沙
中原大地
重庆  大学城 香炉山
重庆大学城
```

函数 main()在获得字符串输入后,调用 qsort()函数对 str 数组字符串进行排序。调用函数 qsort(str, 6, COLSIZE, compare)，传给 qsort()的实际参数，str 为字符串内存起始地址，6 为字符串个数，每个字符组内存长度为 COLSIZE，compare 为比较函数，qsort()执行后 str 数组的字符串有序。

12.1.3 对结构体数组排序

数组的表象是有限个相同类型数据的有序集合，数组的实质是有限个存储同类型数据内存的集合，数组强调存储类型数据的内存。结构体是构造出的数据类型，结构体数组内存长度由结构体和数组长度决定，结构体数据有不同的数据成员及不同的值。

用例 12.3 介绍 qsort()对结构体数组排序方法。

【例 12.3】 使用 qsort()函数对以下结构体数组，分别以 m_GPA（绩点）和 m_Stu_Number（学号）排序。

```
typedef struct _score_
{
 char m_Stu_Number[11];      //学号
```

```
char m_Name[21];                //姓名
double m_GPA;                   //绩点
}StuGPA;
```

解题分析：

如题，按关键字 m_GPA 和 m_Stu_Number 排序，需要按关键字数据类型定义比较函数。

按绩点 m_GPA 排序的比较函数 compare_GPA()定义如下：

```
int compare_GPA(const void *a, const void *b)
{
StuGPA *pa=(StuGPA*)a;         //强制指针数据类型转换
StuGPA *pb=(StuGPA*)b;         //强制指针数据类型转换
return pa->m_GPA > pb->m_GPA ? 1 : (pa->m_GPA==pb->m_GPA? 0:-1);
}
```

形式参数 a 与 b 是结构体数据的内存地址，其内存数据的数据类型是 StuGPA，引用内存数据需要强制指针数据进行类型转换，将 a 和 b 的内存地址强制转换为 StuGPA*型指针，用指针引用 StuGPA 型数据的绩点，实现绩点比较。

按学号 m_Stu_Number 排序的比较函数 compare_Stu_Number()定义如下：

```
int compare_Stu_Number(const void *a, const void *b)
{
StuGPA *pa=(StuGPA*)a;         //强制指针数据类型转换
StuGPA *pb=(StuGPA*)b;         //强制指针数据类型转换
return strcmp(pa->m_Stu_Number,pb->m_Stu_Number)>0?1 :
       strcmp(pa->m_Stu_Number,pb->m_Stu_Number)==0?0:-1;
}
```

学号 m_Stu_Number 是字符串，需要调用字符串比较函数 strcmp()。

测试函数 main()的定义如下。

程序源代码（SL12-3.c）：

```
#include <stdio.h>
#include <stdlib.h>
#include <string.h>
int main()     //测试函数
{
StuGPA m_GPAs[5]={{"202044001","学生 1",2.7},{"202044005","学生 5",3.7},
{"202044002","学生 2",3.0},{"202044004","学生 4",2.5},
{"202044003","学生 3",4.3}};
int i;
qsort(m_GPAs,5,sizeof(StuGPA),compare_GPA);              //按绩点排序
printf("\n 按 m_GPA 排序后数组元素顺序为:\n\n");
for(i=0;i<5;i++)
 printf("%d 号元素: %s\t%s\t%.1f\n",i,m_GPAs[i].m_Stu_Number,
        m_GPAs[i].m_Name,m_GPAs[i].m_GPA);
qsort(m_GPAs,5,sizeof(StuGPA),compare_Stu_Number);       //按学号排序
printf("\n 按 m_Stu_Number 排序后数组元素顺序为:\n\n");
for(i=0;i<5;i++)
 printf("%d 号元素: %s\t%s\t%.1f\n",i,m_GPAs[i].m_Stu_Number,
        m_GPAs[i].m_Name,m_GPAs[i].m_GPA);
printf("\n");
return 0;
}
```

程序运行，输出：

```
按 m_GPA 排序后数组元素顺序为:

0 号元素: 202044004      学生 4    2.5
1 号元素: 202044001      学生 1    2.7
```

2 号元素: 202044002	学生 2	3.0
3 号元素: 202044005	学生 5	3.7
4 号元素: 202044003	学生 3	4.3

按 m_Stu_Number 排序后数组元素顺序为:

0 号元素: 202044001	学生 1	2.7
1 号元素: 202044002	学生 2	3.0
2 号元素: 202044003	学生 3	4.3
3 号元素: 202044004	学生 4	2.5
4 号元素: 202044005	学生 5	3.7

测试函数 main() 在定义 m_GPAs 数组时以初值形式为 m_GPAs 赋值，不再输入数据。

按绩点排序，调用 qsort(m_GPAs,5,sizeof(StuGPA),compare_GPA)，传给 qsort 的实际参数，m_GPAs 数组名本身是内存地址，5 为数据个数，sizeof(StuGPA) 为单个数据长度，compare_GPA 为按绩点排序的比较函数名。qsort() 函数执行后 m_GPAs 数组 StuGPA 型数据以绩点升序存放。

按学号排序，调用 qsort(m_GPAs,5,sizeof(StuGPA),compare_Stu_Number)，传给 qsort() 的比较函数是 compare_Stu_Number，qsort() 按学号排序。qsort() 函数执行后 m_GPAs 数组 StuGPA 型数据按学号升序存放。

12.2　求定积分

用 C 语言设计开发应用程序，功能函数代码或功能函数的静态 lib 库主要依靠自己设计编码，也可以使用 C 语言提供的功能函数，还可以使用开源函数代码。一名优秀的程序设计人员应养成搜集整理功能函数代码的习惯。

已知用龙贝格算法求定积分 romb() 函数的定义如下:

```
double romb(double a,double b,double eps,double (*pF)(double x))
{
int m,n,i,k;
double y[10],h,ep,p,x,s,q;
h=b-a;
y[0]=h*((*pF)(a)+(*pF)(b))/2.0;
m=1, n=1, ep=eps+1.0;
while((ep>=eps)&&(m<=9))
{
p=0.0;
for(i=0;i<=n-1;i++)
  x=a+(i+0.5)*h, p=p+(*pF)(x);
p=(y[0]+h*p)/2.0;
s=1.0;
for(k=1;k<=m;k++)
  s=4.0*s, q=(s*p-y[k-1])/(s-1.0), y[k-1]=p,p=q;
ep=fabs(q-y[m-1]);
m=m+1; y[m-1]=q; n=n+n; h=h/2.0;
}
return(q);
}
```

函数原型格式:

```
double romb(double a,double b,double eps,double (*pF)(double x))
```

形式参数:

double a 为积分下限;

double b 为积分上限，要求 b>a;

double eps 为积分精度；

double (*pF)(double x)为被积函数指针。编程者定义被积函数，函数原型格式必须与此格式相同。

返回值：积分值。

double (*pF)(double x)为函数指针，是提供给编程者的函数接口，编程者要根据数学被积函数和函数指针的格式 double (*pF)(double x)定义具体的被积函数。

【例 12.4】 编程计算定积分值 $T = \int_0^1 \dfrac{x}{4+x^2} \mathrm{d}x$，取 e=0.000001。

解题分析：

调用 romb()函数求数学函数 $\dfrac{x}{4+x^2}$（下限 0、上限 1）的定积分。被积函数 func()的定义如下：

```
double func(double x)
{
 double y;
 y=x/(4.0+x*x);
 return(y);
}
```

调用 romb()函数计算定积分值的测试函数 main()的定义如下。

程序源代码（SL12-4.c）：

```
#include <stdio.h>
#include <math.h>
void main()               //调测函数
{
 double a,b,eps,t;
 double func(double);   //被积函数原型声明
 a=0.0; b=1.0; eps=0.000001;
 t=romb(a,b,eps,func); //调用龙贝格积分函数对被积函数积分
 printf("t=%e\n",t);
 printf("\n");
}
```

程序运行，输出：

```
t=1.115718e-001
```

从运行输出可知：$T = \int_0^1 \dfrac{x}{4+x^2} \mathrm{d}x = 0.111572$。

已知定积分 $S = \int_0^1 \sin(\pi x) \mathrm{d}x = 2/\pi$，修改被积函数的定义，验证 romb()函数是否正确。

12.3 线性回归

线性回归也称线性拟合。根据已知离散的样本点 $(x_1,y_1),(x_2,y_3),\cdots,(x_n,y_n)$，确定直线 $y = ax+b$ 的斜率 a 和截距 b。a、b 的计算公式如下：

$$\begin{cases} a = \dfrac{n\sum_{i=1}^n x_i y_i - \left(\sum_{i=1}^n x_i\right)\left(\sum_{i=1}^n y_i\right)}{n\sum_{i=1}^n x_i^2 - \left(\sum_{i=1}^n x_i\right)^2} & （12.1） \\[4mm] b = \bar{y} - a\bar{x} & （12.2） \end{cases}$$

认识理解数学式（12.1），才能写出正确的线性回归函数，根据式（12.1）将线性回归函数定义为：

```
void linear_reg(double *px,double *py,const int n,double ab[2])
```

```
{
double Xsum=0,Ysum=0,XXsum=0,XYsum=0.0;
double a,b;
int i=0;
//通过一个循环求出 x 的和、y 的和、x*x 的和、x*y 的和
for(i=0;i<n;i++)
{
 Xsum+=px[i],Ysum+=py[i];
 XXsum+=px[i]*px[i];
 XYsum+=px[i]*py[i];
 }
a=(n*XYsum-Xsum*Ysum)/(n*XXsum-Xsum*Xsum);
b=Ysum/n-a*Xsum/n;
ab[0]=b; //截距
ab[1]=a; //斜率
}
```

形式参数：

double *px 为存储样本点 x 值的内存地址；

double *py 为存储样本点 y 值的内存地址；

const int n 为样本点数，const 限制变量 n 的值在函数体内不允许修改，只能作常量使用；

double ab[2]存放算出斜率、截距的内存地址。

返回值：无。

线性回归或数据拟合需要计算可信度，一般可信度要求达到 90%以上。

【例 12.5】 调用 linear_reg()函数对以下 11 个样本点（观测值）进行 $f(x)=ax+b$ 线性回归，并计算可信度。

x	0.0	0.1	0.2	0.3	0.4	0.5	0.6	0.7	0.8	0.9	1.0
y	2.75	2.84	2.965	3.01	3.20	3.25	3.38	3.43	3.55	3.66	3.74

解题分析：

题中给出样本数据点，需要定义 double 数组 x、y，存放样本点数据，调用 linear_reg()函数，算出斜率和截距，得到 $f(x)=ax+b$ 回归直线，由回归直线算出各 x_i 值对应的回归值 $\widehat{y_i}$，计算可信度。

总平方和 $\sum\limits_{i=1}^{n}(y_i-\bar{y})^2$ 反映观测真实值 y_i 与真实平均值 $\bar{y}$ 之间的偏差情况。

残差平方和 $\sum\limits_{i=1}^{n}(y_i-\widehat{y_i})^2$ 表示观测真实值 y_i 与模型估计值 $\widehat{y_i}$ 之差的平方和。

实际应用中，通过模型预测的估计值与实际观测值之间存在一定误差，误差值越小，说明模型对实际情况的估计或者预测越接近，因此这个值越小越好，甚至为 0。

可信度：$1.0-$残差平方和/总平方和$=1.0-\sum\limits_{i=1}^{n}(y_i-\widehat{y_i})^2/\sum\limits_{i=1}^{n}(y_i-\bar{y})^2$。

测试 linear_reg()函数的 main()函数定义如下。

程序源代码（SL12-5.c）：

```
void main()
{
double a[2],sum=0.0,ypj=0.0,tts=0,yhg;
double x[11]={0.0,0.1,0.2,0.3,0.4,0.5,0.6,0.7,0.8,0.9,1.0};
double y[11]={2.75,2.84,2.965,3.01,3.20,3.25,3.38,3.43,3.55,3.66,3.74};
int i=0;
linear_reg(x,y,11,a); //应用数据
printf("a=%g\tb=%g\n",a[1],a[0]);
```

```
//计算平均值
for(sum=0.0;i<11;i++)
  sum+=y[i];
ypj=sum/11;
//计算回归总平方和、残差平方和，以及可信度
for(i=0,sum=0.0;i<11;i++)
{
  yhg=a[1]*x[i]+a[0];            //回归值
  tts+=(y[i]-ypj)*(y[i]-ypj);    //回归总平方和
  sum+=(y[i]-yhg)*(y[i]-yhg);    //残差平方和
}
printf("可信度:%.2f%%\n",(1.0-sum/tts)*100);
}
```

程序运行，输出：

```
a=1.00045        b=2.75205
可信度:99.47%
```

从应用样本点获得回归直线：$f(x)=1.00045x+2.75205$。

12.4　求高次方程的一个实根

迭代算法也称辗转法，是一种不断用变量的旧值递推新值的过程。使用循环实现迭代，每一次循环，都用变量的旧值计算出一个更精确的新值，如最近两次值的误差在允许范围内，则停止循环。

针对高次方程 $f(x)=0$，用牛顿法求高次方程一个实根的迭代公式如下：

$$x_{n+1}=x_n-\frac{f(x_n)}{f'(x_n)}$$

式中，x_n 为第 n 次算出的根；$f(x_n)$ 为函数值；$f'(x_n)$ 为导数值；x_{n+1} 为第 $n+1$ 次算出的根。

牛顿迭代法的几何意义如图 12.1 所示，设 x^* 是 $f(x)=0$ 的根，选取 x_0 作为 x^* 的初始近似值，过点 $(x_0,f(x_0))$ 做曲线 $y=f(x)$ 的切线 T，$T:y=f(x_0)+f'(x_0)(x-x_0)$，则 T 与 x 轴交点的横坐标 $x_1=x_0-\dfrac{f(x_0)}{f'(x_0)}$，称 x_1 为 x^* 的一次近似值。过点 $(x_1,f(x_1))$ 做曲线 $y=f(x)$ 的切线，并求该切线与 x 轴交点的横坐标 $x_2=x_1-\dfrac{f(x_1)}{f'(x_1)}$，称 x_2 为 x^* 的二次近似值。重复以上过程，得出 x^* 的近似值序列，其中，$x_{n+1}=x_n-\dfrac{f(x_n)}{f'(x_n)}$ 称为 x^* 的 $n+1$ 次近似值，上式称为牛顿迭代公式。

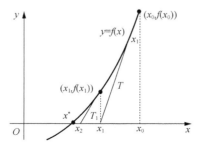

图 12.1　牛顿迭代法的几何意义

算法描述：

已知 x_0，通过迭代公式 $x_{n+1} = x_n - \dfrac{f(x_n)}{f'(x_n)}$ 求出 x_1，再将 x_1 代入迭代公式，求出 x_2，如此往复，直至 $|x_n - x_{n-1}| <$ 要求精度时，x_{n+1} 为方程的实根。

【例 12.6】 编程求 $x^3 + 9.2x^2 + 16.7x + 4 = 0$ 方程在 $x=0$ 附近的根，迭代精度为 10^{-6}。

解题分析：

方程左边写为函数 $f(x_n) = x^3 + 9.2x^2 + 16.7x + 4$，导数 $f'(x_n) = 3x^2 + 18.4x + 16.7$，根据式（3）得迭代公式 $x_{n+1} = x_n - \dfrac{x_n^3 + 9.2x_n^2 + 16.7x_n + 4}{3x_n^2 + 18.4x_n + 16.7}$，用 $x_0 = 0$ 算出 x_1，如果 $|x_1 - x_0| \geqslant 10^{-6}$，继续计算出新的 x_1，直到 $|x_1 - x_0| < 10^{-6}$ 停止。

程序源代码（SL12-6.c）：

```
#include <stdio.h>
#include <math.h>
int main(void)
{
 double x,x0=0.0,f,f1;
 x =x0;
 do
 {
  x0=x;
  f=x0*x0*x0+9.2*x0*x0+16.7*x0+4;      //求 x0 的函数值
  f1=3*x0*x0+18.4*x0+16.7;             //求 x0 的导数值
  x=x0-f/f1;                           //新的根
 }while(fabs(x-x0)>=1e-6);             //迭代精度控制
 printf ("root is: %.8f\tFunction value is:%.8f\n",x,f);
 return 0 ;
}
```

程序运行，输出：

```
root is: -0.28198256   Function value is:0.00000000
```

即方程 $x^3 + 9.2x^2 + 16.7x + 4 = 0$ 在 0 附近的实根为 -0.28198256。

12.5　本章小结

例 12.1～例 12.4 中都使用了函数指针，可见函数指针在程序设计中的重要性，Windows 操作系统把这种需要编程者设计函数体的函数称为回调函数定义。

针对具体问题程序设计的步骤如下。

（1）分析问题，研究所给定的条件及要实现的目标，找出解题方法。

（2）设计算法，即设计出解题的方法和具体步骤。

（3）编写程序，将算法转化为 C 语言程序，对源程序进行编辑、编译和链接生成可执行程序。

（4）运行程序分析结果，运行可执行程序，得到运行结果。能得到运行结果并不意味着程序正确，要对结果进行分析，针对不合理的结果要认真调试程序，发现并排除算法和编码中的错误。

（5）编写程序文档。

C 语言是表达算法的工具，算法是程序设计的灵魂，C 语言为表达算法提供了基本的数据类型、选择结构语句、循环结构语句，程序设计者可使用 C 语言数据类型和语句构建程序。

习题 12

一、选择题

1. 计算机程序是（　　　）。
   - A. 为求解问题用计算语言编写的代码
   - B. 针对问题，为求解问题所设计的计算步骤
   - C. 计算机加工处理数据的步骤
   - D. 用编程机器人编写的程序代码

2. 如定义变量 unsigned int a，则约束了变量 a 为（　　　）。
   - A. 变量 a 是一个整型数
   - B. 变量 a 是一个无符号整型数
   - C. 变量 a 是一个有符号数
   - D. 变量 a 是一个十进制整型数

3. 下列常量组中属 int、float、字符、字符串型常量的是（　　　）。
   - A. 10、3.1415926f、'\t'、" Chongqing"
   - B. 10、3.1415926f、'\k'、"重庆科院"
   - C. 10、3.1415926、'\t'、" Chongqing"
   - D. 10、3.1415926f、'\t'、'Chongqing'

4. 下列常量表达式中的逻辑表达式为（　　　）。
   - A. 12.3+15/3.0
   - B. 12.3+15/3>13
   - C. 12.3+15/3.0 && 3729/37290.0
   - D. 12.3+(15/3.0 && 3729/37290.0)

5. 下列表达中，&代表取地址运算符的是（　　　）
   - A. int a; a=12&0x8F;
   - B. int a=13,*pa=&a;
   - C. int a;a=0x0F&&20;
   - D. int a=13,*pa=12&&0;

6. 关系表达式和逻辑表达式的值被限定为（　　　）。
   - A. 0 或 10
   - B. 0 或非 0
   - C. −1 或+1
   - D. 0 或 1

7. 整型数使用补码计数的原因是（　　　）。
   - A. CPU 只能做加法
   - B. CPU 只能做减法
   - C. CPU 只能做乘法
   - D. CPU 只能做除法

8. 32 位 C 语言编程环境下，char、int、float、double 型变量占用内存的长度是（　　　）。
   - A. 16、16、4、4 个字节
   - B. 2、4、4、8 个字节
   - C. 1、4、4、8 个字节
   - D. 2、2、4、16 个字节

9. C 语言的输入函数有（　　　）。
   - A. printf、scanf、puts、putchar
   - B. printf、puts、putchar
   - C. printf、scanf、puts、getchar
   - D. scanf、getchar、gets

10. if 与 else 配对或不配对使用，可以实现（　　　）。
    - A. 单选或多选一
    - B. 多选多
    - C. 多选二
    - D. 逐步细化

11. 求余运算符%对操作数的要求是（　　　）。
    - A. 必须是实型数
    - B. 必须是无符号数
    - C. 必须是整型数
    - D. 必须是非 0 数

12. 关于 double Array[10];的正确说法是（　　　）。
    - A. Array 占用 80 个字节内存，有 1～80 个元素
    - B. Array 占用 80 个字节内存，有 0～9 个元素
    - C. Array 占用 40 个字节内存，有 0～9 个元素
    - D. Array 占用 40 个字节内存，有 1～10 个元素

13. 下列代码存在的问题是（　　　）。

```
int k=0;
for( ; ; k++) ;
```

    A. 语法问题   B. 没有循环体

    C. 未指定循环条件即为 1，形成了无限循环   D. 编译报错

14. 下列代码中的 while 循环的循环次数是（　　　）。

```
int k=10;
while(!k);
```

    A. 一次也不循环   B. 循环 10 次

    C. 死循环   D. 没有循环体，所以不循环

15. 下列代码的循环体产生了整数（　　　）。

```
int k=5;
do
{
 k*10+6;
}while(k--,k>=0);
```

    A. 50　40　30　20　10　0   B. 56　46　36　26　16　6

    C. 6　16　26　36　46　56   D. 60　56　46　36　26　6

16. 求解一元二次方程 $ax^2+bx+c=0$ 使用 sqrt(b*b-4*a*c)的风险是（　　　）。

    A. 即使为负数，sqrt 也能正常执行   B. 使用 sqrt 没有参数要求

    C. 当 b*b-4*a*c<0 时，sqrt 会发生异常   D. 0 风险

17. 下列代码的输出结果为（　　　）。

```
char Name[]="13579CBA",*p=&Name[7];
while(p>=Name)
printf("%c",*p),p--;
```

    A. \0ABC97531   B. ABC97531   C. abc97531   D. 13579CBA

18. 一个函数最多只能返回一个值，当需要多个输出时，正确的处理方法是（　　　）。

    A. 没有办法解决

    B. 设计不同返回值的函数

    C. 在函数的形式参数中设置指针变量

    D. 设置全局变量或在函数的形式参数中设置指针变量

19. 根据如下定义，确定下列说法正确的是（　　　）。

```
struct xingbie                union _xingbie_
 {                             {
 char m_Nan[3];//记男性         char m_Nan[3];//记男性
 char m_Nu[3];//记女性          char m_Nu[3];//记女性
 }sXB_Value;                   }uXB_Value;
```

    A. 变量 sXB_Value 有两个成员，变量 uXB_Value 只有一个有效成员

    B. sXB_Value 是结构体类型名，uXB_Value 是共用体类型名

    C. 变量 sXB_Value 和 uXB_Value 只能记"男性"和"女性"字符串

    D. 变量 sXB_Value 有两个成员共用一段内存，变量 uXB_Value 只有一个有效成员

20. 下列 4 个定义中，定义函数的指针是（　　　）。

    A. int *p;   B. void (*p)(int a,double b);

    C. int *p[20];   D. int (*p)[10];

21. 定义 double ds[2]={10.5,21.5},*pd;的目的是（　　　）。

    A. 限制指针 pd，只能指向 double 型变量

B.　限制指针 pd，只能指向 double 型变量或常量

C.　对指针 pd 没有限制

D.　限制指针 pd，指向 double 型或 float 型变量

22.　下列程序的输出结果是（　　　）。

```c
#include <stdio.h>
int main(void)
{
 int  x=1,y=5,a=0,b=0;
 switch(x)
 {
 case  1:
   switch(y)
   {
   case  0:a++;break;
   case  1:b++;break;
   default: a+=3,b++;break;
   }
 case  2:a++;b++;break;
 case  3:a++;b++;break;
 }
 printf("a=%d,b=%d\n",a,b);
}
```

A.　a=1，b=0 　　　　　 B.　a=4，b=2 　　　　　 C.　a=1，b=2 　　　　　 D.　a=2，b=2

23.　运行函数 main() 的输出中的 x 是（　　　）。

```c
int main(void)
{
 int x=3;
 x=fun(x);
 printf("x=%d\n",x);
}
int  fun(int x)
{
 x=7;
 return x;
}
```

A.　3 　　　　　 B.　7 　　　　　 C.　10 　　　　　 D.　4

24.　下列函数的输出结果是（　　　）。

```c
void out(void)
{
 int t=1;
 while(t<100)
 {
  if(t/7)
   break;
  t++;
 }
 printf("%d\n",t);
}
```

A.　100 　　　　　 B.　1 　　　　　 C.　7 　　　　　 D.　10

25.　以下不能正确定义二维数组的选项是（　　　）。

A.　char a[2][2]={{'a','b'},{49,50}}; 　　　　　 B.　double a[2][]={{1,2},{3,4}};

C.　float a[2][2]={{1},2,3}; 　　　　　 D.　int a[][2]={1,2,3,4};

26.　下列程序的输出结果为（　　　）。

```c
int a = 7, b = 9, t;
```

```
t = a *= a < b ? a : b;
printf("%d",a);
```

    A. 49　　　　　　　　　B. 9　　　　　　　　　C. 63　　　　　　　　　D. 7

27. 下列运算符中，运算优先级最高的是（　　　）。

    A. <　　　　　　　　　B. >　　　　　　　　　C. >=　　　　　　　　　D. !

28. 下列程序中 Outfun()函数将显示（　　　）。

```c
#include <stdio.h>
typedef struct _person
{
    int age;
    char name[10];
}person;
void Outfun(void)
{
    person a[3] = {{19, "Tom"}, {18, "Rose"}, {20, "Jack"}};
    person *p = a;
    if (p[0].age < a[2].age)
    {
        p[2] = p[0];
    }
    printf("%s\n", p[2].name);
}
```

    A. Tom　　　　　　　　B. Rose　　　　　　　　C. Jack　　　　　　　　D. 不确定

29. 以下对一种数据类型的重命名，正确的是（　　　）。

    A. typedef　v1　int;　　　　　　　　　B. typedef　int　v3;

    C. typedef　v2=int;　　　　　　　　　D. typedef　v4: int;

30. 能将高级语言编写的源程序转换为目标程序（obj）的是（　　　）。

    A. 链接器　　　　　　　B. 解释执行器　　　　　C. 编译器　　　　　　　D. 编辑器

二、判断题

1. C 语言中的用户标识标必须是下画线或英文字母开头。

2. 常量 12.5 与 12.5f 占用内存的字节数是相同的。

3. 整数采用补码计数的原因是 CPU 只是一个加法器。

4. C 语言中，只有算术表达式为数值表达式，其他表达式的值为 0 或非 0。

5. C 语言有专门的数据输入和输出语句。

6. double ks[5]={5,6,7,8,1,2}; ks[3]与*(ks+3)均引用 3 号元素。

7. 相同类型数据的封装使用数组，不同类型数据的封装使用结构体。

8. 共用体类型的变量占用内存的长度由占用内存最长的成员决定。

9. 全局变量和静态变量与应用程序紧密相关；局部变量用时则有，不用则无。

10. 以下 long fun(int n)是递归函数，可以计算任何正整数的阶乘值。

```c
long fun(int n)
{
 if(n==0)
  return 1;
 else
  return n*fun(n-1);
}
```

三、综合题（在/*BLANK*/处填写适当的代码）

1. 已知曲线关系 $y = ax^2 + bx + c$ 上的 3 个数据点为(-10,-45)、(0,5)、(10,155)，求 a、b、c。

数学推导：假设 3 点坐标为 $(x_1, y_1), (x_2, y_2), (x_3, y_3)$，根据 $y = ax^2 + bx + c$ 得到：

$$\begin{cases} y_1 = x_1^2 \cdot a + x_1 \cdot b + c \\ y_2 = x_2^2 \cdot a + x_2 \cdot b + c \\ y_3 = x_3^2 \cdot a + x_3 \cdot b + c \end{cases}$$

又设：x_1-x_2 为 x_{12}，x_1-x_3 为 x_{13}，$x_1^2-x_2^2$ 为 xx_{12}，$x_1^2-x_3^2$ 为 xx_{13}，y_1-y_2 为 y_{12}，y_1-y_3 为 y_{13}，得到：

$$\begin{cases} a = \dfrac{y_{12} \cdot x_{13} - y_{13} \cdot x_{12}}{xx_{12} \cdot x_{13} - xx_{13} \cdot x_{12}} \\[2ex] b = \dfrac{\left(y_{12} - a \cdot xx_{12}\right)}{x_{12}} \\[2ex] c = y_1 - a \cdot x_1^2 - bx_1 \end{cases}$$

根据答题素材，完善程序，求出 a、b、c 的值。

```c
#include <stdio.h>
int main(void)
{
 double x1,y1,x2,y2,x3,y3;
 double x12,x13,xx12,xx13,y12,y13;
 double a,b,c;
 x1=-10,y1=-45;
 x2=0,y2=5;
 x3=10,y3=155;
 x12=/*BLANK*/;
 xx12=x1*x1-x2*x2;
 y12=y1-y2;
 x13=/*BLANK*/;
 xx13=/*BLANK*/;
 y13=y1-y3;
 a=/*BLANK*/;
 b=/*BLANK*/;
 c=y1-a*x1*x1-b*x1;
 printf("a=%g\nb=%g\nc=%g",a,b,c);
 return 0;
}
```

2. 完善程序，从键盘输入以-1.0 结束的任意数值型数据，求出平均值，统计大于等于 0、小于 0 的个数，并输出。

```c
#include <stdio.h>
#include <math.h>
int main(void)
{
 int z0s=0,fss=0,count=0;
 double in,ave,sum=0;
 do
 {
 scanf("%lf",&in);
 if(fabs(in+1.0)<0.00001)
  /*BLANK*/;
 if(in<0)
  /*BLANK*/
 else
  /*BLANK*/
 count++;
 sum+=/*BLANK*/;
 }while(1);
 /*BLANK*/=sum/count;
```

```
printf("ave=%.4f\n",ave);
printf("count=%d\n",count);
printf(">=0 is %d\n",z0s);
printf("<0 is %d\n",fss);
return 0;
}
```

四、编程题

从键盘输入一串字符，然后将"2020年离线考C"字符串常量添加到输入字符串的后面，并统计出汉字个数。输入输出要求如下。

输入样式：

2020441101 重科学生

输出样式：

2020441101 重科学生

2020年离线考C

汉字数 10

程序设计提示：

（1）汉字是双字节编码，每个字节的最高位为1，即负整数。当发现编码值为负整数时即为汉字编码，循环步长值要多加1，不检测汉字第2个码值。

（2）字符串操作需要引入string.h。

（3）预设字符数组长度为100。

附录 A ASCII 字符表

（空格以后字符）

符号	十进制数	八进制数	十六进制数	符号	十进制数	八进制数	十六进制数	符号	十进制数	八进制数	十六进制数
空格	32	40	20	@	64	100	40	`	96	140	60
!	33	41	21	A	65	101	41	a	97	141	61
"	34	42	22	B	66	102	42	b	98	142	62
#	35	43	23	C	67	103	43	c	99	143	63
$	36	44	24	D	68	104	44	d	100	144	64
%	37	45	25	E	69	105	45	e	101	145	65
&	38	46	26	F	70	106	46	f	102	146	66
'	39	47	27	G	71	107	47	g	103	147	67
(	40	50	28	H	72	110	48	h	104	150	68
)	41	51	29	I	73	111	49	i	105	151	69
*	42	52	2a	J	74	112	4a	j	106	152	6a
+	43	53	2b	K	75	113	4b	k	107	153	6b
,	44	54	2c	L	76	114	4c	l	108	154	6c
−	45	55	2d	M	77	115	4d	m	109	155	6d
.	46	56	2e	N	78	116	4e	n	110	156	6e
/	47	57	2f	O	79	117	4f	o	111	157	6f
0	48	60	30	P	80	120	50	p	112	160	70
1	49	61	31	Q	81	121	51	q	113	161	71
2	50	62	32	R	82	122	52	r	114	162	72
3	51	63	33	S	83	123	53	s	115	163	73
4	52	64	34	T	84	124	54	t	116	164	74
5	53	65	35	U	85	125	55	u	117	165	75
6	54	66	36	V	86	126	56	v	118	166	76
7	55	67	37	W	87	127	57	w	119	167	77
8	56	70	38	X	88	130	58	x	120	170	78
9	57	71	39	Y	89	131	59	y	121	171	79
:	58	72	3a	Z	90	132	5a	z	122	172	7a
;	59	73	3b	[	91	133	5b	{	123	173	7b
<	60	74	3c	\	92	134	5c	|	124	174	7c
=	61	75	3d	]	93	135	5d	}	125	175	7d
>	62	76	3e	^	94	136	5e	~	126	176	7e
?	63	77	3f	_	95	137	5f	DEL	127	177	7f

附录 B 运算符的优先级与结合性

优先级	运算符	特征	名称	结合方向
1	()	圆括号	初等运算符	从左到右
	[]	下标		
	->	指针引用结构体成员		
	.	取结构体数据成员		
2	!	逻辑非	单目运算符（只有一个操作数）	从右到左
	~	按位求反		
	+	正号		
	–	负号		
	（类型名）	类型强制转换		
	*	取指针内容		
	&	取地址		
	++	自增		
	—	自减		
	sizeof	长度运算		
3	*	相乘	算术运算符	
	/	相除		
	%	取两整数相除的余数		
4	+	相加		
	–	相减		
5	<<	左移	移位运算符	
	>>	右移		
6	>	大于	关系运算符	从左到右
	<	小于		
	>=	大于或等于		
	<=	小于或等于		
7	==	等于		
	! =	不等于		
8	&	按位与	位逻辑运算符	
9	^	按位异或（相同为 0，不同为 1）		
10	|	按位或		
11	&&	逻辑与	逻辑运算符	
12	||	逻辑或		
13	?:	条件运算	三目运算符	从右到左
14	= += –= *= /= %= &= ^= |= >>= <<=	赋值运算或复合赋值运算	赋值运算符	
15	,	逗号运算	逗号运算符	从左到右

附录 C CExStudent.exe 答题工具的使用

（1）系统必须安装 Microsoft Visual C++ 2010 Express 版本（学习版）。

（2）以管理员身份运行 CExStudent.exe 答题工具，会在桌面上自动创建快捷方式"智能学院·C 答题"，下次使用时双击即可运行。运行时要求输入学号、姓名、登录密码或教师班级，如图附.1 所示。

图附.1 输入使用者信息

答题模式分为 4 种：在线练习、在线考试、离线练习、离线考试。建议使用在线练习或考试。离线方式需要获得题单文件，答题数据文件也需要主动提交给教师。

只有用管理员身份注册的学生才能进行在线练习或考试。

单击"进入开始答题"按钮开始答题，信息验证后窗口切换为图附.2，鼠标指针移到窗口顶部时显示功能菜单。练习需要选择题单，在线考试不需要选择题单。

图附.2 功能菜单

（3）设置答题文件夹存储位置。默认的答题文件夹创建在最后一个逻辑硬盘上，如果硬盘不能读写，可以选定其他硬盘，设置答题文件夹功能如图附.3 所示。答题文件夹名自动按"学号+姓名"命名。

图附.3　设置答题文件夹

（4）打开题单文件。

① 在线练习。单击"打开题单文件"按钮弹出图附.4所示的在线答题选择题单，双击题单项，从服务器下载题单并打开答题。

② 离线练习。需要本地机有题单文件，单击"打开题单文件"弹出图附.5所示的选择题单文件对话框。题单文件的扩展名为.cyz，学生不要修改题单文件名称。

图附.4　在线答题选择题单

图附.5　离线答题选择题单文件

③ 在线考试。有考试资格的考生在规定时间段内进入，直接打开抽到的题单答题即可。

④ 离线考试。打开教师专发的考试题单文件，内置考试题单标识。考生需上传答题文件(*.stu)。

（5）答题。答题操作窗口由试题题型决定。

① 文字填空题，操作在图附.6所示的编辑窗口中输入。

图附.6　编辑窗口

② 单选题、多选题答题操作，在图附.7所示的按钮窗口中单击答案编号按钮即可。

图附.7　答题操作窗口

（6）编程题（代码填空、代码纠错、程序设计）的答题操作如图附.8 所示，单击"开始编程与调试"，创建解决方案、项目及 C 程序文件，并启动 Visual C++ 2010 学习版，答题者直接输入 C 程序编码、编译、生成可执行程序。

图附.8　编程题操作界面

（7）双击项目资源管理器中 Test 项目下的 C 程序文件名，打开 C 程序代码录入窗口，在编程环境中进行编码、调试、运行，如图附.9 所示。在 IDE 环境中一定要生成.exe 文件。

图附.9　在编程环境中进行编码、调试、运行

（8）退出 Visual C++ 2010 学习版后系统会自动对编程题评分，报告评分项和总得分率，如图附.10 所示。

图附.10　编程题评分报告

（9）离线模式下答题数据文件需要提交给教师。答题文件夹中的"学号+姓名.stu"文件是答

题数据文件，如图附.11 所示。答题数据文件是一个加密文件，不要使用其他软件打开该文件。

图附.11 答题数据文件

（10）平时练习答题达到门槛分值可以调出参考答案，供参考学习。

（11）离线答题文件集中搜集后批量读取成绩，成绩信息以文本格式保存在剪贴板中，粘贴到 Excel 中的成绩信息如图附.12 所示。在线答题成绩信息在后台的数据库如图附.13 所示。

图附.12 成绩信息

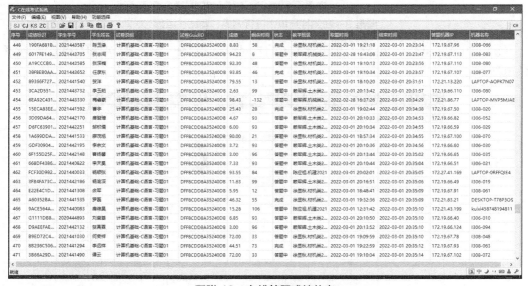

图附.13 在线答题成绩信息